Rainer Drath
AutomationML
De Gruyter Studium

Weitere empfehlenswerte Titel

AutomationML
A Practical Guide
Herausgegeben von Rainer Drath, 2021
ISBN 978-3-11-074622-8, e-ISBN (PDF) 978-3-11-074623-5
e-ISBN (EPUB) 978-3-11-074659-4

AutomationML
The Industrial Cookbook
Herausgegeben von Rainer Drath, 2021
ISBN 978-3-11-074592-4, e-ISBN (PDF) 978-3-11-074597-9,
e-ISBN (EPUB) 978-3-11-074619-8

Eingebettete Systeme
Entwurf, Synthese und Edge AI
Oliver Bringmann, Walter Lange, Martin Bogdan, 2022
ISBN 978-3-11-070205-7, e-ISBN (PDF) 978-3-11-070206-4,
e-ISBN (EPUB) 978-3-11-070313-9

Maschinelles Lernen
Ethem Alpaydin, 2022
ISBN 978-3-11-074014-1, e-ISBN (PDF) 978-3-11-074019-6,
e-ISBN (EPUB) 978-3-11-074027-1

Robotic Process Automation
Management, Technology, Applications
Herausgegeben von Christian Czarnecki, Peter Fettke, 2021
ISBN 978-3-11-067668-6, e-ISBN (PDF) 978-3-11-067669-3,
e-ISBN (EPUB) 978-3-11-067677-8

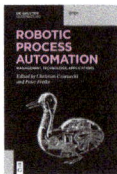

Rainer Drath

AutomationML

———

Das Lehrbuch für Studium und Praxis

DE GRUYTER
OLDENBOURG

Autor
Prof. Dr.-Ing. Rainer Drath
Hochschule Pforzheim
Institut für Smart Systems und Services
Fakultät für Technik
Tiefenbronner Str. 65
75175 Pforzheim
rainer.drath@hs-pforzheim.de

ISBN 978-3-11-078293-6
e-ISBN (PDF) 978-3-11-078299-8
e-ISBN (EPUB) 978-3-11-078303-2

Library of Congress Control Number: 2022942097

Bibliografische Information der Deutschen Nationalbibliothek
Die Deutsche Nationalbibliothek verzeichnet diese Publikation in der Deutschen Nationalbibliografie;
detaillierte bibliografische Daten sind im Internet über http://dnb.dnb.de abrufbar.

© 2022 Walter de Gruyter GmbH, Berlin/Boston
Druck und Bindung: CPI books GmbH, Leck
Einbandabbildung: Rainer Drath, AutomationML e. V.

www.degruyter.com

Vorwort

Dieses Lehrbuch richtet sich an Dozenten, Studenten und Interessierte aus Forschung und Industrie und führt schrittweise in die Sprachelemente und Konzepte von AutomationML ein. AutomationML bietet als neutrale Datenmodellierungssprache mehr Funktionalität und Lösungen, als allgemein bekannt ist, und dieses Buch soll zur Verbreitung dieses Wissens beitragen. Die Zeit ist reif für ein Lehrbuch, das AutomationML und seine versteckten Fähigkeiten systematisch erklärt.

Anhand vieler praktischer Übungen wird AutomationML schrittweise erlernt und praktisch erprobt. Die Beispielmodelle stehen unter [BookLink@] oder im AML Editor zum Download zur Verfügung. Das Erlernen der Grundlagen von AutomationML und des zugehörigen AML Editors erfolgen parallel und mühelos.

Das Buch ist wie eine Vorlesung konzipiert und kann innerhalb eines Semesters linear durchgearbeitet werden. Nachfolgende Abschnitte bauen auf dem Erlernten der vorangegangenen Abschnitte auf. Wenn in der Prüfung die Anwendung im Vordergrund steht, ist das Buch in der Prüfung im Sinne einer Open-Book-Prüfung als erlaubtes Hilfsmittel empfehlenswert.

Das Kapitel zur Programmierung von AutomationML lehre ich für Masterstudenten innerhalb einer einzigen Vorlesung und einer Hausaufgabe. Bereits in der nächsten Vorlesung findet eine Prüfung zum Programmieren statt. Es erstaunt meine Studenten jedes Semester erneut, wie leicht das Programmieren von AutomationML gelingt und wie gut die Klausuren ausfallen, selbst für Anfänger, die noch keine Programmiererfahrungen besitzen.

Mein besonderer Dank gilt den geistigen und wissenschaftlichen Wurzeln von CAEX, Prof. Alexander Fay und Prof. Ulrich Epple, die bereits vor 20 Jahren das dringende Thema des Datenaustausches zwischen Engineering-Phasen erkannt und die CAEX-Entwicklung initiiert haben. Es war mir eine Freude, die CAEX-Entwicklung ab 2001 zusammen mit Prof. Epple bis zur internationalen Standardisierung 2006 voranzutreiben. Im Jahr 2009 wurde CAEX vom AutomationML Verein als Objektmodellierungssprache für AutomationML übernommen, international standardisiert und bildet seitdem das Rückgrat von AutomationML.

Nicht zuletzt möchte ich mich bei meiner Frau Nicole Freitag sowie bei Claus Brückner bedanken, die als externe Reviewer das Buch mit vielen wertvollen Anregungen bereichert haben, und bei meinem Sohn Jonathan, der für mich immer wieder eine große Quelle der Inspiration ist.

Prof. Dr.-Ing. Rainer Drath, Juli 2022
Hochschule Pforzheim

https://doi.org/10.1515/9783110782998-202

Inhaltsverzeichnis

Abkürzungsverzeichnis

AAS	Asset Administration Shell (Verwaltungsschale)
AML	AutomationML, Automation Markup Language
AR	Application Recommendation
AR APC	Application Recommendation Automation Project Configuration
ASCII	American Standard Code for Information Interchange
BMP	Bitmap
BPR	Best Practice Recommendation
CAD	Computer Aided Design
CAE	Computer Aided Engineering
CAEX	Computer Aided Engineering Exchange
COLLADA	COLLAborative Design Activity
CSV	Comma-Separated Values
DKE	Deutsche Kommission für Elektrotechnik
ERP	Enterprise Resource Planning
GUID	Global Unique Identifier
GPS	Global Positioning System
HMI	Human Machine Interface
ID	Identifier
IE	InternalElement
IEC	International Electrotechnical Commission
IH	InstanceHierarchy
IRDI	International Registration Data Identifier
MES	Manufacturing Execution System
MIME	Multipurpose Internet Mail Extensions
MIT	Massachusetts Institute of Technology
MTP	Module Type Package
NE	Namur Empfehlung
OPC	Open Platform Communications
P&ID	P&ID Piping and Instrumentation diagram, a preferred graphical representation of a process plant
PAS	Publicly Available Specification
PCE	Process Control Equipment
PDF	Portable Document Format
PLC	Programmable Logic Controller
PLM	Product Lifecycle Management
PPR	Process-Product-Resource
SPS	Speicherprogrammierbare Steuerung
SRC	Supported Role Class
RR	Role Requirement
UML	Unified Modelling Language

https://doi.org/10.1515/9783110782998-204

USB	Universal Serial Bus
UUID	Universally Unique Identifier
VDI	Verein Deutscher Ingenieure
WP	Whitepaper
XML	eXtensible Markup Language

Markenzeichen

AutomationML	AutomationML e.V.
COLLADA	Sony Computer Entertainment Inc.
COMOS	Siemens Industry Software Inc
eClass	eCl@ss e.V.
Khronos	Khronos Group, Inc.
Microsoft Excel	Microsoft Corp.
Microsoft Visio	Microsoft Corp.
W3C	Massachusetts Institute of Technology

Über den Autor

Prof. Dr.-Ing. Rainer Drath
Professor für Mechatronisches Systementwicklung

Hochschule Pforzheim
Institut für Smart Systems und Services
Fakultät für Technik
Tiefenbronner Str. 65
75175 Pforzheim, Germany
Email: rainer.drath@hs-pforzheim.de

Prof. Dr.-Ing. Rainer Drath ist seit 2017 Professor für Mechatronische Systementwicklung an der Hochschule Pforzheim und lehrt dort unter anderem Systems Engineering und Modellierung mit AutomationML. Er studierte von 1990-1995 Automatisierungstechnik an der Technischen Universität Ilmenau und promovierte 1999. Nach einem Forschungsaufenthalt in Japan arbeitete er im ABB Forschungszentrum Ladenburg als Wissenschaftler, Gruppenleiter, Programm-Manager und Senior Principal Scientist. Seine Forschungsschwerpunkte sind die Entwicklung innovativer Methoden zur Verbesserung der Automatisierungstechnik in einem interdisziplinären und heterogenen Umfeld.

Prof. Drath ist Vorstandsmitglied im AutomationML Verein und einer der Architekten von CAEX und AutomationML. Er ist Herausgeber und Autor von mehreren AutomationML-Fachbüchern, Autor von mehr als 300 wissenschaftlichen Publikationen und mehr als 60 Patenten. Er ist mehrfacher Preisträger für seine Beiträge in bekannten Fach-Journalen und wissenschaftlichen Konferenzen sowie Preisträger des anerkannten Industrial IT-Research Award 2010. Im Jahr 2021 erhielt er den Perspektivenpreis der Hochschule Pforzheim.

https://doi.org/10.1515/9783110782998-205

1 Einführung in AutomationML

1.1 Von Denkmodellen zu Datenmodellen

1.1.1 Denkmodelle helfen uns, die Welt zu verstehen

Dieses Buch handelt von der Datenmodellierung und dem Datenaustausch mit AutomationML. Um das Wesen von AutomationML (kurz AML) zu verstehen, beginnen wir am besten direkt in unserem Kopf, denn das ist der Ort, mit dem wir die Welt erfassen. Betrachten Sie Abb. 1-1 und beantworten folgende Sie zwei Fragen: 1. Was ist das? 2. Wie haben Sie das erkannt? Überlegen Sie eine Weile, bevor Sie weiterlesen.

Abb. 1-1: Gedankenexperiment: Was ist das?

- Zu Frage 1: Falls Sie hier einen Apfel sehen, sind Sie im Irrtum: Das ist kein Apfel, sondern nur *das Bild* von einem Apfel. Der Unterschied zwischen einem Apfel und einem Bild besteht darin, dass Sie das Bild nicht essen können, das Bild altert nicht und es enthält keine Vitamine.
- Zu Frage 2: Sie haben den Apfel erkannt, indem Sie ein bereits vorhandenes abstraktes Denkmodell eines Apfels in Ihrem Kopf aktiviert haben. Mit diesem können Sie fast jeden Apfel erkennen, selbst wenn er sehr von diesem Bild abweicht.

Denkmodelle über die *Elemente* der Umwelt wie das über einen Apfel entstehen und wachsen aus Erfahrung. Sie enthalten gelerntes Wissen über sein Aussehen, sowie Erwartungswerte für seine *Merkmale* wie Größe, Gewicht, Farbe, Geruch, Haptik usw. Denkmodelle sind für jeden Menschen individuell ausgeprägt: Wer schlechte Erfahrungen mit Äpfeln gemacht hat, hat möglicherweise ein schlechteres Verhältnis zu einem Apfel als jemand, der sie als süß und knackig kennengelernt hat. Und immer, wenn wir uns über Äpfel unterhalten, dann erfolgt spontan eine gegenseitige Aktivierung der individuellen Denkmodelle. Wenn wir jedoch etwas sehen, was wir noch nie gesehen haben, z.B. eine seltene Tiefseekreatur, dann fehlt das Denkmodell und wir können damit keine sinnvollen Entscheidungen treffen.

Beim Erkennen eines Objektes vollziehen wir also ein Mapping zwischen dem erkannten Objekt und dem internen Denkmodell (Abb. 1-2). Erst das Denkmodell befähigt uns zu vorausschauendem Handeln und sinnvollen Entscheidungen. Das gilt für alle Elemente (Dinge) in unserer Umwelt, z.B. für Stühle im Hörsaal: Haben Sie sich jemals Gedanken gemacht, ob ihr Sitzplatz beim Hinsetzen zusammenbricht? Vermutlich nicht, Sie setzen sich vertrauensvoll auf jeden Stuhl im Hörsaal, obwohl Sie auf vielen Stühlen im Hörsaal noch nie gesessen haben. Dieses Vertrauen entsteht, weil Sie ein

https://doi.org/10.1515/9783110782998-001

internes und abstraktes Denkmodell von einem Stuhl besitzen, das Wissen über die typische Belastbarkeit im Kontext des eigenen Körpergewichtes berücksichtigt. Bei dieser Einschätzung berücksichtigen wir auch die *Beziehungen* zwischen den Objekten: Ist ein Sitzplatz im Hörsaal in der Sitzreihe montiert, beurteilen wir die Situation wahrscheinlich vertrauenswürdiger, als wenn einer dieser Sitze abseits der Reihe steht.

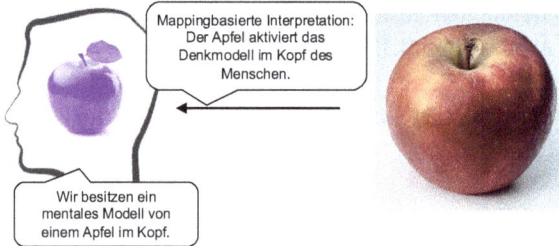

Mappingbasierte Interpretation: Der Apfel aktiviert das Denkmodell im Kopf des Menschen.

Wir besitzen ein mentales Modell von einem Apfel im Kopf.

Abb. 1-2: Ein Denkmodell ist ein mentales Modell – es wird erkannt, gemappt und interpretiert

Wir müssen anerkennen, dass unser Gehirn die Außenwelt über eine Vielzahl von Denkmodellen und ihren Beziehungen versteht und dass sowohl unser inneres Verständnis über die Umwelt als auch unser Gedankenaustausch mit anderen Menschen über sie abläuft. Die Denkmodelle können abstrakt sein für z.B. „einen allgemeinen Apfel", oder konkret für z.B. „meinen Apfel". Wir sehen, erkennen und verstehen also nicht die reale Welt selbst, sondern agieren stets über unsere Denkmodelle, die über zusätzliches Wissen über die realen Objekte verfügen können.

Wie alle Modelle weichen auch Denkmodelle im Detail von der Realität ab. Der Übereinstimmungsgrad zur Realität bestimmt aber die Qualität unserer Interpretation und daraus abgeleiteten Entscheidungen. Stimmen Denkmodelle zwischen kommunizierenden Menschen nicht überein, kann es zu Missverständnissen und Konflikten führen. In einer Gesellschaft basiert gute Kommunikation zwischen ihren Mitgliedern auf einer breiten Basis ähnlicher Denkmodelle, wobei in Politik und Religion die Ähnlichkeit der Denkmodelle über die Korrektheit dominiert. Im Ingenieurskontext dominiert jedoch der Bedarf nach korrekten Denkmodellen, weil sich Inkorrektheiten unmittelbar negativ auf die Funktion des technischen Systems auswirken.

Merke: Denkmodelle bilden das Fundament menschlichen Verstehens und Kommunizierens. Sie entstehen durch Erfahrungen und befähigen den Menschen zu abstraktem Denken, enthalten Merkmale und Beziehungen der Elemente und sind Grundlage für Entscheidungsprozesse und Problemlösungsstrategien. Fehler in Denkmodellen oder nicht übereinstimmende Denkmodelle zwischen Gesprächspartnern können zu Missverständnissen, Entscheidungsfehlern und Konflikten führen.

1.1.2 Denkmodelle im Ingenieurskontext: ein Bild sagt mehr als tausend Worte

Im Ingenieurskontext sind übereinstimmende Denkmodelle essenziell. Wenn ein funktionstüchtiges Gerät, eine Maschine, Anlage oder Fabrik errichtet werden soll, müssen Menschen unterschiedlicher Berufsgruppen miteinander kommunizieren und ihre Denkmodelle erfolgreich abgleichen. Wenn dies fehlerhaft verläuft, ist der Projekterfolg gefährdet. Die Denkmodelle müssen von Kopf zu Kopf möglichst korrekt übergeben werden: vom Kunden, der seine Anforderungen in Ausschreibungen veröffentlicht, zu allen beteiligten Berufsgruppen, die Projektbestandteile planen, interpretieren, implementieren, bestellen, aufbauen und in einem zuverlässigen Entwicklungsprozess mit mehreren Partnern korrekt umsetzen sollen.

Um den korrekten Abgleich der Denkmodelle zwischen den beteiligten Partnern abzusichern, haben sich in der Industrie grafische Beschreibungsmittel (Notationen) etabliert, zum Beispiel das UML-Diagramm der Softwareentwickler, das R&I-Fließbild der Verfahrenstechniker oder der Funktionsplan des Steuerungstechnikers. Grafische Sprachen ermöglichen es, die im Kopf eines Menschen verborgenen Denkmodelle möglichst gut zu visualisieren und mit einer grafischen Darstellung möglichst eindeutig und verständlich so zu formulieren, dass andere Menschen ihre eigenen Denkmodelle daran abgleichen können. Die Fähigkeit des Menschen, seine Gedanken zu externalisieren und in grafischer oder schriftlicher Form außerhalb des Kopfes zu notieren, gehört zu den größten Errungenschaften der Menschheit. Allerdings funktionieren Notationen wie Texte, Grafiken und Diagramme immer nur im Zusammenhang mit dafür *ausgebildeten* Personen, denn sie sind für das menschliche Auge geschaffen und bedürfen der Interpretation. Ein Mensch ohne entsprechende Vorbildung und passende Denkmodelle sieht in einem R&I-Fließbild keine chemische Anlage mit Tanks, Pumpen und Ventilen, sondern nur Kreise, Striche und Vierecke.

1.1.3 Aus Denkmodellen werden Datenmodelle

Im Ingenieursumfeld erfolgt die Verschriftlichung von Denkmodellen mit einer Vielzahl spezialisierter Software-Planungswerkzeuge unterschiedlicher Hersteller mit Hilfe verschiedener Notationsformen wie Diagrammen, Tabellen, Grafiken oder Texten. Auf diese Weise werden Denkmodelle des Menschen über menschenlesbare Notationsformen in *maschinenlesbare Datenmodelle* überführt.

1.1.4 Grundbegriffe

Für das weitere Verständnis von Datenmodellen und AutomationML werden im vorliegenden Buch eine Reihe von Begriffen verwendet. Beginnen wir mit dem Begriff *Daten*, speziell Engineering-Daten, die zwischen Planungswerkzeugen ausgetauscht werden sollen.

1.1.4.1 Daten

Daten sind durch Beobachtung oder Messung gewonnene Zahlenwerte oder Objekte. Sie sind unbehandelt, unanalysiert, unorganisiert und unverbunden.

---

i **Beispiel für Daten:** Sie erhalten von einem Kunden die Anforderung „rmla_t1=120". Das ist ein Zahlenwert, den Sie per Email als XML-Datei erhalten haben.

1.1.4.2 Syntax von Daten

Um Daten zu notieren, müssen sie mit vereinbarten Zeichen oder Zeichenfolgen notiert werden, deren Struktur strengen Regeln folgt: Das ist die *Syntax*. Die **Syntax** von Daten beschreibt die äußere Gestalt ihrer Notation und ihre Zusammenfügungsregeln. Dazu werden elementare Zeichen zusammengesetzt und nach bestimmten Regeln kombiniert. Der Inhalt von Daten existiert unabhängig von ihrer Darstellung als Zeichenfolge. Ohne Syntax können wir keine Daten notieren, und sie lassen sich auf verschiedene Weisen notieren.

---

i **Beispiel für Syntax:** Die Kundenanforderung wurde in XML-Notation codiert: „<rmla_t1=120>".

1.1.4.3 Semantik von Daten

Die **Semantik** steht der Syntax gegenüber und beschreibt die *Bedeutung* und Interpretationsregeln der Datenelemente, die dem Empfänger (Mensch oder Software) bekannt sein müssen. Trotz bekannter Syntax können Daten ohne ihre Semantik kaum weiterverarbeitet und keine sinnvollen Entscheidungen abgeleitet werden.

Wichtig: Syntax und Semantik sind getrennte Eigenschaften. Viele Missverständnisse entstehen dadurch, dass für dieselbe Syntax verschiedene Annahmen über ihre Bedeutung getroffen werden, viele Witze leben von der Mehrdeutigkeit von Worten. Wenn die Semantik eines Wortes fehlt, sinkt die Qualität der Interpretation.

---

i **Beispiel für Semantik:** Die Interpretationsregeln in unserem Beispiel könnten wie folgt aussehen:
- Regel 1: „rmla" entspricht dem geometrischen Volumen eines Objektes,
- Regel 2: dann folgt ein Separator „_",
- Regel 3: dann folgt der Name des Anlagenobjektes, hier T1,
- Regel 4: dann folgt eine Zahl, die dem Volumen entspricht,
- Regel 5: die Einheit ist immer „mm^3".

Wie kommt man zu solchen Regeln? Die Regeln sind zwischen den beteiligten Personen vorab vereinbart, dokumentiert und bekannt, beispielsweise in Projektvereinbarungen, Werksnormen oder in internationalen Standards.

Darauf aufbauend wird die zugehörige Software so programmiert, dass sie die Zeichenfolge selbständig zerlegt und einer Bedeutung zuordnet. Die Semantik wird also von außen hinzugefügt und ist nur mitwissenden Teilnehmern/Algorithmen zugänglich. Es wirkt so, als wenn die Software die Daten ohne weiteres Zutun versteht, aber das kann sie nur, weil Programmierer die Interpretation beim Programmieren bereits berücksichtigt haben.

Ein neuerer Ansatz besteht darin, die Semantik in die Syntax hineinzucodieren, so dass eine neue Software sich selbst über die Bedeutung der Syntax informieren kann. Darüber später mehr.

1.1.4.4 Daten versus Informationen

Informationen sind interpretierte Daten, deren Bedeutung und Kontext bekannt sind und auf deren Basis sinnvolle Entscheidungen getroffen werden können. Daten oder Informationen sind nutzlos, wenn sie zu keiner Entscheidungsfindung beitragen können. Um aus Daten Informationen abzuleiten, müssen sie in einem Sinnzusammenhang interpretiert werden. Das bedeutet, dass den Daten ein semantischer Zweck zugewiesen wird.

Beispiel: Die Information aus den Daten „<rmla_t1=120>" besteht darin, dass das Volumen des Tanks T1 einen Wert von 120mm^3 besitzt. Daraus lassen sich sinnvolle Entscheidungen ableiten. Beispielsweise kann daraus der maximale Füllstand ermittelt werden, wenn zusätzlich die Maße und Geometrie des Tanks bekannt sind. Oder die Auswahl des Tanks kann in Frage gestellt werden, wenn das tatsächliche Volumen des realen Tanks nur 100mm^3 beträgt. Durch Vergleich und Analyse können Plausibilitätsprüfungen erfolgen, Code generiert und sinnvolle Entscheidungen unterstützt werden.

1.1.4.5 Datenmodell versus Informationsmodell

Bei der Planung von Automatisierungssystemen fallen viele Daten an. Um diese sinnvoll für eine Aufgabe zu strukturieren, werden sie in Datenmodellen zusammengefasst. Ein **Datenmodell** strukturiert zusammengehörige Daten für eine bestimmte Anwendung, fasst sie in einem Modell zusammen und stellt die Datenelemente untereinander in Beziehung. Die Modellierung verfolgt einen Zweck: die spätere Weiterverarbeitung. Die Struktur eines Datenmodelles wird folglich aus Elementen und ihren Beziehungen gebildet. Ein objektorientiertes Datenmodell beschreibt einen Anwendungsbereich mit Hilfe von Objekttypen, Objektinstanzen, ihren Eigenschaften und Beziehungen. Datenmodelle lassen sich beispielsweise in Dateien oder Datenbanken speichern. Die Interpretation der einzelnen Datenelemente benötigt jedoch zusätzliche Kontextinformationen, um sie interpretieren zu können. Planungswerkzeuge besitzen diese Kontextinformationen implizit, weil deren Programmierer die Bedeutung der Daten kennen. Aber Fremdwerkzeuge können Datenmodelle, insofern sie ihnen syntaktisch überhaupt zugänglich sind, semantisch nicht interpretieren.

> **i** **Beispiel:** Das Datenmodell der o.g. XML-Datei wird durch das Format XML sowie zusätzlich durch die Strukturregeln des Kunden definiert. Diese werden z.B. in einer XSD-Datei festgelegt.

Ein Informationsmodell ergibt sich folglich durch das Hinzufügen von Semantik: Ein **Informationsmodell** erweitert das Datenmodell um Kontextinformationen, die es erlauben, Daten konsistent zu interpretieren und zu nutzen. Ein Informationsmodell ist folglich ein Datenmodell mit bekannten Interpretationsregeln.

1.1.4.6 Datenformat versus Datenbank

Ein **Datenformat** definiert die Syntax und ggf. auch die Semantik, mit der Daten in einer Datei gespeichert werden. Die Datei kann dann Daten oder Datenmodelle speichern, archivieren oder transportieren. Das Datenformat wird in einigen Betriebssystemen über die Dateiendung codiert, bekannte Datenformate enden auf .pdf, .bmp oder .docx, sie werden häufig vordefinierten Anwendungen zugeordnet.

> **i** **Beispiel:** Das Datenformat des Kunden ist .XML, eine strukturierte Textdatei der W3C.

Proprietäre Datenformate befinden sich im Besitz einer Firma oder Organisation und können jederzeit geändert werden. Der Austausch proprietärer Formate ist schwierig und gelingt nur, wenn dem Empfänger die Syntax und Semantik bekannt sind. Für wichtige Datenarten haben sich daher **offene Datenformate** etabliert, deren Syntax und Semantik allgemein stabil, bekannt und frei zugänglich sind.

Eine **Datenbank** ist ein Softwaresystem zur Verwaltung von Daten. Sie bietet neben den eigentlichen Daten hinaus Softwarefunktionen, die den effizienten und performanten Datenzugriff, den Datenschutz und die Datensicherheit dauerhaft gewährleisten. Solche Funktionen können Dateien allein nicht leisten.

1.1.4.7 Maschinenlesbar, -verarbeitbar, -interpretierbar

Maschinenlesbar bedeutet, dass Software die Daten einer Datei oder Datenbank syntaktisch lesen, darstellen, speichern und auf niedrigem Niveau verarbeiten kann. Dies ist die Mindestvoraussetzung für elektronische Verarbeitung. Eine Handskizze auf Papier ist nicht maschinenlesbar, ein PDF-Dokument hingegen ist es: Allerdings kann ein Computer mit den Inhalten eines PDF Dokumentes üblicherweise wenig anfangen, dazu ist ein Mensch notwendig, der die Inhalte interpretiert.

Daten sind **maschinenverarbeitbar**, wenn die Semantik der Daten softwarebasiert interpretiert werden kann. Dazu muss die Software die Interpretationsregeln kennen, beispielsweise indem diese direkt in die Software einprogrammiert sind. Für externe Software ohne diesen Zugang bleiben die Informationen syntaktisch zugänglich, aber semantisch verschlossen.

Daten sind **maschineninterpretierbar** bzw. **maschinenerkundbar**, wenn eine Software die Semantik der Daten nicht kennt, aber selbständig erkunden und dann interpretieren kann. Daten können somit an unbekannte Empfänger verschickt und dort in einem aktiven Interpretationsvorgang verstanden und verarbeitet werden. Dazu muss die Semantik auf vereinbarte Weise in die Daten hineincodiert werden.

Beispiel: Eine XML-Datei ist maschinenlesbar, weil die Syntax von XML bekannt ist. Sie ist maschinenverarbeitbar, wenn der Software die Bedeutung der XML-Elemente bekannt ist. Die ist nicht maschineninterpretierbar, weil XML selbst keine Mittel zur semantischen Referenzierung der XML-Elemente kennt, die der Software unbekannt sind.

1.1.5 Übungsaufgabe zu Denkmodellen und Datenmodellen

Übungsaufgabe:
a) Ihr Kühlschrank ist kaputt. Notieren Sie die erforderlichen Maße auf einem Blatt Papier.
b) Erklären Sie anhand Ihrer Notation den Unterschied zwischen Daten, Syntax und Semantik.
c) Sie sollen diese Daten einem Händler schicken, damit er Ihnen einen passenden Ersatzkühlschrank anbieten kann. Er schickt Ihnen dazu ein vorbereitetes EXCEL Sheet, in das Sie die Maße in vorbereitete Felder eintragen sollen. Erklären Sie anhand des EXCEL-Sheets den Unterschied zwischen Daten, Datenmodell, Datenformat.
d) Ist ein EXCEL-Sheet maschinenlesbar, -verarbeitbar und -interpretierbar? Begründen Sie!

Musterlösung:
a) Sie notieren: b = 60cm, h = 80cm, t = 80cm.
b) Die Daten werden in einer Syntax mit alphabetischen Zeichen notiert. Die Elemente sind „b = 60cm", „h = 80cm", „t = 80cm". Diese Notation selbst hat aber keine Semantik, diese befindet sich in Ihrem Kopf. Die Interpretation erfordert den Menschen und seine geistige Leistung.
c) Das Datenformat ist EXCEL. Das Datenmodell innerhalb von EXCEL basiert auf Spalten und Zeilen und ist proprietär. Die Daten in den Feldern beschreiben die Dimensionen des Kühlschrankes.
d) Das Excel-Sheet ist maschinenlesbar, weil es von Microsoft EXCEL gelesen und dargestellt werden kann. Die Daten sind maschinenverarbeitbar, weil die Semantik von einem Menschen in den Spalten und Zeilen der EXCEL-Vorlage implizit codiert ist. Aber sie sind nicht maschineninterpretierbar, weil EXCEL üblicherweise keine semantischen Referenzierung bietet, anhand derer sich eine Empfängersoftware die Semantik selbst erschließen kann.

1.1.6 Die Herausforderung beim Austausch von Datenmodellen

Da die Planungswerkzeuge im Ingenieurskontext meist von unterschiedlichen Herstellern stammen, sind deren Datenmodelle und -formate meist nicht standardisiert: Dies führt unmittelbar zu einer neuen Herausforderung: Wie kann der Abgleich von Datenmodellen zwischen Softwarewerkzeugen erfolgen? Dafür existieren verschiedene Ansätze, die im nachfolgenden Abschnitt diskutiert werden.

1.2 Etablierte Optionen des Datenaustausches

Das Engineering einer Anlage erfolgt üblicherweise in mehreren Phasen, in denen Vertreter unterschiedlicher Berufsgruppen mit ihren eigenen Engineering-Werkzeugen Planungsschritte vollziehen. Daten werden von Phase zu Phase weitergereicht, die Werkzeuge bilden eine Werkzeug-Kette. In der Praxis verläuft der Prozess meist iterativ: Daten werden in jeder Phase erzeugt, versioniert, weitergereicht, verfeinert, adaptiert, erneut versioniert und erneut übergeben. Ingenieure müssen daher wiederkehrend Versionen von Daten verarbeiten, die Änderungen identifizieren und die Auswirkungen abschätzen. Dies erfolgt heute vielfach durch Menschen.

---

i **Merke:** Die zentrale Herausforderung in modernen Engineeringprozessen ist die Synchronisation von sich ständig ändernden Engineering-Informationen entlang einer Engineering-Werkzeugkette.

Leider sind die Engineering-Tools vorrangig auf ihre eigenen Funktionen spezialisiert und nicht darauf ausgelegt, ihre Daten automatisch untereinander iterativ abzugleichen. Obwohl wir in der Bürowelt Dokumente über Microsoft Office oder PDF-Dokumente austauschen, gibt es in der Automatisierungstechnik kein etabliertes Dateiformat für den Datenaustausch. In der Praxis haben sich deshalb eine Reihe von Methoden entwickelt, um die Datenübergabe zwischen den Werkzeugen zu bewältigen.

1.2.1 Option 1: Einigung auf zu verwendende Werkzeuge

Eine verbreitete Methodik, den Austausch von Engineering-Ergebnissen zwischen Werkzeugen beteiligter Partner zu realisieren, besteht darin, dass Systemintegratoren oder Anlagenbetreiber die zu verwendenden Werkzeuge einschließlich ihrer Version vertraglich vorschreiben (siehe Abb. 1-3).

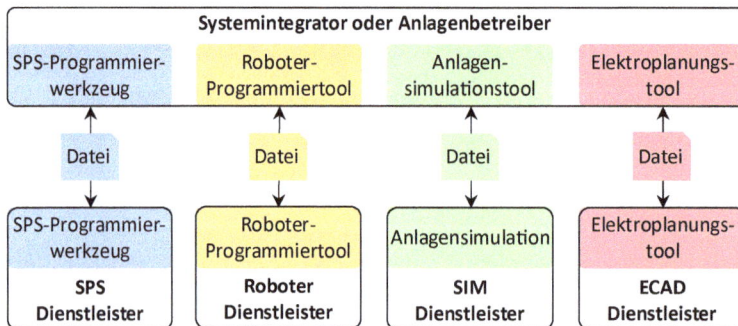

Abb. 1-3: Werkzeugzentriertes Engineering durch Einigung auf zu verwendenden Tools

Dieser Ansatz funktioniert, ist in der Industrie verbreitet und hat viele Vorteile: Er löst auf elegante Weise das Problem der Inkompatibilität zwischen den Werkzeugen des Betreibers und seiner Unterauftragnehmer und ermöglicht die verlustfreie Übergabe und Weiterverwendung von Entwicklungsergebnissen.

Ein Nachteil dieses Ansatzes besteht darin, dass a) eine solche Vereinbarung die Effizienz der Dienstleister und Ingenieurbüros erheblich erschwert, weil in einem Umfeld mit *mehreren* Projekten und *mehreren* Kunden und ihren jeweiligen Werkzeugvorschriften die Wiederverwendung von bewährten Lösungen, Bibliotheken und Experten zwischen den Werkzeugen fast unmöglich wird. Bei dieser Option sind b) die Engineering-Unterauftragnehmer nicht mehr frei in der Wahl ihrer Best-of-Class-Tools. Das reduziert c) die Qualität und ist d) für Unterauftragnehmer mit mehreren Kunden aufgrund hoher Lizenzkosten ein wesentlicher Kostenfaktor. Weiterhin bietet dieser Ansatz e) keine Lösung für die Datensynchronisation zwischen den verschiedenen Werkzeugen, z.B. den Abgleich von Signallisten zwischen SPS- und Roboterprogrammierung.

1.2.2 Option 2: Paarweiser Dateiaustausch über Ex- und Importer-Schnittstellen

Bei dieser Option verwendet jeder Engineering-Lieferant seine bevorzugten Best-in-Class-Engineering-Tools. Der Datenaustausch zwischen den Tools erfolgt dateibasiert (siehe Abb. 1-4). Erforderliche Daten werden exportiert und importiert. Mit dieser Option werden die Nachteile von Option 1 überwunden. Sie ist kurzfristig und schnell umsetzbar, da die Entwicklung eigener Datenformate auf Basis von EXCEL-Sheets, CSV-Dateien oder XML-Schemata eine schnelle Lösung für den Datenaustausch bietet. Dieser Ansatz ist in der Industrie beliebt, weil sie die typische heterogene Werkzeuglandschaft zunächst unkompliziert miteinander verbinden kann.

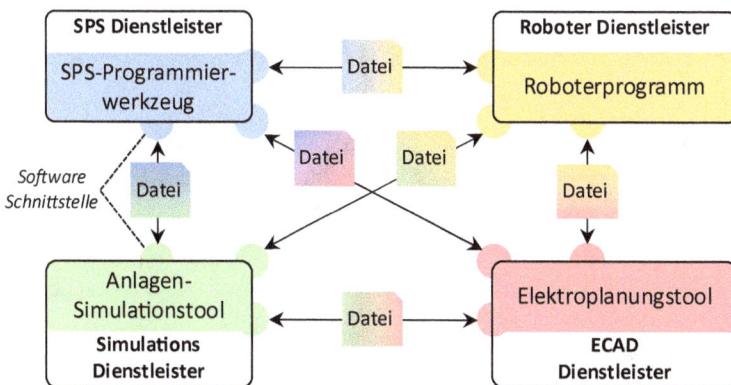

Abb. 1-4: Dateibasierter Datenaustausch

Die Nachteile dieser Option sind a) die fehlende Unterstützung von *iterativem* Datenaustausch (die Schwierigkeiten des iterativen Datenaustausches werden in Abschnitt 8.2 ausführlich behandelt), b) eine erhebliche Anzahl erforderlicher paarweiser Software-Exporter und -Importer sowie c) die große Vielfalt an proprietären Austauschformaten, die sich dann auch noch von Projekt zu Projekt oder sogar innerhalb eines Projekts ändern können. Dieser Ansatz läuft prinzipiell dem technischen Fortschritt hinterher. Mit jedem zusätzlichen Engineering-Tool wächst die Anzahl der benötigten Datenaustauschschnittstellen und Datenformate durch kombinatorische Effekte erheblich. Dies führt d) mittelfristig zu einer schwer beherrschbaren Komplexität und Versionsvielfalt für Software-Schnittstellen, und somit zu hohen Entwicklungs- und Wartungskosten. Dieser Ansatz ist für kleine und mittelgroße Projekte durchaus etabliert, für Großprojekte mit wechselnden Kunden jedoch nicht empfehlenswert. Im Ergebnis bietet diese Option eine schnelle, aber nicht nachhaltige Lösung des Datenaustauschproblems, insbesondere weil wichtige Funktionen wie Änderungsmanagement und Datenmapping wieder und wieder entwickelt werden müssen (vgl. 8.2).

1.2.3 Option 3: Eine gemeinsame Werkzeug-Suite

Bei diesem Ansatz (siehe Abb. 1-5) bietet ein Werkzeughersteller einen One-Stop-Shop für das Engineering an: Alle typischen Engineering-Tools werden als gemeinsame Tool-Suite bereitgestellt, die auf derselben Datenbank arbeiten. Dies löst auf elegante Weise das Problem der Datensynchronisation zwischen allen teilnehmenden Werkzeugen, einschließlich der Iterationsunterstützung. Die Anzahl der Softwareschnittstellen wird reduziert, und die Ingenieure können ihre Daten nahtlos in die Zusammenarbeit mit den Projektpartnern integrieren.

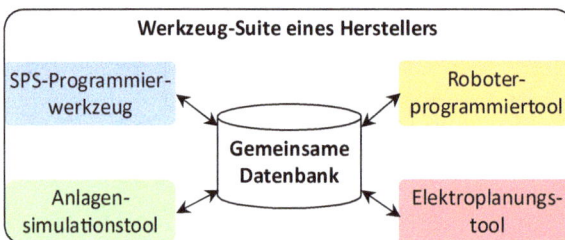

Abb. 1-5: Eine Werkzeug-Suite für alle Aufgaben

Nachteile dieser Option sind, dass sich a) Anwender einer Tool-Suite dauerhaft an dessen Hersteller binden, einschließlich seiner Innovationsgeschwindigkeit und Lizenzbedingungen. Es besteht b) in der Regel keine Möglichkeit, konkurrierende Best-in-Class-Tools auszuwählen und zu integrieren. Wenn verschiedene Anlagenbetreiber verschiedene Tool-Suites einfordern, ist das nicht nur c) kostspielig, sondern es wird d) auch die Wiederverwendung von bewährten Lösungen und Experten zwischen den Projekten erschwert.

Die Option einer gemeinsamen Werkzeug-Suite eignet sich für große Projekte wie Kraftwerke oder Ölplattformen mit einem stabilen Kundenkreis, aber kaum für kleine oder mittelgroße Industrieprojekte mit wechselnden Kunden.

1.3 Warum AutomationML entwickelt wurde

1.3.1 Werkzeugzentriertes Engineering behindert den Datenabgleich

Wir fassen zusammen: Die genannten Optionen zum Datenaustausch weisen Einschränkungen in Bezug auf Anwendbarkeit, Wiederverwendung und Iterationsunterstützung auf. Es fehlt ein gemeinsames Datenaustauschformat.

Merke: Mit Ausnahme der Tool-Suite setzen alle anderen Optionen umfassende Datenmodelle und einen dateibasierten Datenaustausch voraus. !

In der Büroumgebung ist der elektronische Datenaustausch eine alltägliche Selbstverständlichkeit. Wenn wir um ein Foto oder Dokument gebeten werden, kümmern wir uns nicht um Werkzeuge, sondern schicken es einfach an Freunde oder die Familie. Egal, ob es sich um Bilder, Texte, Webseiten, Vektorgrafiken oder Dokumentationen handelt, für eine Vielzahl von unverzichtbaren plattformübergreifenden Informationen haben sich Standarddatenformate etabliert. Beispiele hierfür sind Datenformate, die unter den Namenserweiterungen wie .jpg, .pdf, .mp3, .bmp, .html oder .xml bekannt sind. Der Grund für diese Entwicklung liegt auf der Hand: Standardisierte Datenformate haben unschlagbare Vorteile, wenn der wesentliche Wert von Daten in ihrem Austausch besteht.

Während aber eine Kamera-App auf dem Smartphone ihren Wert direkt aus dem Teilen der Fotos definiert, ist dies bei Planungswerkzeugen anders. Bei Engineering-Projekten verhält sich die Industrie umgekehrt: Hier einigt man sich gerne im Sinne der Zuverlässigkeit, Wiederverwendbarkeit und Archivierbarkeit von Daten auf die Werkzeuge und weniger auf Datenformate. Und Engineering-Werkzeuge gibt es viele. Abb. 1-6 zeigt einen Ausschnitt aus der Vielfalt von Engineering-Tools für unterschiedliche Domänen. Für ihre Verwendung sind Experten und Teams erforderlich, die sich auf diese Werkzeuge spezialisieren.

Die beschriebene *werkzeugzentrierte Vorgehensweise* hatte in der Vergangenheit wichtige Vorteile: Engineering-Werkzeuge differenzierten sich vorrangig durch besondere Funktionen, und die Beherrschung dieser Funktionalität war ein wichtiger Wettbewerbsvorteil sowohl für deren Hersteller als auch für die Planungsbüros. Heutzutage ist die Funktionalität von Engineering-Werkzeugen aber zunehmend ausgereift, sie konvergiert und wird zunehmend funktional vergleichbar. Aus diesem Grunde tritt die *Interoperabilität* der Werkzeuge zunehmend in den Fokus des Interesses, also die Fähigkeit der Software, sich mit anderen Werkzeugen auszutauschen.

Domäne		Werkzeuge
CAD		•CATIA v4, v5 •AutoCAD •NX •SolidWorks •MicroStation •Maya
Simulation	Material Flow Simulation	•Plant Simulation •Witness Horizon •INOSIM
Simulation	Robot Simulation	•Gazebo Simulator •RoboDK •V-REP
Simulation	Process Simulation	•ANSYS
Simulation	Electrical Simulation	•LTspice •Oregano •Multisim
Office	Text Processing	•Word •OpenOffice
Office	Spreadsheet Analysis	•Excel •OpenOffice
Office	Presentation	•Powerpoint •OpenOffice
Office	Databases	•Access •Oracle •MySQL
Office	Communication	•Email
Project Management		•Project •Asana
Product Data Management (PDM)		•TeamCenter •PDM Studio •ENOVIA SmarTeam
Product Lifecycle Management (PLM)		•Fusion Lifecycle •3DEXPERIENCE

Domäne		Werkzeuge
Enterprise Resource Planning (ERP)		•SAP S/4HANA •Oracle PeopleSoft •Dynamics Navision
Reporting		•Cognos •Crystal Reports •BIRT
Visualization	Mock-up	•Axure RP
Visualization	Plant Visualization	•EZPlantView •M4 PLANT •OpenFlight
Visualization	HMI	•WinCC •InTouch HMI •VisiWin7
Control Programming	PLC	•STEP 7 •RSLinx •CoDeSys
Control Programming	Robot Control	•RobotStudio •KUKA.Sim •3D Onsite
CAE		•RUPLAN EPLAN Electric P8 •EAGLE •Target 3001!
Process configuration		•BOS 6000
Facility Management		•Speedykon •TRICAD MS •AutoCAD Architecture
Computerized Maintenance Management System (CMMS)		•Maximo •Datastream 7i •API PRO
Authoring		•Adobe Acrobat •Illustrator •Sharepoint •MacroMedia
Functional Engineering		•AutomationDesigner •COMOS •Automation Framework

Abb. 1-6: Vielfalt an Engineering-Werkzeugen in unterschiedlichen Engineering-Domänen

Ein wesentlicher Schwachpunkt in der Engineering-Werkzeugkette ist daher die nahtlose und möglichst automatische Datenweitergabe von Werkzeug zu Werkzeug.

Unter dem wachsenden Kosten- und Zeitdruck im Engineering rückt der Wert der Interoperabilität von Werkzeugen immer mehr in den Mittelpunkt. Dadurch ist werkzeugzentriertes Vorgehen zunehmend ein Hindernis, denn die fehlende Interoperabilität zwischen Werkzeugen führt unweigerlich zu einer Lücke in der Wiederverwendbarkeit von Experten und Planungsergebnissen (den Engineering-Artefakten) über Werkzeuggrenzen hinweg. Die wichtigsten Treiber hinter dieser Entwicklung sind:

- Das Engineering von Automatisierungssystemen ist ein kostenintensiver und komplexer Prozess. Die zunehmende Verfügbarkeit von kostengünstigen Sensoren, internetbasierten Kommunikationstechnologien, Cloud-Plattformen und IT-Know-how erhöht zunehmend die Informationsdichte in Anlagen und damit den Bedarf an einem effizienten Engineering dieser Informationen deutlich. Effizienter Datenaustausch ist eine wesentliche Voraussetzung für zukünftige Wettbewerbsfähigkeit.

- Das Engineering erfordert die Zusammenarbeit einer Vielzahl von Berufsgruppen, die spezialisierte Software-Werkzeuge einsetzen.

- Der Planungsprozess von Automatisierungssystemen zeichnet sich durch eine historisch gewachsene starke Arbeitsteilung aus und wurde in der Vergangenheit in einzelne Phasen oder Gewerke unterteilt. In jeder dieser Phasen entwickeln Ingenieure diese Daten weiter. Dabei divergieren die Daten über die beteiligten Werkzeuge hinweg, die Engineering-Daten unterliegen einer kontinuierlichen und iterativen Anreicherung und Veränderung im Laufe des Engineerings. Dies ist kein Fehler im Arbeitsablauf oder in der Ingenieursmethodik, sondern liegt in der Natur des Engineerings. Es ist ein erheblicher Aufwand erforderlich, um die Daten in den verschiedenen Entwicklungswerkzeugen synchron und konsistent zu halten.

- Die Effizienz des Engineerings profitiert von der Wiederverwendung. Oft werden Anlagen nicht komplett neu entworfen. Stattdessen werden vorbereitete Standardanlagen oder Teilsysteme als Blaupausen verwendet, um eine Anlage zur Herstellung eines bestimmten Produkts zu planen. Auf diese Weise kann z.B. eine Autofabrik in Shanghai effizient erneut Brandenburg aufgebaut werden. Die Wiederverwendung von Anlagendaten in verschiedenen Versionen und Konfigurationen ist daher eine sehr wichtige Anforderung und eine wesentliche Voraussetzung für effizientes Engineering, gerade in einer globalisierten Welt.

Merke: Ein wesentlicher Schwachpunkt in der Engineering-Werkzeugkette ist daher die nahtlose und möglichst automatische Datenweitergabe von Werkzeug zu Werkzeug. Unter dem wachsenden Kosten- und Zeitdruck im Engineering rückt der Wert der Interoperabilität von Werkzeugen immer mehr in den Mittelpunkt. Dadurch ist werkzeugzentriertes Vorgehen zunehmend ein Hindernis.

1.3.2 Von der Maschinenlesbarkeit zur Maschinenverständlichkeit

Abb. 1-7 illustriert die Motivation von AutomationML am Beispiel einer chemischen Anlage, die in einem R&I Fließbild modelliert ist. Das Fließbild umfasst 24 Seiten und erfordert menschliche Betrachtung und Interpretation. Handschriftliche Ergänzungen zeigen die interaktive Auseinandersetzung zwischen Diagramm und Mensch.

Abb. 1-7: Beispiel für ein reales R&I Fließbild [Abdruck mit Genehmigung, Quelle: ABB]

Solche und andere Notationsformen wie Signal-Listen, Stromlaufpläne usw. sind immer für das menschliche Auge gemacht und können nur im Zusammenhang mit ausgebildeten Ingenieuren interpretiert werden. Und selbst dann, wenn alle Engineering-Daten mit modernen digitalen Werkzeugen modelliert sind, bleiben ein Diagramm oder eine Tabelle weiterhin elektronische Varianten des Papiers, sie sind weiterhin „nur" eine Verlängerung des Menschen, das Dokument bedarf weiterhin der menschlichen Interpretation. Die Daten sind maschinenlesbar, aber nicht *maschinenverständlich*. Aus diesem Grunde wurde AutomationML entwickelt.

Der Ansatz von AutomationML besteht darin, Engineering-Daten in einem standardisierten elektronischen Objektmodell maschinen*verständlich* zu beschreiben. Das bedeutet, dass die Datei die Interpretationen der modellierten Daten gleich mitliefert: Es beschreibt nicht nur die Daten, sondern auch deren Bedeutung (Semantik). Im Gegensatz zu einem PDF-Dokument wird ein objektorientiertes Strukturmodell mittels AutomationML nicht nur maschinenlesbar, sondern *maschineninterpretierbar*. Die Informationen lassen sich von einem Werkzeug in ein anderes übernehmen, lassen sich standardisiert speichern, übertragen, automatisch „verstehen", archivieren, versionieren, prüfen, interpretieren, mappen und gezielt importieren. Ein solches Objektmodell erlaubt, den Datenfluss zwischen Engineering-Werkzeugen durchgängig zu digitalisieren und die Wertschöpfungskette erheblich zu automatisieren. Dies kann aufgrund seiner Anwenderneutralität nicht nur zwischen Werkzeugen durchgeführt werden, die für diesen Zweck vorbereitet sind, sondern auch zwischen Werkzeugen, die nicht dafür entwickelt wurden und von unterschiedlichen Herstellern stammen. So entsteht Interoperabilität zwischen Engineering-Werkzeugen mit verlustloser Datenübertragung in elektronischen Wertschöpfungsketten. Die Hauptmotivation für die Entwicklung von AutomationML ist folglich der Bedarf nach effizienteren Arbeitsabläufen in der Automatisierungstechnik in einer heterogenen Landschaft von Engineering-Anbietern.

Was ist die Motivation von AutomationML?

Antwort: Motivation von AML ist die Vision eines durchgängigen nahtlose elektronischen Datenflusses entlang der Engineering-Wertschöpfungsketten in einer heterogenen Werkzeuglandschaft. AML soll Engineering-Daten mit einer standardisierten anwendungsneutralen Objekt-Beschreibungssprache maschinenlesbar und maschinenverständlich speichern und übertragen können.

1.4 Was ist AutomationML?

1.4.1 AutomationML ist ein Datenformat und eine Datenmodellierungssprache

Ursprünglich wurde AutomationML als *Datenformat für den Austausch von Daten zwischen Engineering-Werkzeugen* entwickelt und auch so erklärt. Diese Erklärung hat sich jedoch stark verändert, denn die Bedeutung von Dateien ist durch die zunehmende Vernetzung cloudbasierter Softwarearchitekturen geschrumpft und hat die eigentliche Stärke von AML verdeutlicht:

Was ist AutomationML?

Antwort: AutomationML ist eine flexible objektorientierte Datenmodellierungssprache und ein Dateiformat für das Speichern und den iterativen Austausch von Informationen zwischen Engineering-Werkzeugen. AutomationML basiert auf XML, ist anwendungsneutral und bietet umfassende Sprachelemente zur Modellierung beliebiger Objektwelten, insbesondere technischer Systeme, einschließlich Geometrie, Verhalten und vielfältiger weiterer Dokumente.

AutomationML steht für die Digitalisierung von technischen Daten und Abläufen. Es kombiniert die Stärken von XML, Objektorientierung und Semantik und adressiert sowohl menschliche als auch maschinelle Lesbarkeit von Daten, speziell von Engineering-Daten. AutomationML verfolgt den Austausch umfassender elektronischer Datenmodelle anstelle von gedruckten Diagrammen und ermöglicht einen nahtlosen

Datenfluss in komplexen technischen Werkzeugketten in verschiedenen Industriebereichen. AutomationML ist eine Methode zur Umwandlung von (Roh-)*Daten* in interpretierbare *Informationen*, dient dem Austausch von Engineering-Daten in Engineering-Wertschöpfungsketten und berücksichtigt die speziellen Anforderungen des iterativen Datenaustauschs im Engineering.

1.4.2 AutomationML ist anwendungsunabhängig

Mit AutomationML lassen sich nicht nur technische Automatisierungssysteme objektorientiert modellieren, sondern alle Arten von Objektmodellen. Für alle unterschiedliche Anwendungsgebiete müssen sogenannte *Domänenmodelle* entwickelt werden, also konkrete AutomationML-Bibliotheken für bestimmte Anwendungen. Das können selbstentwickelte Projektmodelle sein, oder auch elektronische Modelle für Werksnormen oder internationale Normen. Mit ihrer Hilfe lassen sich dann umfangreiche Datenaustauschszenarien realisieren.

Übungsaufgabe: Welche Objektwelten aus Ihrem privaten oder beruflichen Alltag wären für eine elektronische Modellierung interessant?

Lösungsvorschläge:
- Familienstammbaum
- Schmetterlingssammlung
- Adressbuch
- Hauselektrik
- Aquarium
- Modelleisenbahn
- Chemische Anlage
- Fertigungslinie
- Stromnetz
- Roboterzelle
- Flugzeug
- Solaranlage
- Rezeptbuch mit Prozessbeschreibung
- Fuhrpark
- usw.

Der Wert von AutomationML liegt dabei nicht nur in einer flexiblen und umfangreichen Objektmodellierungssprache, sondern auch darin, dass es international standardisiert ist. Die Einigung auf eine Objektmodellierungssprache bedeutet, dass beteiligte Softwaresysteme, die bestimmte AutomationML Dateien verarbeiten können, auch beliebige andere AML-basierte Domänenmodelle verarbeiten können, weil die Mechanismen der Datenmodellierung bekannt und immer gleich sind. Aufwändige

Softwarefunktionen für das Erzeugen, Verarbeiten, Versionieren, Visualisieren, Archivieren, Mappen, Prüfen oder Importieren können wiederverwendet werden. Das ermöglicht effizientes iteratives Engineering. Das würde auch mit anderen Standards gelingen, auch mit Excel, CSV oder XML-Schemata. Allerdings liegt der Wert gerade in einer Einigung und AutomationML hat die notwendigen Zutaten bereits an Bord. AML vereinigt 15 Jahre Expertenwissen über die Bedürfnisse iterativen Engineerings in einer einheitlichen herstellerneutralen und frei verfügbaren Modellsprache.

Die Wettbewerbsfähigkeit von Anbietern von Automatisierungskomponenten oder -systemen wird zunehmend von der Fähigkeit abhängen, ihr Engineering zu vereinfachen. AML ist ein leistungsfähiges Werkzeug für die Erzeugung nahtloser Engineering-Werkzeugketten und bietet Anknüpfungspunkte für andere Technologien wie z.B. eClass, die Asset Administration Shell, Cloud Computing und künstliche Intelligenz.

Übungsaufgabe: Was bietet AutomationML im Engineering?

Antwort: AutomationML ermöglicht
- das Speichern von Engineering-Daten aus ihren Werkzeugen in einem neutralen Datenformat,
- das syntaktisch neutrale Modellieren einer Vielzahl von relevanten Aspekten der Technik,
- das Austauschen, Versionieren, Archivieren und automatische Prüfen von Engineering-Daten,
- das Modellieren bestehender oder künftiger industriespezifischer Domänenmodelle,
- die digitale Abbildung von Industriestandards in wiederverwendbaren elektronischen Informationsmodellen,
- das explizite Modellieren der Semantik (der Bedeutung) von Objekten, Klassen und Attributen,
- das elektronische Speichern und den Austausch von komplexen Systemmodellen

1.5 Ziele von AutomationML

Das Hauptziel von AutomationML ist der verlustfreie digitale und automatisierbare Datenaustausch zwischen Softwarewerkzeugen über alle Engineering-Schritte hinweg. Abb. 1-8 veranschaulicht die Modellziele: Modellierung von Anlagenhierarchien, Geometrie, Kinematik, Bewegungsplanung und Verhaltensmodellierung.

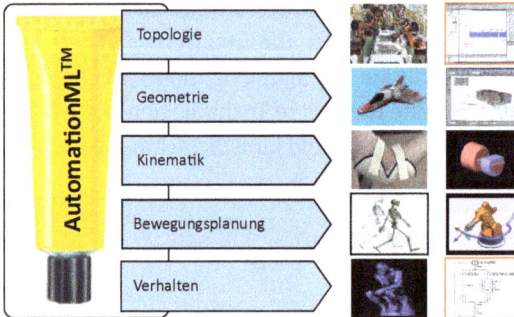

Abb. 1-8: AutomationML Modellziele

Da hierfür kein Datenformat existiert, soll AML diese Lücke schließen. Zum Erreichen seines Hauptzieles muss AutomationML soll eine Reihe von Teilzielen verfolgen.

    Z1 - Dateibasierter Datenaustausch: AutomationML soll den dateibasierten Datenaustausch ermöglichen und Persistenz als Voraussetzung für den Datenaustausch sowie ein Änderungsmanagement bieten, das die Unterschiede zwischen alten und neuen Daten berechnet und visualisiert.

    Z2 - Auswertbare Daten: Im Laufe des Produktlebenszyklusses werden Daten und Informationen in der Regel so ausgetauscht, dass sie zwar von Menschen, nicht aber von Maschinen gelesen werden können oder umgekehrt. AutomationML sollte Daten und Informationen so bereitstellen, dass sie sowohl von Menschen als auch von Maschinen ausgewertet werden können, als Voraussetzung für die algorithmische Zugänglichkeit.

    Z3 - Überwindung von Standardisierungsblockaden: AutomationML soll Standardisierungsblockaden überwinden, um die immer wieder auftretende Lücke zwischen Standardisierung und praktischer Anwendung zu schließen.

    Z4 - Wiederverwendung von bewährten Lösungen: AutomationML sollte, wo immer möglich, bewährte Lösungen wiederverwenden, um eine breite Akzeptanz in der Gemeinschaft der Automatisierungstechnik zu erreichen, ohne das Rad neu zu erfinden.

    Z5 - Referenzieren von externer Semantik: AutomationML sollte in der Lage sein, auf bestehende semantische Standards zu verweisen, um externes Wissen zu referenzieren.

Z6 - Integration bestehender Semantiken: AutomationML soll in der Lage sein, bestehende semantische Modelle zu integrieren. Ziel sollte es sein, die Daten untereinander oder mit anderen Daten zu instanziieren, zu parametrisieren oder zu verknüpfen, ohne die bestehenden Standards zu verändern.

Z7 - Verwaltung heterogener Semantiken: AutomationML sollte in der Lage sein, heterogene Semantiken, die in proprietären und öffentlichen Standards definiert sind, sowie heterogene Datenmodelle zu verwalten, um der heterogenen Landschaft von Engineering-Daten und -Tools gerecht zu werden.

Z8 - Verwaltung von unbekannten Daten: Ein kritischer Punkt beim Datenaustausch ist der Import von Daten. Während des Imports muss der Importer die relevanten Elemente identifizieren und sie an der richtigen Stelle in der Zieldatenbank importieren. Dazu muss der Importer die Bedeutung der Objekte und Attribute erkennen. Wenn die Bedeutung einiger Daten unbekannt ist, sollte dies mit AutomationML explizit verwaltbar sein.

Z9 - Marktakzeptanz: AutomationML sollte auf dem Markt breit akzeptiert sein und in der Community der Automatisierungstechnik verwendet werden.

Z10 - Unterstützung der iterativen Entwicklung: Die Praxis des Engineerings erfordert eine kontinuierliche und iterative Anreicherung und Veränderung von Engineering-Daten. Folglich ändern sich nicht nur die Instanzdaten, sondern auch das zugrunde liegende Engineering-Modell. AutomationML sollte diese iterativen Engineering-Anpassungen unterstützen.

Z11 - Unterschiedliche Spezifität: Eine große Herausforderung bei der Spezifikation eines Austauschformats ist die Struktur und die Variabilitätsfreiheit der Datenkodierung. AutomationML sollte eine Lösung für den Umgang mit variierender Spezifität bieten.

Z12 – Skalierbarkeit: AutomationML sollte skalierbar sein, d.h. die möglichst vollständige Modellierung kleiner Komponenten bis große Anlagen ermöglichen, einschließlich der darin enthaltenen Komponenten, über alle Engineering-Disziplinen und -Phasen hinweg. Dies deckt komplexe Objekthierarchien, wie z.B. Anlagentopologien, ab und schafft Raum für neue Anwendungen wie softwarebasierte Vollständigkeitsprüfungen, regelbasierte Qualitätsprüfungen, Mustersuche, Fehlersuche, Generierung von Steuercode/Benutzerschnittstellen/Verknüpfungen oder Simulationsmodellen und vieles mehr.

Z13 – Flexibilität: AutomationML soll an verschiedene Anwendungsgebiete anpassbar sein, ohne den AutomationML dafür ändern zu müssen. Aufgrund der Vielzahl von Anforderungen, Werkzeuge und Anwendungsfelder soll AutomationML daher kein festes Dateiformat sein, sondern eine flexible Datenmodellierungssprache bieten, mit der sich Klassen, Bibliotheken und Domänenmodelle nachträglich erstellen und wiederverwenden lassen. AutomationML soll Engineering-Datenmodelle aus beliebigen Domänen digital abbilden können und die technische Basis für den Datenaustausch in einer heterogenen Werkzeuglandschaft bilden.

1.6 Innovationen von AutomationML

Um die genannten Ziele zu erreichen und die Herausforderungen iterativen Enginee-rings zu begegnen, bietet AutomationML eine Reihe von sichtbaren, aber auch ver-borgenen Innovationen. Einige dieser Innovationen sind derzeit kaum bekannt, bei-spielsweise das Mischen semantischer Standards oder das explizite Modellieren von Unwissen. Ihr Potential wird sich mit der Zeit entfalten. Diese Innovationen werden in den Kapiteln 1-7 eingeführt, anhand von Beispielen erläutert und in Übungsaufga-ben vertieft worden. Abb. 1-9 fasst sie in einer Übersicht zusammen.

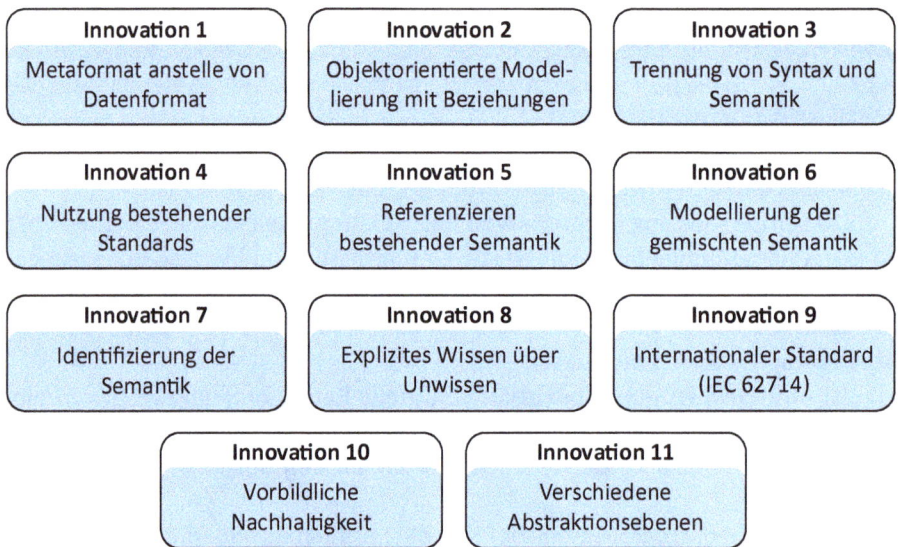

Innovation 1	Innovation 2	Innovation 3
Metaformat anstelle von Datenformat	Objektorientierte Model-lierung mit Beziehungen	Trennung von Syntax und Semantik

Innovation 4	Innovation 5	Innovation 6
Nutzung bestehender Standards	Referenzieren bestehender Semantik	Modellierung der gemischten Semantik

Innovation 7	Innovation 8	Innovation 9
Identifizierung der Semantik	Explizites Wissen über Unwissen	Internationaler Standard (IEC 62714)

Innovation 10	Innovation 11
Vorbildliche Nachhaltigkeit	Verschiedene Abstraktionsebenen

Abb. 1-9: Innovationen von AutomationML in der Übersicht

- **I1 – Metaformat anstelle von Datenformat:** AML ist mehr als nur ein Datenformat, es ist ein Metaformat. AML ist somit kein fixer Datencontainer, sondern eine flexible *Sprache zur Datenmodellierung.* Sie ermöglicht, Klassen und Bibliotheken für belie-bige heutige und künftige Anwendungsgebiete mit einer standardisierten Syntax zu beschreiben. Neue Domänenbibliotheken können die Ausdruckskraft von AML Ob-jektmodellen erweitern, der AML Standard bleibt davon unberührt und stabil.
- **I2 - Objektorientierte Modellierung mit Beziehungen:** AutomationML unter-stützt das Konzept der objektorientierten Datenmodellierung. Dies umfasst die flexible Modellierung von Klassen, Instanzen und Relationen untereinander in einem Objektmodell, das durch explizite Semantik sowohl für Menschen als auch für Maschinen lesbar und auswertbar ist. Mit anderen Worten: AML ist ein

Datenformat, das die Bedeutung seiner Inhalte explizit mitliefern kann. Das ist der Schlüssel für softwaregestützten, durchgängigen und automatisierbaren Datenaustausch entlang der Engineering-Werkzeugketten und geht über klassische Datenformate hinaus.

–   **I3 - Trennung von Syntax und Semantik**: Die Syntax aller AutomationML Dokumente ist immer gleich, egal, ob ein AML Dokument einen Airbus 380, eine Fertigungsanlage, eine chemische Anlage oder einen Familienstammbaum beschreibt. Das ist bedeutsam, weil das die aufwändige Entwicklung von Exportern, Importern und von Softwarefunktionen für iteratives Engineering erheblich vereinfacht. Die erforderlichen Dateninhalte mit ihren Klassen, Instanzen oder Attributen werden mit dieser immer gleichen Syntax modelliert. Die Bedeutung (Semantik) von Objekten und Attributen bleibt dabei in der Hand der Anwender und können unabhängig von AutomationML in Standardisierungsgremien separat normiert werden. Während die Syntax von AML also weltweit standardisiert wurde, bleibt die Semantik strikt davon getrennt, was die Arbeit der Normungsgremien erheblich vereinfacht. Diese Eigenschaft ist essenziell. Denn dies ermöglicht eine Evolution von Objektmodellen ohne Modifikation des AutomationML-Standards. Deshalb funktioniert AutomationML in semantisch harmonisierten Umgebungen genauso wie ohne Harmonisierung. AML kann sofort eingesetzt werden, ohne auf einen globalen semantischen Standard zu warten. Mit dieser Innovation lösen sich Standardisierungsblockaden von selbst.

–   **I4 - Nutzung bestehender Standards**: AutomationML hat eine schlanke Architektur, integriert etablierte, offene und freie XML-basierte Standards für einzelne Disziplinen und definiert im Wesentlichen deren Verknüpfung untereinander. AutomationML schafft daher keine Konkurrenz zu bestehenden Formaten, sondern integriert bestehende Gremien und Formate.

–   **I5 - Referenzieren bestehender Semantiken**: Standardisierungsgremien verfolgen üblicherweise das Ziel, dass gleiche Dinge gleich heißen sollen. Die Semantik wird mit der Bezeichnung verknüpft. Das erfordert erfahrungsgemäß langwierige Einigungsprozesse und konkurriert dann mit gewachsenen Bezeichnungen in etablierten Ökosystemen. AutomationML geht einen anderen Weg: Attributtypen und Attribute dürfen beliebig bezeichnet werden, weil ihre Bedeutung durch Verweis auf externe semantische Standards separat modelliert wird. Die Notwendigkeit zur Einigung auf eine harmonisierte Terminologie entfällt, gewachsene Terminologien können bestehen bleiben. Dies trägt dazu bei, ausgereifte, etablierte und firmeneigene Standards zu bewahren, was die Akzeptanz erhöht und die Modellierung von semantischen Standards vereinfacht. Da ein AutomationML Attribut mehrere semantische Referenzen auf verschiedene Standards speichern kann, vermittelt AutomationML implizit sogar zwischen den verschiedenen Standards.

–   **I6 - Modellierung von gemischten Semantiken**: AutomationML kann in einer Datei mehrere Modellwelten in verschiedenen Bibliotheken speichern, die aus unterschiedlichen Quellen stammen und unterschiedlichen semantischen Definitionen folgen. So kann z.B. ein Produktkatalog für Roboter eines Unternehmens *A* gleichzeitig mit einem weiteren Produktkatalog für Förderanlagen eines anderen Herstellers *B* in AutomationML gespeichert werden, wobei jeder seine eigenen Denkmodelle verfolgt. Proprietäre und standardisierte Semantiken und Bibliotheken können in einer AML Datei gemischt gespeichert werden. Die Mischung verschiedener Denkmodelle und Semantiken in einem AML Modell ist leicht und nachvollziehbar. Eine Software kann an jedem Datenelement erkennen, welcher Semantik es folgt. Dies ermöglicht, dass die Software bekannte von unbekannten Semantiken eigenständig unterscheiden kann, siehe Innovation 8.

– **I7 - Identifizierung der Semantik**: Damit ein Datenimporter AML Dateien und deren Inhalte verstehen kann, verfügt AML über mehrere Identifikationsmechanismen auf verschiedenen Ebenen. So gibt a) jedes AML-Dokument Auskunft über seinen Absender (das Quellwerkzeug). Dies ermöglicht die Unterscheidung von Dateien verschiedener proprietärer Industriepartner. Weiterhin kann b) jedes Datenelement (z.B. Klassen, Instanzen oder Attribute) sein Quellwerkzeug identifizieren und c) die ID im Quelltool angeben, was die Suche nach der Quelle eines Datenelements zum Datenquelltool, zum Quellprojekt und zum ursprünglichen Objekt in der Quelldatenbank ermöglicht. Das erlaubt die Nachvollziehbarkeit und Differenzberechnung von Daten, selbst wenn sie im Quellwerkzeug umbenannt oder in ihrer Position verschoben wurden.

– **I8 - Explizites Wissen über Unwissen**: Ist dem Importer eines AML Dokuments die Bedeutung einiger Datenelemente unbekannt, können die unbekannten Datentypen erkannt und in eine separate AutomationML-Bibliothek „Bibliothek unbekannten Wissens" kopiert werden. Dies ist ein mächtiges Konzept zur Behandlung unbekannter Daten und ermöglicht die automatische Erzeugung priorisierter *Software Requirement Specifications* für die Weiterentwicklung der Importer-Software.

– **I9 - Internationaler Standard** (IEC 62714): AutomationML ist internationaler IEC-Standard und lizenzfrei nutzbar.

– **I10 - Modellnachhaltigkeit**: AutomationML unterstützt die schrittweise Entwicklung von Informationen im Engineering-Prozess und bietet die notwendige Flexibilität, um Änderungen im Lebenszyklus eines zu entwickelnden Systems widerzuspiegeln. Unvollständigkeiten sind erlaubt und Objektversionen erlauben die Evolution von Klassenmodellen.

– **I11 - Verschiedene Abstraktionsebenen**: AutomationML kombiniert die Variabilität der semistrukturierten Natur von XML mit einem optionalen Grad an Präzision in stark typisierten Modellen. Die Spezifikation von Objektsemantiken wie Kompositionsstruktur, Schnittstellen oder Eigenschaften auf verschiedenen Abstraktionsebenen ermöglicht eine geeignete Darstellung von Informationen in Engineering-Prozessen. Details dazu werden in Abschnitt 8.3.1 erläutert.

1.7 Wer steht hinter AutomationML?

Mit der Gründung eines AML Vereins öffnete das AML Konsortium im April 2009 die Türen für interessierte Mitglieder. Das Ziel des Vereins ist die gemeinsame Weiterentwicklung und Verbreitung des AML-Standards. Mittlerweile haben sich Dutzende industrieller Mitglieder dem AutomationML-Verein angeschlossen (Abb. 1-10).

Ein Zusammenschluss ist für das Ziel einer Standardisierung unerlässlich. Offen bedeutet nicht nur offene Verbreitung, sondern auch offene Beteiligung. Jedes Unternehmen oder jede Hochschule/Universität kann Mitglied werden, um seine Interessen beim Austausch von Anlagenplanungsdaten einzubringen. So könnten sich beispielsweise Prozessautomatisierer und Verfahrenstechniker zusammentun, um eine Rollenbibliothek für die Prozessindustrie weiterzuentwickeln.

Neben rechtlichen Fragen und der Organisation der Weiterentwicklung kümmert sich der AutomationML Verein auch um die Verbreitung des Standards durch gemeinsame Messeauftritte, Schulungen, Präsentationen und einen Internetauftritt (http://www.automationml.org). Dort stehen Spezifikationen, Beispielsoftware und Anschauungsmaterial zum Download bereit. Die Website kann auch genutzt werden, um mit AutomationML-Mitgliedern in Kontakt zu treten.

Abb. 1-10: Mitglieder des AutomationML Vereins im Jahr 2022

1.8 Entstehungsgeschichte

Bei der Untersuchung anderer Branchen wurden sehr ähnliche Probleme bei der Entwicklung von Computerspielen festgestellt. 3D-Figuren bewegen sich in Szenen, haben Gelenke und eine sequenzielle Logik und können sogar virtuell miteinander kollidieren. Die komplexen, datenintensiven Visualisierungen erfordern keine teuren Workstations, sondern können mit Standard-PCs oder einfachen Spielkonsolen schnell und bequem berechnet und dargestellt werden. Die in dieser Branche verfügbaren Austauschformate genügten jedoch nicht den industriellen Anforderungen an einzuhaltende Toleranzen und an die Beschreibung komplexer Abhängigkeiten in der Kinematik, zum Beispiel für einen 6-Achs-Roboter. In Videospielen spielt es keine Rolle, ob im Ego-Shooter jemand zwei oder drei Zentimeter höher oder tiefer trifft - im Automobilbau würde dies zu unakzeptabler Qualitätsminderung der produzierten Autos führen. Die Darstellung vielfältiger und präziser Produktionsprozesse und idealerweise deren Weiterverwendung für industrielle Steuerungssysteme ist damit nicht möglich.

AutomationML wurde 2006 von der Daimler AG initiiert, zu einer Zeit, als moderne Internettechnologien der Informatik in der Industrie vielfach noch mit Skepsis und Vorbehalten betrachtet wurden. Nun ist es nicht die primäre Aufgabe eines Automobilherstellers wie Daimler, Datenaustauschformate zu entwickeln und zu pflegen. Deshalb hat Daimler im Jahr 2006 führende Hersteller und Anwender von Automatisierungstechnik eingeladen, diese Aufgabe gemeinsam in einem Konsortium zu lösen und ein neutrales Datenaustauschformat zu entwickeln. Seitdem arbeiten Daimler und ein wachsendes Konsortium aus industriellen und akademischen Mitgliedern an den technischen Konzepten von AutomationML mit dem Ziel, die vielfältigen Anforderungen an ein solches Datenformat auszuloten, technisch umzusetzen und in der Praxis zu testen.

2009 wurde der AutomationML e.V. gegründet und die Standardisierung der Normenreihe der IEC 62714 begonnen. Mittlerweile haben sich Dutzende industrieller Mitglieder dem AutomationML-Verein angeschlossen. 2010 erschien das erste AutomationML Buch [DRA10].

2012 wurde die erste, 2018 die zweite Edition von AutomationML als internationaler IEC-Standard veröffentlicht. In diesem Zeitraum hat die Digitalisierung in der Industrie erheblich Fahrt aufgenommen. Firmen wie Amazon, Google, Apple oder TESLA haben sich zu neuen Vorbildern für die Industrie entwickelt und machten die Vorteile softwarebasierter digitaler Prozesse offensichtlich und greifbar. Cloud-Technologien, die Einführung von Internet-Technologien in die Produktion, durchgängige elektronische Datenströme und softwarebasierte Geschäftsmodelle haben das Mindset vieler Firmen und Behörden verändert, in fast allen Industriezweigen entwickelt sich derzeit ein Bewusstsein für die Bedeutung und Notwendigkeit der Digitalisierung. Die Bewältigung der Corona-Pandemie im Jahr 2020 hat das Fehlen durchgängiger digitaler Informationsflüsse in vielen Prozessen der Gesellschaft und Industrie schmerzhaft verdeutlicht.

2021 erschienen das englischsprachige AutomationML Buch *AutomationML – A Practical Guide* [DRA21a] sowie AutomationML – *The Industrial Cookbook* [DRA21a]. Das vorliegende Buch aus dem Jahr 2022 ist das neueste Buch zum Thema AML und zugleich das erste deutschsprachige CAEX und AutomationML-Lehrbuch.

1.9 Was unterscheidet AutomationML von UML oder SysML?

Eine häufig gestellte Frage lautet: Was unterscheidet eigentlich UML, SysML und AutomationML? UML und SysML dienen wie AutomationML der objektorientierten Modellierung von Systemen mit dem Ziel, ein gemeinsames Verständnis zwischen beteiligten Partnern über das Zielsystem zu entwickeln.

Die Antwortet lautet: Das klingt den Zielen von AutomationML sehr ähnlich, aber sie stehen nicht in Konkurrenz zueinander. UML zielt vorrangig auf die Modellierung von Software-Systemen mit ihren Klassen, Relationen und ihrem Verhalten ab. Die Vorgehensweise besteht dabei darin, dass Menschen das zu entwickelnde System schrittweise analysieren und modellieren, bevor sie es programmieren. Mit Hilfe von Diagrammen (z.B. Klassendiagrammen, Use-Case-Diagrammen oder Sequenzdiagrammen) wird die Aufgabenstellung schrittweise erarbeitet, modelliert, verstanden und mittels objektorientierter Analyse geprüft, korrigiert und verfeinert. Daraus erfolgt dann die konkrete Wertschöpfung: Es wird Code generiert, der das objektorientierte Gerüst komplexer Software umfasst und die Verteilung und Schnittstellen der Programmieraufgaben auf ein Team vereinfacht. UML vereinfacht also den Entwurf komplexer Softwaresysteme oder Softwarearchitekturen, indem das zu programmierende System zuerst modelliert und dann Code generiert wird, oder indem umgekehrt vorhandener Code zurückmodelliert wird, um die Strukturen des Codes besser zu verstehen.

SysML ist ein Derivat von UML und verfolgt ein allgemeineres Ziel: die Modellierung von Systemen bzw. Systemen von Systemen, also auch von technischen Systemen. Auch hier steht eine wohldefinierte Auswahl an Diagrammen zur Verfügung, um die Aufgabenstellung zu verstehen und objektorientiert zu modellieren.

UML und SysML sind ihrem Wesen nach also *grafische Beschreibungsmittel für den Menschen*, um ein gewünschtes System besser zu verstehen, Anforderungen händisch zu modellieren und das Objektmodell zu verfeinern und zu dokumentieren. Die Diagramme sind für den Menschen bzw. für Teams von Menschen gemacht, benötigen menschliche Augen zum Lesen und Bildung zur Interpretation.

AML hingegen verfügt über keinerlei Diagramme oder Editoren und wird im Praxiseinsatz auch nicht von Menschen erstellt, gelesen oder modifiziert. Der AutomationML Editor (siehe Kapitel 2) ist kein formales Beschreibungsmittel, sondern ein Tool, das vorrangig das Lernen von AutomationML, das Testen von Datenaustauschszenarien und ggf. das Entwickeln von Domänenmodellen ermöglicht.

AML kommt zum Einsatz, wenn Engineering-Daten und ihre zugehörigen Datenmodelle bereits existieren und übertragen werden sollen. Die menschliche Arbeit ist schon getan. Während UML und SysML kein herstellerneutrales Datenformat etabliert haben, die die verlustfreie Übertragung von UML und SysML Modellen von einem Tool auf ein anderes Tool ermöglichen, ist genau dies der Schwerpunkt von AML.

UML und SysML erzeugen ebenfalls Objektmodelle, die aber ohne die zugehörigen Diagramme keinen Sinn oder Zweck ergeben. Diese wären dann nicht zugänglich oder standardisiert erkundbar. AutomationML hingegen enthält ausschließlich das Objektmodell ohne Diagramme, ist dafür algorithmisch erkundbar und dient der standardisierten Beschreibung, Speicherung und Weitergabe von Objektmodellen. Der algorithmische Zugang eröffnet eine Fülle von weiteren Anwendungsmöglichkeiten wie automatisches Mapping von Informationen, Prüfung auf Konsistenz und Plausibilität, Qualitätsanalysen, Vollständigkeitsanalysen und dem vielfältigen Generieren von Engineering-Artefakten wie Bahnplanung, Roboter- oder SPS Code sowie Bedienoberflächen im Zielsystem.

AutomationML Modelle ließen sich hervorragend in UML oder SysML Diagrammen darstellen, aber für die Nutzung und Erstellung von AML-Datenmodellen sind diese Diagramme eigentlich nicht erforderlich. Umgekehrt könnte man auch UML- oder SysML Modelle in AutomationML speichern, um den Objektmodellen eine Persistenz zu verleihen: Doch dazu liegt der dringende industrielle Bedarf zum Austausch von UML- oder SysML Modellen zwischen Engineering-Werkzeugen unterschiedlicher Hersteller aktuell nicht vor.

Übungsaufgabe: Was unterscheidet AutomationML von UML oder SysML?

Antwort: SysML und UML sind grafische Beschreibungsmittel für Menschen und kommen zum Einsatz, um ein gewünschtes System zu verstehen, zu modellieren, zu verfeinern oder zu dokumentieren. Sie benötigen für ihre Erstellung und Weitergabe immer das Auge sowie menschliche Interpretation. AutomationML hingegen ist eine Objektbeschreibungssprache für bereits vorliegende proprietären Objektmodelle, die von einem Planungs-Werkzeug zu einem anderen übertragen werden sollen. AutomationML definiert und benötigt keine Diagramme zum Entwurf von Objektmodellen und kommt mit dem Menschen nur selten in Berührung.

1.10 Weiterführende Literatur und AutomationML Spezifikationen

1.10.1 Verfügbarkeit

In Ergänzung zu diesem Lehrbuch empfiehlt der Autor die folgenden englischsprachigen Bücher *AutomationML – A Practical Guide* [Dra21a] mit einem Schwerpunkt auf die Grundlagen von CAEX und AutomationML, sowie *AutomationML – The Industrial Cookbook* [Dra21b] mit dem Schwerpunkt auf die industrielle Anwendung von AutomationML. Darüber hinaus steht eine Reihe weiterführender Dokumente und Spezifikationen zur Verfügung. Alle im Folgenden erwähnten Whitepapers, Application Recommendations und Best Practice-Recommendations sind unter [BookLink@] und unter [AML.org@] verfügbar. Die zugehörigen AML-Bibliotheken können direkt aus dem AutomationML-Editor heruntergeladen werden, dies wird in Abschnitt 4.3 Download der Standardbibliotheken mit dem AutomationML Editor beschrieben.

1.10.2 Die AutomationML IEC 62714 Serie

AutomationML wurde in einer Normenreihe standardisiert und steht somit jedem Interessierten ungehindert zur Verfügung, siehe Abb. 1-11. Nach Ansicht der AutomationML-Mitglieder ist die IEC-Normung die beste Grundlage für langfristige Stabilität und Planung. In der DKE wurde dazu der Arbeitskreis AK 941.0.2 „AutomationML" zur Normierung als IEC-Norm gegründet.

Standardisierung bedeutet nicht nur ungehinderte Verfügbarkeit, sondern ermöglicht auch die freie Mitarbeit in der Normung. Jedes Unternehmen kann sich durch Mitgliedschaft und Mitarbeit in den Arbeitsgruppen der Normung für seine Interessen einsetzen, solange diese nicht im Widerspruch zu den Zielen der Norm stehen. Die Mitglieder des AutomationML-Vereins nutzen das Prinzip der offenen Standards selbst, indem sie in anderen Standardisierungsgremien, namentlich der Khronos Group und der PLCopen, mitarbeiten, um Vorschläge zur Weiterentwicklung zu machen. Mit den im Jahr 2008 veröffentlichten Versionen von COLLADA 1.5 und PLCopen XML 2.0 wurde die Zusammenarbeit des AutomationML-Konsortiums mit den jeweiligen Gremien bereits erfolgreich umgesetzt. Da AutomationML grundsätzlich auf Erweiterbarkeit ausgelegt ist, wird eine Reihe von Standards entwickelt; sie ist in Abb. 1-11 dargestellt

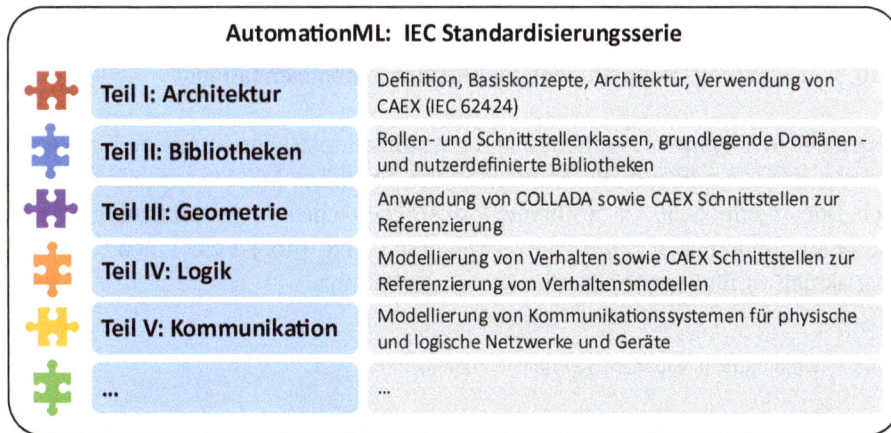

AutomationML: IEC Standardisierungsserie	
Teil I: Architektur	Definition, Basiskonzepte, Architektur, Verwendung von CAEX (IEC 62424)
Teil II: Bibliotheken	Rollen- und Schnittstellenklassen, grundlegende Domänen- und nutzerdefinierte Bibliotheken
Teil III: Geometrie	Anwendung von COLLADA sowie CAEX Schnittstellen zur Referenzierung
Teil IV: Logik	Modellierung von Verhalten sowie CAEX Schnittstellen zur Referenzierung von Verhaltensmodellen
Teil V: Kommunikation	Modellierung von Kommunikationssystemen für physische und logische Netzwerke und Geräte
...	...

Abb. 1-11: IEC 62714 Serie zur Standardisierung von AutomationML

- **IEC 62714 Teil I [IEC 62714-1:Ed2]** definiert allgemeine Konzepte und die Architektur von AutomationML. Diese bilden die Grundlage für alle weiteren Teile der AutomationML-Normenserie, insbesondere für zukünftige Standardteile, die zum Zeitpunkt der Normung des ersten Teils noch nicht spezifiziert waren und später hinzugefügt werden. Es definiert die Sprachelemente von AutomationML sowie grundlegende Bibliotheken. Dieser Teil wurde 2012 in der Edition 1 als internationaler Standard veröffentlicht. Die aktuelle Edition 2 dieser Norm wurde 2018 veröffentlicht.

- **IEC 62714 Teil II [IEC 62714-2:Ed2]** befindet sich aktuell in der Standardisierung und soll im Jahr 2022 veröffentlicht werden. Dieser Teil definiert grundlegende branchenspezifische Basisbibliotheken, insbesondere Rollenbibliotheken. Diese Bibliotheken definieren grundlegende herstellerneutrale Klassen z.B. der Anlagentechnik. Die weitere Verfeinerung dieser benutzerdefinierten Bibliotheken ist ausdrücklich erwünscht; neue Klassen müssen dabei direkt oder indirekt von den Basisklassen abgeleitet werden. Dies gewährleistet die automatische Erkennbarkeit neuer und unbekannter Rollen.
- **IEC 62714 Teil III [IEC 62714-3:Ed1]** wurde 2017 veröffentlicht und beschreibt die Modellierung von Geometrie und Kinematik mit COLLADA.
- **IEC 62714 Teil IV [IEC 62714-4:Ed1]** wurde 2020 veröffentlicht und behandelt die Modellierung von Verhalten auf Basis von IEC 61131-10 zur Modellierung von Abläufen, Verriegelungen, gesteuertem und ungesteuertem, diskretem und kontinuierlichem Verhalten und deren Integration in die Topologiebeschreibung mit CAEX durch geeignete Referenzierungsmechanismen.
- **IEC 62614 Teil V** standardisiert die Modellierung von Kommunikationssystemen mit AutomationML und wurde 2022 als internationaler Standard veröffentlicht.

1.10.3 Anwendungsempfehlungen (Application Recommendations)

Neben den Whitepapers veröffentlicht der AutomationML-Verein Anwendungsempfehlungen (en: Application Recommendations, abgekürzt AR). Sie spezifizieren konkrete Domänenmodelle für bestimmte Industriebereiche und stellen konkrete AutomationML-Bibliotheken zur Wiederverwendung bereit. Tab. 1-1 gibt einen Überblick über aktuell verfügbare Application Recommendations.

Tab. 1-1: AutomationML Application Recommendations

Application Recommendations (AR)	Referenz
Automation Project Configuration	[AR APC@]
Drive Configurations (M_CAD aspects)	[AR DRIVE CAD@]
Modelling of Material Handling in AutomationML	[AR MH@]
Provisioning for MES and ERP – Support for IEC 62264 and B2MML	[AR MES ERP@]
Asset Administration Shell Representation	[AR AAS@]

1.10.4 Whitepaper

Zur Vorbereitung und Dokumentation des aktuellen Standes der Technik werden vom AutomationML-Verein regelmäßig Whitepaper erstellt und unter [AML.org] veröffentlicht. Diese beschreiben Modellierungsregeln für ein bestimmtes Thema und erläutern sie anhand von Beispielen. Grundlegende AutomationML-Themen werden im vorliegenden Buch behandelt, fortgeschrittene Themen werden in [DRA21b] beschrieben. Tab. 1-2 gibt einen Überblick über aktuelle AutomationML Whitepaper.

Tab. 1-2: AutomationML Whitepaper

Whitepaper (WP)	Referenz
Part 1 – Architecture and general requirements	[WP Part1@]
Part 2 – Role class libraries	[WP Part2@]
Part 3 – Geometry and Kinematics	[WP Part3@]
Part 4 – Logic	[WP Part4@]
Part 5 – AutomationML Communication	[WP Part5@]
Part 6 – AutomationML Component	[WP Part6@]
AutomationML and eCl@ss integration	[WP eCl@ss@]
OPC Unified Architecture Information Model for AutomationML	[WP OPC@]

1.10.5 Best practice recommendations

Empfehlungen aus der Praxis (en: Best Practice Recommendations, abgekürzt BPR) dokumentieren Empfehlungen des AutomationML-Vereins zur Modellierung bestimmter Aspekte, die in der Regel domänenunabhängig und von allgemeinem Interesse sind, z.B. zur Modellierung mehrsprachiger Attribute, zur Referenzierung externer Dokumente, zur Modellierung regulärer Ausdrücke.
Einige der veröffentlichten BPRs wurden entwickelt, bevor die AutomationML Edition 2 veröffentlicht wurde, sie sind nur für die AutomationML Edition 1 relevant. BPRs für AutomationML Edition 1 wurden nativ in den AutomationML Edition 2-Standard eingeführt, daher benötigen sie keine aktualisierten BPRs mehr. Tab. 1-3 gibt einen Überblick über aktuell verfügbare BPRs.

Tab. 1-3: AutomationML Best Practice Recommendations und ihre Anwendung für AML Ed. 1 oder 2

Best Practice Recommendations (BPR)	Anwendung für	Referenz
Constraints with regular expressions in AML	AML Ed. 1+2	[BPR RegExp@]
ExternalDataReference	AML Ed. 1	[BPR EDRef@]
Modelling of List Attributes in AutomationML	AML Ed. 1	[BPR MLA@]
Multilingual Expressions in AutomationML	AML Ed. 1	[BPR ME@]
Naming of related Documents and their versions	AML Ed. 1	[BPR RefVersion@]
DataVariable	AML Ed. 1+2	[BPR DatVar@]
AutomationML Container	AML Ed. 1+2	[BPR Container@]
Reference Designation	AML Ed. 1	[BPR RefDes@]
Units in AutomationML	AML Ed. 1+2	[BPR Units@]
Modelling of electric Interfaces (Draft, Request for Comments)	AML Ed. 2	[BPR EI@]

1.11 Was Sie nun können sollten

Nachdem Sie die Kapitel 1 schrittweise erarbeitet haben, sollten Sie nun folgendes wissen und erklären können:

- Sie können die Grundbegriffe erklären: Daten, Syntax, Semantik, Datenmodell, Datenformat, maschinenlesbar, maschinenverarbeitbar, maschineninterpretierbar.
- Sie können die etablierten Optionen des Datenaustausches nennen und die Vor- und Nachteile erklären.
- Sie können die *Motivation zu AutomationML* erklären.
- Sie können erklären, was AutomationML ist, welche Ziele es verfolgt.
- Sie können die Innovationen von AutomationML erklären.
- Sie können den Unterschied zwischen AutomationML, und UML/SysML erklären.

2 AutomationML – Erste Schritte

2.1 Architektur und Modellierungsphilosophie

2.1.1 Einführung

Technische Daten sind vielfältiger Natur, z. B. Signale, Ausrüstung, Geräte, ihre Geometrie, Kinematik, ihr Verhalten und ihre Zusammenhänge. Diese Daten werden in der Regel mit verschiedenen Werkzeugen aus unterschiedlichen Bereichen erstellt, und die daraus resultierende Fragmentierung ist der Grund dafür, dass es kein gemeinsames Datenformat für eine einheitliche Modellierung all dieser Aspekte gibt. Es gibt jedoch etablierte Datenformate für jeden dieser Aspekte. Eine Methodik von AML besteht darin, diese verschiedenen, bereits etablierten Datenformate miteinander zu verbinden und die Modellierungsregeln für die Abbildung und Verbindung der verschiedenen Aspekte des Anlagenbaus zu definieren. Wir nennen diese Datenformate Sub-Formate. Sie werden im Rahmen ihrer eigenen Spezifikationen „wie sie sind" verwendet und werden für AML-Bedürfnisse nicht modifiziert.

2.1.2 AutomationML Architektur

Abb. 2-1 zeigt die AML-Architektur mit ihren Subformaten für Objekthierarchien, Geometrien, Kinematiken und Logikinformationen über mehrere Dateiformate hinweg.

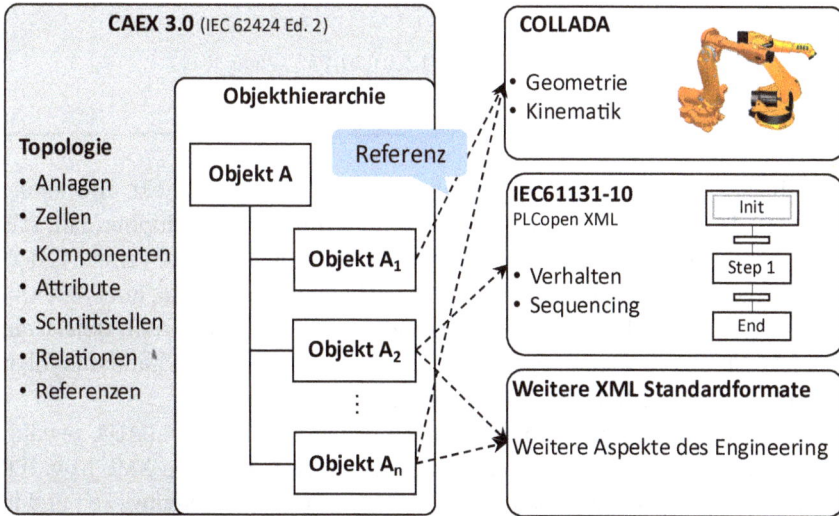

Abb. 2-1: AutomationML Architektur

https://doi.org/10.1515/9783110782998-002

Jedes AML-Objekt in der Objekthierarchie kann aus untergeordneten Objekten komponiert sein und kann selbst Teil einer größeren Komposition sein. Der Objektbaum in Abb. 2-1 zeigt dies anhand von Objekt A und seinen Kindobjekten A_1-A_n, die zusammen einen Objektbaum bilden. Mit solchen Objekthierarchien können sowohl einfache Komponenten, aber auch Produktionszellen oder komplexe industrielle Systeme beschrieben werden. Jedes Objekt kann auf Geometrie-, Kinematik- oder Verhaltensinformationen verweisen, die in separaten XML-Dateien in eigenen Dateiformaten gespeichert sind. Dies ermöglicht eine domänenübergreifende Modellierung mit verteilten Dateien.

2.1.3 AutomationML Subformate

Das wichtigste Subformat, das AutomationML integriert hat, ist CAEX, das in der IEC 62424 standardisiert ist. CAEX bildet den Kern von AutomationML, hiermit kann eine Hierarchie von Objekten definiert werden, um eine Welt der Dinge zu modellieren. CAEX ist domänenunabhängig, es ist eine Metasprache für die objektorientierte Datenmodellierung. Weiterhin wird es verwendet, um die verschiedenen Subformate miteinander zu verbinden. Tab. 2-1 fasst die AutomationML-Subformate und die erforderlichen Versionen der Subformate zusammen.

Tab. 2-1: AutomationML Subformate

Domäne	Teilmodel Datenformat
Objekttopologien	CAEX gemäß IEC62424
Geometrie and Kinematik	COLLADA 1.4.1 oder 1.5.0 (ISO/PAS 17506:2012)
Verhalten	IEC 61131-10 oder PLCopenXML

Syntaktisch gibt es keinen Unterschied zwischen einem AML-Objekt und einem CAEX-Objekt, da der AutomationML Standard CAEX unverändert adoptiert hat. Das heißt, jedes AML-Objekt ist ein CAEX-Objekt. Der Unterschied zwischen einem CAEX-Objekt und einem AML-Objekt besteht nur in den Modellierungsregeln. Ein CAEX-Objekt folgt nur den Richtlinien des CAEX-Standards, während ein AML-Objekt ein CAEX-Objekt ist, das zusätzlich den Modellierungsregeln des AML-Standards folgt. Aus diesem Grund ist nicht jedes CAEX-Objekt ein AML-Objekt.

Für die Modellierung von Geometrie und Kinematik wurde COLLADA gewählt [COL08]. Diskretes Verhalten wird durch das Datenformat PLCopen XML bzw. IEC 61131-10 modelliert. In der Zwischenzeit wurde PLCopen XML weiterentwickelt und in die IEC 61131-10 überführt. Die Standardisierung der hierfür benötigten AML-Bibliotheken ist jedoch noch in der Entwicklung, daher fokussiert dieses Buch auf das klassische

PLCopen XML. In Zukunft können weitere Teile der IEC 62714 andere Formate definieren. Bis dahin können externe Dateien über einen generischen Referenzmechanismus referenziert werden (siehe Kapitel 5). Die AML-Norm definiert insofern kein neues Dateiformat, sondern legt fest, wie die verschiedenen Datenformate miteinander verknüpft werden. Aus diesem Grund ist der normative Teil des AutomationML Standards [IEC 62714:Ed2] schlank und besteht nur aus 32 Seiten.

Übungsaufgabe: Erläutern Sie die grundlegende Architektur von AutomationML

Antwort: Die Architektur von AutomationML definiert sich aus der Verbindung bewährter Datenformate. Die Objekthierarchie wird mit CAEX, die Geometrie und Kinematik von Objekten wird mit COLLADA und diskretes Verhalten wird mit PLCopen XML bzw. IEC 61131-10 modelliert. Durch Verlinken dieser Informationen können übergreifende Zusammenhänge abgebildet werden, die mit keinem einzelnen Datenformat modellierbar wären. AutomationML definiert daher kein neues oder eigenes Datenformat, sondern bildet sich aus der Kombination von vorhandenen bewährten Datenformaten.

2.2 Der AutomationML Editor

2.2.1 Einführung und Motivation

Der AutomationML-Editor ist ein idealer Einstiegspunkt für das Lernen, Experimentieren und Verstehen von AML. Er bietet leistungsstarke Funktionen zum Erstellen, Visualisieren, Dokumentieren, Manipulieren und Herunterladen von verfügbaren externen AML-Bibliotheken. Schwerpunkt des Editors ist das Modellieren von Objektwelten mit CAEX und das Referenzieren externer Dateien. Die Modellierung von Geometrien und Verhaltensbeschreibungen ist nicht Teil des AML Editors und auch kein Schwerpunkt des vorliegenden Buches. Der AML-Editor wird vom AML-Verein entwickelt und zur Verfügung gestellt, um die wesentlichen AutomationML-Konzepte zu praktisch erfahrbar zu machen.

Der AutomationML Editor
- Verfügbar unter [BookLink@] unter MIT Lizenz.
- AutomationML GitHub verfügbar unter [GH22@].

Im Laufe der Jahre hat sich der AutomationML-Editor zu einem leistungsstarken Tool mit einer umfassenden Plugin-Architektur entwickelt, mit der er sich um neue Funktionen und Editoren erweitern lässt, so dass Sie vielleicht versucht sind, ihn professionell einzusetzen. Beachten Sie jedoch, dass dieses Tool nicht für kommerzielle Anwendungen entwickelt wurde. Er repräsentiert nicht den gesamten Modellierungsumfang von AML und ist nicht als industrielles Entwicklungswerkzeug konzipiert.

Dieses Lehrbuch erklärt die Sprachelemente und Konzepte von AutomationML schrittweise anhand praktischer Übungen mit dem AutomationML Editor. Das Erlernen von AutomationML und das Erlernen des Editors erfolgen parallel, greifbar und mühelos. Während Sie den AutomationML Editor lernen und damit üben, emanzipieren Sie sich gleichzeitig von diesem Editor, bis Sie ihn im Grunde nur noch der Übersicht halber benötigen. In der Praxis ist der AML Editor ein Lernwerkzeug und ein Hilfsmittel für Entwickler von AutomationML Bibliotheken, von Software-Schnittstellen und für das Testen von Datenaustauschszenarien. In der späteren industriellen Nutzung hat AutomationML ansonsten nur noch selten Berührung zum Menschen, weil Engineering-Werkzeuge ihre Daten automatisch und im Hintergrund mittels AutomationML exportieren, transportieren, verarbeiten und importieren.

2.2.2 Übersicht über die Bereiche des AutomationML Editors

Nach dem Starten des AutomationML Editors zeigt sich das Hauptfenster wie in Abb. 2-2 dargestellt. Die meisten Interaktionen finden hier statt.

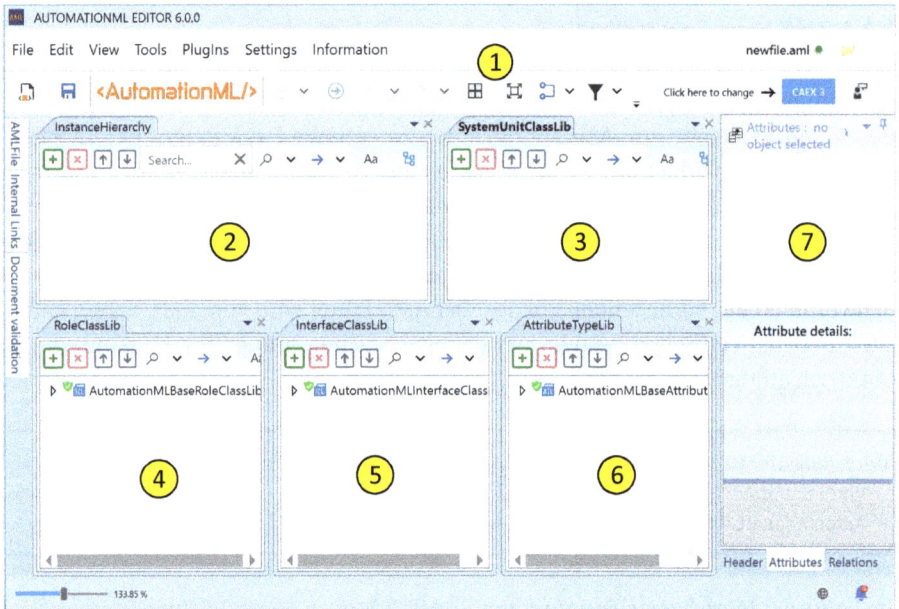

Abb. 2-2: Der AutomationML Editor

Das Hauptfenster enthält 7 Bereiche. Tab. 2-2 erläutert ihre Inhalte.

Tab. 2-2: Bereiche des AutomationML Editors im Überblick

Region	Beschreibung
1	Das Menüfeld umfasst ein Menü und eine Symbolleiste. Über die angeordneten Menüs und Schaltflächen können die Hauptfunktionen des Editors ausgeführt werden. Beispiele für diese Funktionen sind das Erstellen einer neuen Datei, das Laden einer bestehenden Datei, das Speichern des aktuellen AutomationML-Dokuments oder das Speichern des CAEX-Schemas. Außerdem finden sich hier einige Schnellzugriffs-Symbole für wichtige Funktionen, wie z.B. Navigation, Rückgängig/Wiederholen, Validierung, Transformation für CAEX-Version, etc.
2	Die *InstanceHierarchy* enthält eine Hierarchie von Objektinstanzen, hier wird das eigentliche Projekt gespeichert. Alle übrigen Bibliotheken dienen der Modellierung von Bibliotheken mit verschiedenen Klassen bzw. Typen, sie vereinfachen die Modellierung. Der Editor stellt eine Baumansicht aller Instanz-Hierarchien des AutomationML-Dokuments dar und bietet grundlegende Bearbeitungs- und Verwaltungsfunktionen für die Objekte in diesen Instanz-Hierarchien.
3	Die *SystemUnitClassLib* ist eine Bibliothek vorbereiteter Modellvorlagen, den sog. Systemunits. Der Editor stellt eine Baumansicht aller SystemUnitClassLibraries des AML-Dokuments dar und bietet grundlegende Bearbeitungs- und Verwaltungsfunktionen für die Systemunit-Klassen in diesen Systemunit-Klassenbibliotheken.
4	Die *RoleClassLib* ist eine Bibliothek zur Modellierung von Rollenklassen. Der Editor stellt eine Baumansicht aller RoleClassLibraries des AutomationML-Dokuments dar und bietet grundlegende Bearbeitungs- und Verwaltungsfunktionen für die Rollenklassen in diesen Rollenklassen-Bibliotheken.
5	Die *InterfaceClassLib* ist eine Bibliothek zur Modellierung von Schnittstellenklassen. Der Editor stellt eine Baumansicht aller Interfaceklassen des AutomationML-Dokuments dar und bietet grundlegende Bearbeitungs- und Verwaltungsfunktionen für die Interfaceklassen in diesen Interfaceklassen-Bibliotheken.
6	Die *AttributeTypeLib* ist eine Bibliothek zur Modellierung von Attributtypen. Der Editor zeigt eine Baumansicht aller Attributtyp-Bibliotheken des AutomationML-Dokuments an und bietet grundlegende Bearbeitungs- und Verwaltungsfunktionen für die Attributtypen in diesen Attributtyp-Bibliotheken. Dieser Bereich ist nur verfügbar, wenn Sie mit einem AML-Dokument auf Basis von CAEX Version 3.0 arbeiten. Wenn Ihr Dokument in CAEX Version 2.15 vorliegt, ist diese Ansicht nicht verfügbar.
7	Das Eigenschafts-Fenster zeigt die Eigenschaften des selektierten Elements tabellarisch an und besteht aus drei Registerkarten: – *Header*: Hier werden alle Header- und Identifikationsinformationen des aktuell ausgewählten Objekts angezeigt und können bearbeitet werden. – *Attributes*: Hier werden alle Attribute des aktuell ausgewählten Objekts angezeigt und können bearbeitet werden. – *Relations*: Hier werden Beziehungen des aktuell ausgewählten Objekts angezeigt, z.B. Links zu anderen Objekten oder Mirror/Masterobjekte.

2.2.3 Grundfunktionen des AutomationML Editors im Überblick

Die wichtigsten Funktionen des AutomationML Editors zeigt Abb. 2-3. Probieren Sie sie gleich mal aus. Häufig benutzte Funktionen sind:

– Mit dem + und – Knopf können Modellelemente hinzugefügt/gelöscht werden.
– Die *Zoom-Funktion* skaliert das Erscheinungsbild des AML Editors.
– Mit der *Copy to Clipboard* Funktion können selektierte Hierarchien in hoher Auflösung in die Zwischenablage kopiert und in Dokumente eingefügt werden.
– Mit der Suche können in umfangreichen Hierarchien gezielt Objekte gesucht werden. Tippen Sie den Suchtext und drücken Sie ENTER.
– Mit *Layout zurücksetzen* können Sie das Erscheinungsbild und die Verteilung der Fenster des AML Editors zurücksetzen.

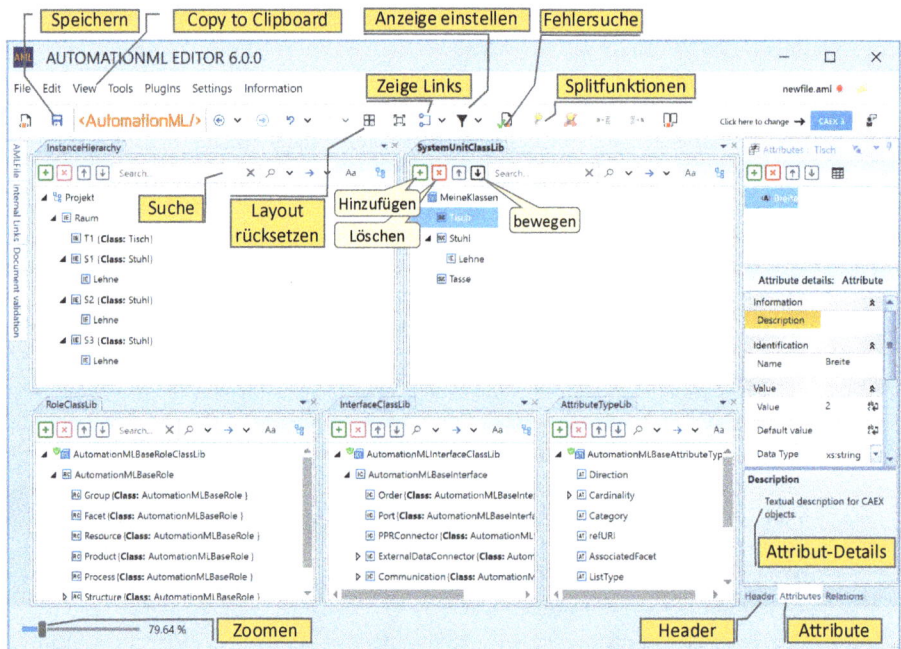

Abb. 2-3: Grundfunktionen des AML-Editors

2.2.4 Die erste AutomationML-Datei

Direkt nach dem Start des AML Editors erzeugt dieser eine leere AML-Datei und fügt Standardbibliotheken hinzu, so dass Sie unmittelbar loslegen können. Wählen Sie das Menü *File/Save* und speichern Sie die Datei an geeigneter Stelle ab.

2.3 CAEX Modellierungsphilosophie

In diesem Abschnitt wird die Philosophie der Objektmodellierung mit CAEX erläutert, die geringfügig von der objektorientierten Softwareprogrammierung abweicht und sich an den Bedürfnissen der Anlagenplaner orientiert. Sie verfolgt die herstellerunabhängige Informationsmodellierung und Speicherung von hierarchischen Objektinformationen. Um Daten mit AutomationML modellieren zu können, müssen wir die Welt aus der Perspektive realer Dinge und ihrer Beziehungen betrachten.

Objektorientierung ist eine leistungsfähige Methode zur Beherrschung von Komplexität und hat sich in der Softwareindustrie seit Jahrzehnten bewährt und weiterentwickelt. Dies gilt für die Programmierung und Architektur von Software, aber auch für die Bedienphilosophie und die Datendarstellung für deren Anwender. In der Anlagenplanung hingegen hat die Objektorientierung als Werkzeug für eine effiziente Planung erst in den letzten 15 Jahren praktische Bedeutung erlangt. Das Denken in Objekten hat sich mittlerweile in Engineering-Tools wie RobCAD, COSIMIR, COMOS, RobotStudio, EngineeringBase, DELMIA und vielen anderen bewährt.

2.3.1 Objektorientierung aus Sicht des Anlagenplaners

Der Begriff Objektorientierung wird hier aus der Sicht eines Anlagenplaners verwendet und bezieht sich auf objektorientierte Engineering-Techniken wie Datenspeicherung, -darstellung und -manipulation. Microsoft Visio ist ein bekanntes Beispiel für ein Zeichenwerkzeug mit objektorientierter Bedienphilosophie. Mit solchen Werkzeugen wird eine Zeichnung aus Objekten zusammengesetzt, deren Eigenschaften und Beziehungen konfiguriert werden können. Auch Planungswerkzeuge wie Comos (siehe Abb. 2-4) bieten eine komfortable objektorientierte Datendarstellung in Form von hierarchischen Objektbäumen.

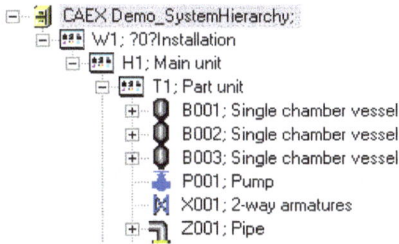

Abb. 2-4: Objektbaum im kommerziellen Werkzeug COMOS

2.3.2 CAEX als Metamodell verstehen

Objekte, Objekthierarchien und Bibliotheken spielen in AML eine zentrale Rolle. AML verfügt über ein leistungsfähiges Bibliothekskonzept, das die Speicherung von Klassen, Attributen, Schnittstellen, Anforderungen und Instanzen erlaubt. AML liefert keine Bibliotheken für das Engineering, sondern bietet Sprachelemente, mit der man Bibliotheken erstellen kann. Deshalb ist das Datenformat CAEX kein Modell, sondern ein Metamodell. Metamodelle sind ein sehr natürliches Konzept, das wir intuitiv im Alltag verwenden, sie haben große Vorteile gegenüber klassischen Datenmodellen.

> **i** **Beispiel für ein klassisches Datenmodell:** das Adressbuch. Jede Adresse enthält vordefinierte und bekannte Felder für Name, Adresse, Telefonnummer usw. und folgt einem festen Bauplan. Mensch und Software können eine Adresse interpretieren. Solche Datenmodelle kommen an ihre Grenzen, sobald ein neues Feld benötigt wird, z. B. „GPS-Koordinaten". Das gelingt nicht, weil dies im Adressbuchmodell nicht vorgesehen war. Dieses in einem Kommentarfeld anzufügen, bedarf menschlicher Interpretation. Das ist prima auf Papier aber problematisch in einer softwarebasierten Umsetzung. Eine Software kennt die Bedeutung nicht und öffnet kein Navigationstool, wenn Sie daraufklicken. Fazit: Datenmodelle sind wohldefiniert, leicht umsetzbar, aber unflexibel und nicht erweiterbar. Erweiterungen würden eine Änderung des Modells erfordern, was zu Inkompatibilität zur vorhandener Altsoftware führt.

Metamodelle sind anders. Ein sehr gängiges Metamodell ist unsere gesprochene Sprache. Sprache folgt abstrakten Regeln: Die Satzstruktur ist vereinbart, es gibt Wörter mit einer erlernten Bedeutung. Mit wenigen Regeln lassen sich Sätze formulieren und sogar neue Wörter einführen. Das tun wir täglich: Die Sprache ist erweiterbar, verändert ihren Wortschatz und ihre Semantik kontinuierlich. Fazit: Ein Metamodell folgt der menschlichen Denkweise viel besser als klassische starre Modelle.

> **i** **Beispiel für ein Metamodell:** In unserem Beispiel des Adressbuchs würde ein Metamodell keine festen Felder wie „Vorname" oder „Straße" mehr vordefinieren, sondern vielmehr einen allgemeinen Bauplan für eine Adresse festlegen. Dieser erfordert lediglich das Element „Feld", denn eine Adresse hat lauter Felder, und das Feld benötigt einen *Namen*, einen *Wert* und eine *Bedeutung*. Was gewinnen wir dadurch? Mit einem solchen abstrakten Bauplan können wir nun ein konkretes Modell für eine Adresse bauen, beliebige Felder festlegen und diese später ergänzen, ohne dass der Bauplan geändert werden muss. Das macht die Architektur des Adressbuchs sehr einfach: Es kann nun eine unendliche Anzahl von Adresseinträgen speichern und jeder Adresseintrag kann beliebig viele Felder enthalten. Weil jedem Feld seine Bedeutung zugeordnet wird, können Softwaresysteme die Semantik interpretieren und auf die Felder individuell reagieren. Das Metamodell bleibt dabei unverändert und trotzdem können damit verschiedene konkrete Adressbuchmodelle definiert und nachträglich werden. Fazit: Ein Metamodell definiert keine konkreten Modelle, sondern stellt Mechanismen zur Verfügung, um konkrete Modelle zu definieren. Das gelingt mit Adressen genauso wie mit Motoren, Robotern oder Goldfischen. Das Konzept ist universell.

2.3.3 Fünf fundamentale Bibliotheken

Fünf Bibliotheken bilden das Fundament von AutomationML-Modellen (Abb. 2-5).

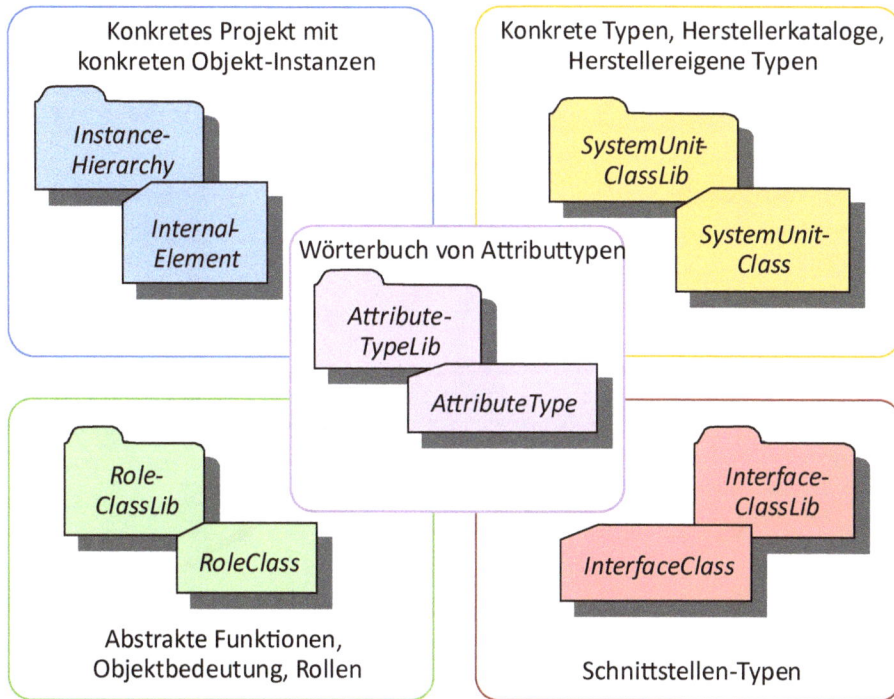

Abb. 2-5: Hierarchien in AutomationML

- Die **InstanceHierarchy** ist eine Bibliothek zur Modellierung von Projektdaten. Sie enthält eine Hierarchie von Objektinstanzen.
- Die **SystemUnitClassLib** ist eine Bibliothek für das Organisieren von Klassen vom Typ **SystemUnitClass**. Mit ihnen lassen sich umfassende Typmodelle beschreiben, beispielsweise hierarchische Produktkataloge verschiedener Hersteller. Beispiel: „3er BMW" oder „ABB IRB 14000".
- Die **RoleClassLib** ist eine Bibliothek von Rollenklassen. Rollenklassen sind Klassen abstrakter Funktionen. Beispiele: „Auto" oder „Roboter".
- Die **InterfaceClassLib** ist eine Bibliothek für Schnittstellentypen. Beispiele: „Stutzen", „Signal" oder „USB-Typ-A".
- Die **AttributeTypeLib** ist eine Bibliothek von Attributtypen. Hier können Wörterbücher für Eigenschaften definiert und standardisiert werden. Die Bedeutung der Typen wird explizit modelliert.

AutomationML unterstützt die Modellierung mehrerer Bibliotheken jeder Art.

ⓘ **Übungsaufgabe zum Erstellen von Bibliotheken**

Starten Sie den AutomationML Editor. Erzeugen Sie neue Hierarchien, indem Sie im AML Editor (siehe Abb. 2-6) in den Regionen 2-6 jeweils auf den Knopf ⊞ klicken (1). Im Ergebnis erhalten Sie fünf neue Bibliotheken. Benennen Sie die Bibliotheken nach Belieben um.

Ergebnis:

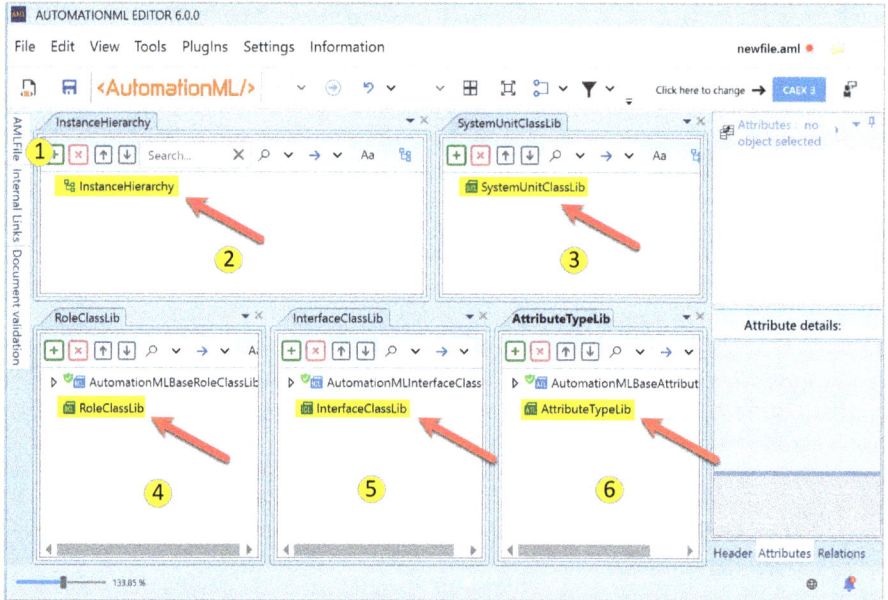

Abb. 2-6: Fünf neue Bibliotheken im AML Editor

2.3.4 Instanzen – digitale Repräsentationen individueller Objekte

AutomationML unterstützt objektorientierte Konzepte wie Instanzen, Klassen, Vererbung, Aggregation, Komposition, Eigenschaften und Relationen. Diese Begriffe sind Informatikern bekannt, in der Automatisierungsbranche sind diese Konzepte historisch neu und werden in leicht abgewandelter Form verwendet.

Der Begriff **Instanz** beschreibt ein einzigartiges individuelles Datenobjekt mit individuellen Eigenschaften. Instanzen sind die Dinge, die wir in unserem täglichen Leben sehen und kennen: konkrete Tische, Roboter, SPSn, Ventile, Pumpen, Rohre. In AutomationML wird eine **Objektinstanz** als Platzhalter für ein solches reales oder logisches Objekt (Asset) verwendet. Das umfasst nicht nur physische Objekte wie einen Roboter, sondern auch logische Objekte wie einen Funktionsbaustein oder eine Abteilung. Die Modellierung einer Objektinstanz erfolgt durch ein CAEX **Internal-**

Element. Eine Instanz kapselt Eigenschaften, Schnittstellen und die interne Struktur und kann selbst Teil einer übergeordneten Struktur sein. Auf diese Weise lässt sich eine komplexe Objekthierarchie modellieren. Eine Objektinstanz, im Folgenden auch *AML-Objekt* genannt, ist demzufolge eine digitale Repräsentation eines konkreten Exemplars, das einen eigenem Namen und individuelle Eigenschaften besitzt, zum Beispiel einen *Roboter RB200_1*. Eine Objektinstanz unterscheidet sich von allen anderen Objekten durch mindestens eine eindeutige *ID* oder seinen *Namen*.

Übungsaufgabe: Erzeugen Sie eine Instanzhierarchie für die Modellierung eines Autos

Lösungsweg:

- Erzeugen Sie eine *Instanzhierarchie* und nennen Sie sie in *Projekt* um (siehe Abb. 2-7).
- Erzeugen Sie ein *InternalElement*, indem Sie die *InstanceHierarchy* selektieren und dann auf den Knopf ⊞ klicken. Nennen Sie die Instanz *Auto*.
- Erzeugen Sie unterhalb des Autos vier neue *InternalElements* und nennen sie *Rad1*, *Rad2*, *Rad3*, *Rad4*.
- Erzeugen Sie weitere *InternalElements* zur Verfeinerung des Modells, z.B. *Fahrersitz*, *Karosse*, *Motor*, *Klimaanlage* usw.
- Wahlweise können Sie die Objekte beliebig hierarchisieren und z.B. die Räder als Kinder der Karosse modellieren.

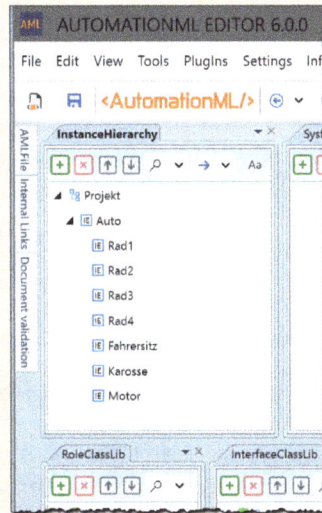

Abb. 2-7: Modell eines Autos in der *InstanceHierarchy*

2.3.5 Klassen – vordefinierte abstrakte Datenmodelle

Das Gegenstück zur Instanz ist die **Klasse**. Klassen werden in der Praxis auch als Objekttyp, Prototyp, Vorlage oder Basisobjekt bezeichnet. Ein 5er-BMW ist beispielsweise ein Autotyp, der konkrete Dienstwagen im Hof hingegen ist ein konkretes Exemplar, d.h. eine Instanz dieses Typs. Eine Klasse ist ein abstraktes Modell und modelliert die Gemeinsamkeiten, die für alle Instanzen eines Typs gelten sollen. Eine Klasse ist also ein vordefiniertes abstraktes Datenobjekt, eine Vorlage für die Erstellung von Objektinstanzen. Das Klassenkonzept ermöglicht die Wiederverwendung vordefinierter Modelle. So kann eine Klasse *Robot* mehrfach instanziiert werden und führt z.B. zu den Objektinstanzen *Rob1*, *Rob2* und *Rob3*. **Klassen** werden in AutomationML durch ein **Klassenmodell** in einer Klassenbibliothek beschrieben. Die interne Architektur beispielsweise einer *SystemUnitClass* ist dabei syntaktisch identisch mit der einer Instanz des Typen *InternalElement*.

⃒ **Übung:** Erklären Sie den Unterschied zwischen Klasse und Instanz anhand eines Gegenstandes

Lösungsvorschlag: Wenn Sie einen Gebrauchtwagen kaufen, wählen Sie eine konkrete Instanz eines Autos, direkt vom Hof eines Händlers. Sie bestellen also ein konkretes Auto. Wenn Sie jedoch einen Neuwagen bei einem Autohändler bestellen, wählen Sie einen Fahrzeugtyp aus einem Produktkatalog aus. Ihr konkretes Auto existiert noch nicht, sondern wird nach der Bestellung geliefert. Sie bestellen also eine Instanz von einem Typ.

Ein wichtiger Unterschied zwischen objektorientierter Datenmodellierung in AML und objektorientierter Softwareprogrammierung besteht darin, dass Änderungen oder Modifikationen einer Instanz explizit erlaubt sind, d.h. dass bei der Instanziierung einer Klasse alle Daten der Klasse in die Instanz kopiert werden, die Instanz danach aber frei modifiziert werden kann. Dies ist ein wichtiger Unterschied zur Softwareentwicklung und spiegelt die Bedürfnisse der Industrie wider: Eine Klasse definiert eine Vorlage, Instanzen dürfen aber weiter modifiziert werden. Ein Beispiel aus der Praxis ist ein bestelltes Auto, das nachträglich ein Firmenlogo erhält.

! **Merke:** Instanzen dürfen in AML nach ihrer Instanziierung verändert werden. Das ist in der Softwareprogrammierung nicht üblich, aber in der realen Welt selbstverständlich und notwendig.

Darüber hinaus werden in AutomationML Änderungen an einer Klasse nicht automatisch in Instanzen dieser Klasse nachgeführt. Das spiegelt die Realität wider, weil in der Realität die Instanz eines Gerätes ebenfalls nicht verändert wird, wenn der Hersteller des Gerätes Änderungen am Typ vornimmt. So wird beispielsweise ein Facelift eines Autos an bereits verkauften Exemplaren nicht mehr wirksam. Reale Geräte ändern sich nicht automatisch, wenn sich die Hersteller-Typen ändern.

! **Merke:** In AutomationML ist der Vorgang des Instanziierens ein Kopiervorgang. Anschließend sind Klasse und Instanz voneinander unabhängig, die Instanz darf modifiziert werden. Allerdings kennt die Instanz ihre ursprüngliche Klasse und es obliegt Softwarefunktionen, Änderungen ggf. zu erkennen und nachzuziehen. Dies ist eine Softwarefunktion außerhalb von AutomationML.

Eine praktische Umsetzung der nachträglichen Aktualisierung realer Objekte ist ein Over-The-Air-Update, in dem ein Autohersteller seine Fahrzeuge nachträglich aktualisiert. Hier spüren wir den Software-Mindset der Digitalisierung, das ist aber beschränkt auf Software oder Parameter, denn neue technische oder mechanische Eigenschaften sind auf diese Weise leider nicht so leicht verbreitbar, es sei denn sie waren von vornherein verbaut und werden nur nachträglich freigeschaltet.

Probieren Sie es aus, hier ein Übungsbeispiel: Modellieren Sie eine SystemUnitClass *Einrad* mit den internen Elementen *Rad*, *Sattel* und *Rahmen*. Erzeugen Sie zwei Instanzen dieser Klasse.

Lösungsweg:

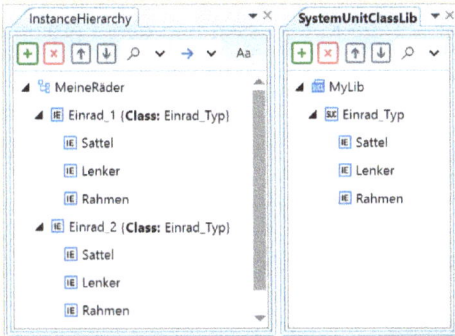

Abb. 2-8: Modell einer Klasse *Einrad_Typ* und zwei Instanzen

Modellieren der Klasse:	**Instanziieren der Klasse:**
– Erzeugen Sie eine *SystemUnitClassLib* und nennen Sie sie *MyLib* (siehe Abb. 2-8).	– Erzeugen Sie eine neue *InstanceHierarchy MeineRäder*.
– Erzeugen Sie eine *SystemUnitClass*, indem Sie die *MyLib* selektieren und dann auf den Knopf ⊕ klicken. Nennen Sie die Klasse *Einrad_Typ*.	– Via Drag&Drop ziehen Sie die Klasse *Einrad_Typ* auf die neue Instanzhierarchie. Benennen Sie die Instanz *Einrad1*.
– Erzeugen Sie innerhalb der Klasse drei neue InternalElements *Rad*, *Sattel*, *Rahmen*.	– Wiederholen Sie den Vorgang für das *Einrad2*

2.3.6 Vererbung – ein Mechanismus zur Wiederverwendung

Vererbung ermöglicht das effiziente Modellieren von Klassen. Eine neue Klasse kann durch eine Vererbungsbeziehung von einer Elternklasse abgeleitet werden. Dazu speichert sie eine Referenz zu seiner Elternklasse. Die Kindklasse erbt dann alles Erbgut seiner Elternklasse, alle Eigenschaften, alle Schnittstellen und deren interne Struktur; diese müssen also nicht erneut modelliert werden. Die Kindklasse modelliert dann nur die Änderungen zum Erbgut. So können beispielsweise hierarchische Produktkataloge leicht umgesetzt werden, in denen die Produktfamilien schrittweise und hierarchisch verfeinert werden. Beispiel: Eine Klasse *SpecialRobot* wird von der Klasse *RobotClass* abgeleitet und erbt deren „Innereien".

> **Merke:** Vererbung in AutomationML wird durch eine Referenz einer Klasse zu seiner Elternklasse explizit modelliert. Das Erbgut wird in der Kindklasse nicht erneut aufgeführt, hier werden stattdessen nur die Modifikationen modelliert. Das führt zu platzsparenden Modellen.
>
> **Hinweis:** Vererbungsbeziehungen dürfen nicht zirkular sein, d.h. erbt ein Kind von seiner Elternklasse, dann darf die Elternklasse nicht weder direkt noch indirekt von der Kindklasse erben.

CAEX unterstützt die Vererbung zwischen Klassen über beliebig viele Ebenen hinweg, aber jede Klasse kann nur eine Elternklasse haben. Anders als bei Instanzen wirken Änderungen einer Klasse unmittelbar auf die Kindklassen und deren gesamte Klassenhierarchie.

> **Übungsaufgabe:** Leiten Sie von der Klasse *Einrad* aus der vorigen Übung eine Kindklasse *Zweirad* ab. Ergänzen Sie das Einrad um ein weiteres Rad.

Lösungsweg:
– Erzeugen Sie unterhalb der Klasse *Einrad_Typ* eine weitere Klasse *Zweirad_Typ* (siehe Abb. 2-9).
– Ziehen Sie via Drag&Drop die Eltern- auf die Kindklasse.
– Wählen Sie im Dialog *Assign Reference*, um die Vererbungsbeziehung zu modellieren.
– Die neue Klasse *Zweirad_Typ* ist nun der Klasse *Einrad_Typ* vererbt. Das Erbgut ist noch nicht sichtbar. Um das Erbgut sichtbar zu machen, wählen Sie im Kontextmenü den Menüpunkt *Show Inherited Elements*. Die geerbten Strukturen werden farblich gekennzeichnet.

Was passiert beim Instanziieren? Wenn Sie eine Instanz des neuen Zweirades erzeugen, wird alles Erbgut in der gesamten Vererbungslinie zusammengeführt und instanziiert. Probieren Sie auch tiefere Klassenhierarchien aus.

Abb. 2-9: Vererbung

Aus diesem Beispiel wird deutlich, dass *InternalElements* innerhalb von SystemUnit-Klassen Teil des Klassenmodells sind: Sie werden beim Instanziieren mit instanziiert.

Eine SystemUnit-Klasse unterhalb einer SystemUnit-Klasse (siehe Zweirad_Typ unterhalb von *Einrad_Typ*) ist nicht Teil der Modellbeschreibung (hier: des *Einrades*) und eine solche Unterklasse hat nicht automatisch eine Vererbungsbeziehung zu seiner Oberklasse. Vererbungsbeziehungen werden immer explizit modelliert, die Klassenhierarchie ist nur organisatorischer Natur. Das verwirrt zunächst, denn die Klassenhierarchie (= Hierarchie von Klassen) und die Hierarchie des Klassenmodells (=interne Struktur einer Klasse) werden vom AML Editor gemeinsam und überlagert dargestellt. Eine Klassenhierarchie dient aber nur der hierarchischen Strukturierung von Klassen, sie dient der Abbildung von Ordnungsprinzipien der Menschen oder Engineering-Tools, sie hat aber inhaltlich keinerlei Bedeutung. Insofern ist es egal, ob Klassen hierarchisch modelliert werden, sie könnten auch alle in einer Reihe modelliert sein und frei voneinander erben. Das können Sie überprüfen, indem Sie die Klasse *Einrad_Type* instanziieren: Die Instanz weiß nichts vom Zweirad.

Eine Vererbungsbeziehung lässt sich im AML Editor leicht editieren oder löschen, indem man die Klasse auswählt und im Reiter *Header* den Eintrag *Class Reference* editiert oder löscht (siehe Abb. 2-10). Die Vererbung wird als Pfad zur Elternklasse gespeichert. Das ist nur Text, den Sie einfach editieren oder löschen können.

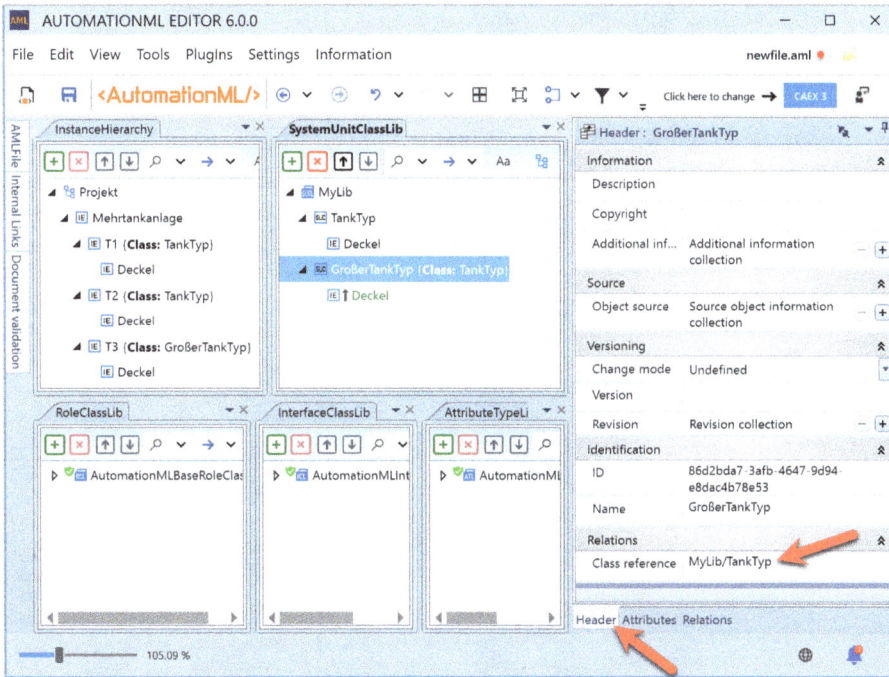

Abb. 2-10: Vererbungsbeziehung manuell ändern oder löschen

Fragen: Wie modelliert man die Vererbung zwischen zwei Klassen?
Antwort: Innerhalb der Klasse wird eine Referenz zur Elternklasse modelliert. Vererbung muss also explizit modelliert werden.

Frage: Was bedeutet es, wenn in einer Klassenbibliothek die Klasse *A* eine andere Klasse *B* enthält?
Antwort: Die Hierarchie von Klassen hat keine Bedeutung. Solange zwischen beiden keine Vererbungsbeziehung modelliert ist, existieren beide Klassen unabhängig voneinander.

Frage: Wie löscht man mit dem AutomationML Editor eine Vererbungsbeziehung?
Antwort: Im Eigenschaftsfenster löschen Sie den Pfad im Feld *Class Reference*.

2.3.7 Aggregation – Grundprinzip der Komposition

CAEX implementiert die Konzepte **Aggregation** und **Komposition:** Dies lässt sich als eine „besteht-aus-Beziehung" verstehen und bedeutet, dass Instanzen oder Klassen aus internen Komponenten bestehen, diese werden innerhalb der Klasse ausmodelliert. Das sind üblicherweise Instanzen anderer Klassen. Beispiel: Ein Auto besteht aus vier Rädern, einem Motor, einer Karosserie usw.

Probieren Sie es aus, hier ein Übungsbeispiel: Modellieren Sie die SystemUnitClasses *Winterrad_Typ* und *Auto_Typ*. Aggregieren Sie diese sinnvoll.

Lösungsweg: siehe Abb. 2-11
- Erzeugen Sie unterhalb der Klasse *Winterrad_Typ* eine weitere Klasse *Auto_Typ*.
- Ziehen Sie via Drag&Drop die Klasse *Winterrad_Typ* auf den *Auto_Typ*.
- Wählen Sie im Dialog den Punkt *Add instance*. Benennen Sie das Rad *R1*. Drücken Sie ok.
- Wiederholen Sie das für alle 4 Räder.

Im Ergebnis entsteht ein Autotyp, der seine innere Struktur mit Instanzen modelliert.

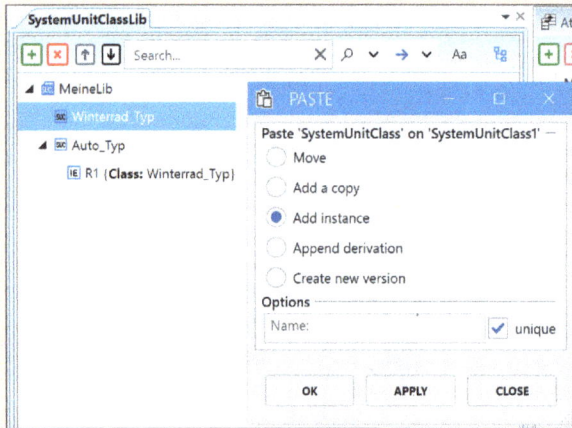

Abb. 2-11: Beispiel für Aggregation: Aufbau eines Autos mit seinen Reifen

---

2.3.8 Kapselung – ein Ordnungsprinzip

Ein weiteres wichtiges Konzept der objektorientierten Datenmodellierung ist die **Kapselung**. Das bedeutet, dass alle Informationen eines Objektes innerhalb des Objektes modelliert und dort geschützt sind. Ein Beispiel: Der Deckel eines Tanks wird als Aggregation des Tankobjekts modelliert, also als Kindobjekt. Das Löschen, Verschieben oder Kopieren des Tankobjekts (Instanz oder Klasse) in CAEX löscht, verschiebt oder kopiert zugleich auch die Gesamtstruktur des Tanks, also auch den Deckel. Das hat viele Vorteile. Algorithmen, die den Deckel oder andere Strukturelemente der Tanks verarbeiten, können sich, wenn sie den inneren Aufbau eines Tanks kennen, in allen Tanks desselben Typs immer gleichartig orientieren, weil alle Deckel immer direkt als Kindobjekt aller Tankobjekte modelliert sind und demselben Bauplan folgen. Genau hier liegt die Kraft der Objektorientierung: Die Kapselung verhindert, dass Informationen im Datenmodell verstreut vorliegen, sondern immer zugehörig modelliert sind. Dies vereinfacht den algorithmischen Zugang zu den Daten und sorgt für gleichartige Modellstrukturen und ermöglicht vielfältige Wertschöpfung durch automatisierte Engineering-Schritte, Konsistenz- und Qualitätsprüfungen, Datenanalysen, Datensynchronisation, Anforderungsmodellierung oder die Erstellung von Produktkatalogen.

Abb. 2-12 illustriert dies: Die Klasse *TankTyp* kapselt seine innere Struktur und alle Ableitungen der Klasse sowie deren Instanzen kapseln ihre Innereien vor Ort. In der Programmierung wird die Kapselung darüber hinaus verwendet, um den Zugriff auf Daten innerhalb einer Klasse zu steuern und sie vor ungewollten Manipulationen zu schützen. Dies ist in AutomationML nicht vorgesehen.

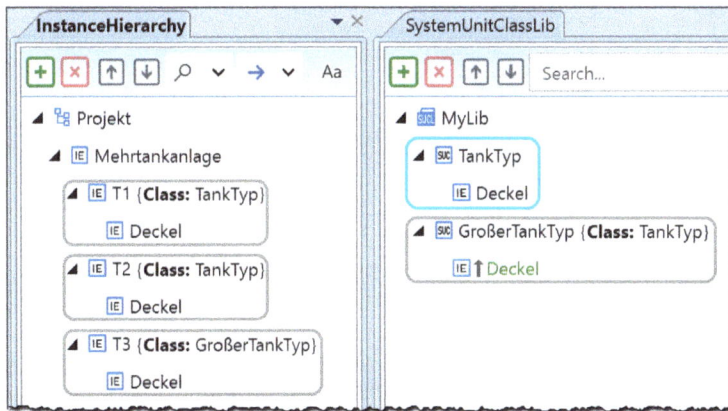

Abb. 2-12: Kapselung bewirkt, dass alle Daten eines Objektes innerhalb des Objektes gleich aufgebaut und geschützt sind

2.3.9 Referenzen und Relationen – Verbindungen zwischen Objekten

Relationen sind Beziehungen zwischen Objekten. Eine Stärke von AutomationML ist die Modellierung von Objektnetzwerken und ihren Verbindungen. Das wird dringend benötigt, denn technische Systeme bestehen aus Komponenten, die miteinander verbunden sind. Beispiele: Eine Rohrleitung ist mit einem Stutzen verbunden, ein Sensor ist mit einem Kabel verbunden, ein USB-Stecker steckt in einer USB-Buchse. Technische Systeme sind oft Netzwerke von Objektinstanzen und ihre elektronische

Modellierung ist von hohem Wert. CAEX unterstützt folgende Beziehungsarten, siehe Abb. 2-13):
- Vererbungsbeziehungen,
- Eltern-Kind-Beziehungen,
- Instanz-Instanz-Beziehungen,
- Klasse-Instanz-Beziehungen.

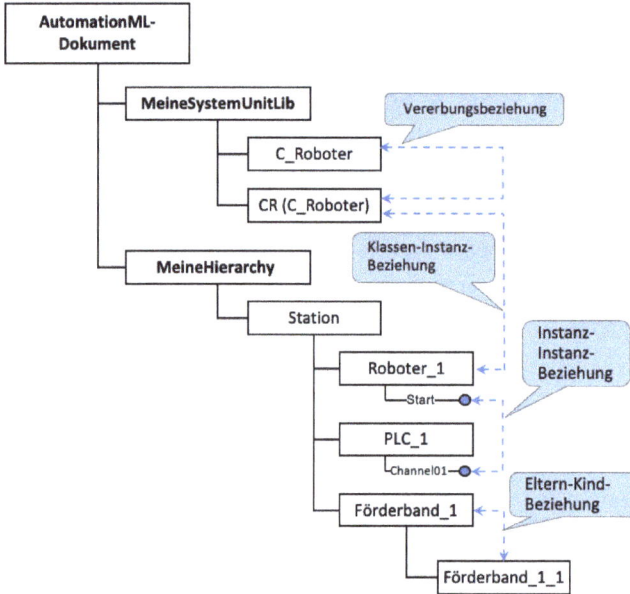

Abb. 2-13: Relationen in AutomationML

Referenzen sind Verweise auf andere Dateien, beispielsweise andere CAEX-Dateien, COLLADA-Dateien oder PDF-Dokumente. Dafür werden CAEX-Interfaces benötigt, die in Kapitel 5 eingeführt werden.

2.3.10 Klassenhierarchien

Ein wichtiges Modellierungsprinzip in CAEX ist die hierarchische Strukturierung der Klassen und Instanzen in hierarchischen Baumstrukturen. Dieses Strukturprinzip verbindet dabei drei Sichtweisen, die nicht verwechselt werden dürfen:
- **Sicht 1:** Die *hierarchische Struktur von Klassen* in einer Klassenbibliothek ist ein Ordnungsprinzip für den Menschen. Sie soll ermöglichen, gewohnte Hierarchien in AutomationML zu modellieren, sie dient lediglich der Strukturierung. Es ist sinnvoll, zusammengehörende Klassen hierarchisch zu organisieren, aber es ist

ebenso richtig, alle Klassen einer Bibliothek hierarchielos in einer langen Liste zu modellieren.

— **Sicht 2:** Die *Vererbungshierarchie* beschreibt die Vererbung von Klassen: Dafür bietet der AutomationML Editor keine Visualisierung. AutomationML bildet Vererbungslinien nicht durch die Hierarchie der Klassen selbst ab, denn die Struktur der Klassen muss wahlfrei bleiben, weil verschiedene Werkzeuge und Menschen ihre eigenen Gewohnheiten besitzen. Vererbung wird deshalb separat und ausschließlich über eine Referenz zur Elternklasse modelliert. Abgeleitete Klassen können an beliebiger Stelle im AML Modell positioniert sein und müssen nicht hierarchisch unterhalb der Elternklasse positioniert sein. Dies bildet die Realität sinnvoll ab. Falls eine hierarchische Vererbungsdarstellung gewünscht ist, kann eine separate Software diese Sicht generieren: Alle dafür benötigten Informationen sind im AML Modell enthalten. Daraus könnte beispielsweise ein UML-Klassendiagramm erzeugt werden.

— **Sicht 3:** Die *Aggregationshierarchie*: Dies ist die hierarchische Struktur von Klassen und beschreibt den inneren Aufbau von Klassen.

Abb. 2-14 illustriert alle drei Hierarchiearten und ihre Modellierung in einer *SystemUnitClassLib*. Die Klassen *RobotClass*, *SpecialRobotClass* und *RoboterSystem* bilden eine Klassenhierarchie. Die Instanzen *RO1* und R01 sind unterhalb der Klasse *RoboterSystem* modelliert und bilden eine Aggregationshierarchie. Die Vererbungsbeziehung zwischen der *SpecialRobotClass* und der *RobotClass* bilden eine Vererbungshierarchie implizit ab, allerdings ohne hierarchische Darstellung.

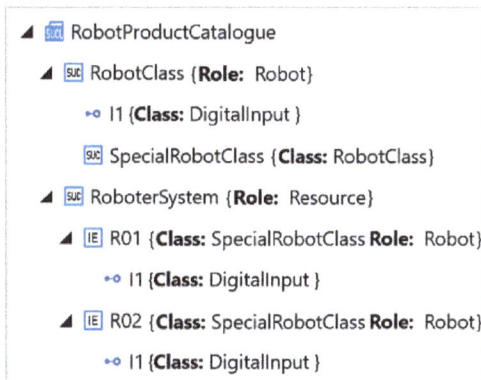

Abb. 2-14: Hierarchisches Modell einer SystemUnitClassLib: Die Hierarchie der Klassen und Instanzen wird ineinander verwoben.

Merke: Instanzen unterhalb einer Klasse sind Bestandteil der Klasse, eine Klasse unterhalb einer Klasse ist nicht Bestandteil der Klasse.

2.3.11 Modellieren von Objektsemantik – das CAEX Rollenkonzept

Neben den aus der objektorientierten Softwareprogrammierung bekannten Klassen und Instanzen bietet CAEX ein spezielles Konzept, das entwickelt wurde, um Systeme auf einer abstrakten Ebene zu beschreiben, noch bevor konkrete Geräte ausgewählt werden: *das Rollenkonzept.*

Abb. 2-15 verdeutlicht die Bedeutung des Rollenkonzepts beispielhaft anhand zweier Hierarchien. Die linke Hierarchie verschachtelt lediglich interner Elemente, sie ist mit dem AutomationML Editor schnell modellierbar. Aber die Bedeutung der Instanzen ist nicht modelliert, sondern befindet sich bestenfalls im Kopf des Modellierers. Die Interpretation der Struktur erfordert also zusätzliches Wissen, die Bedeutung zu benötigt menschliche Interpretation. Die linke Struktur ist maschinen*lesbar,* aber nicht maschinen*interpretierbar.*

In der Hierarchie auf der rechten Seite ist hingegen jeder Instanz eine Rolle zugeordnet. Das ist ein Konzept, das die klassische Objektorientierung nicht kennt: Semantik für Objekte wird explizit modelliert. Das ermöglicht Software, die Strukturen zu durchsuchen und inhaltlich zu „verstehen". Beispielsweise könnte ein Algorithmus jedes Objekt automatisch mit einem passenden Icon versehen oder Such- oder Analysefunktionen bereitstellen. Suchfunktionen wie „zeig mir alle Roboter" sind damit möglich, selbst wenn die Geräteauswahl noch nicht getroffen wurde.

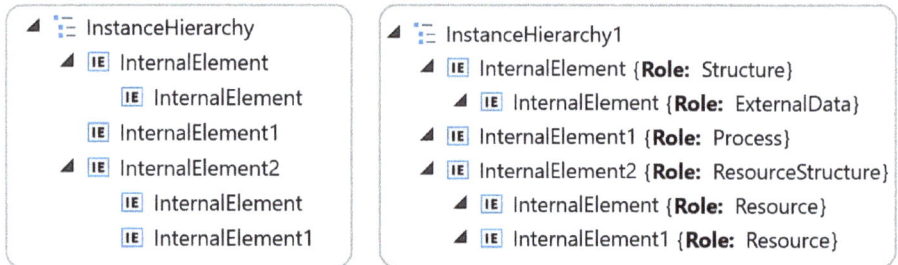

Abb. 2-15: Rollen geben Instanzen ihre Bedeutung, links ohne und rechts mit Rollenzuordnungen

Das Rollenkonzept ist ein sehr natürliches Konzept. Wir alle verwenden es täglich, ohne dass wir uns bewusst darüber sind. Ein Beispiel verdeutlicht dies: Der Komponist Wolfgang Amadeus Mozart benutzte das Rollenkonzept bereits, wenn er seine Opern komponierte, in denen Schauspieler verschiedene Rollen auf der Bühne spielen. Der Prozess des Komponierens einer Oper ähnelt verblüffend dem des Planens einer industriellen Anlage. Im ersten Schritt sieht Mozart zum Beispiel die Rolle einer Prinzessin vor, ohne dabei an eine bestimmte Person zu denken. Diese Rolle hat auf der Bühne eine bestimmte Funktion, die später durch eine konkrete Schauspielerin umgesetzt wird. Im nächsten Schritt formuliert Mozart Anforderungen an diese Rolle, zum Beispiel „sollte das hohe C singen können", „sollte lange blonde Haare haben", „sollte reiten können". Noch Jahrhunderte später nutzen Regisseure diese Anforderungen, um die Rolle der Prinzessin auszuschreiben und eine geeignete Schauspielerin auszuwählen. Technisch gesehen „implementiert" die Schauspielerin die Rolle.

Genauso geht eine Privatperson vor, wenn eine neue Küche geplant werden soll. Man bespricht sich in der Familie darüber, was alles benötigt wird: ein Herd, ein Kühlschrank, ein Hängeschrank usw. Das sind *Rollen*: herstellerunabhängige und abstrakte Platzhalter für Funktionen. Die Anforderungen werden dann schrittweise verfeinert, Pläne werden verworfen und angepasst. Erst dann erfolgen die Geräteauswahl und Bestellung. Für den Fall, dass die Rollendefinition scheinbar übersprungen wird und die Geräteauswahl unmittelbar erfolgt, ist die Anforderungserhebung über Rollen dennoch präsent. Sie wird nur zeitgleich mit der Geräteauswahl durchgeführt, weil die Anforderungen und Präferenzen bereits vorliegen. Dennoch lässt sich Rolle und Gerät trennen: Ein Kühlschrank ist die Rolle und ein konkretes Gerät eines bestimmten Herstellers ist das Exemplar, das diese Rolle ausfüllen soll.

Ähnlich gehen Systemingenieure bei der Planung einer Anlage vor. Ausgangspunkt des Engineerings ist (1) die Beschreibung der gewünschten Anlage durch die Festlegung benötigter Rollen, aber noch unabhängig von ihrer konkreten technischen Umsetzung. Hier wird beispielsweise der Bedarf an Förderer, Roboter, Drehteller oder eine SPS festgelegt. Im nächsten Schritt (2) definieren die Ingenieure die Anforderungen und verfeinern sie schrittweise. Anhand dieser Anforderungen werden (3) konkrete Geräte identifiziert und spezifiziert, die die gewünschten Funktionen technisch umsetzen. Ein solches Vorgehen entspricht einer praktischen, iterativen, ingenieurmäßigen und menschlichen Denkweise.

Merke:　　　[i]
- **Das Rollenkonzept** entspricht dem menschlichen Denken und ermöglicht das schrittweise Modellieren von Systemen. Es modelliert die abstrakte Funktion und technische Umsetzung eines Objektes getrennt. Die Entkopplung beider Informationen unterstützt iteratives Planen, Prüfen, Korrigieren und Entscheiden.
- **Eine Rolle** ist eine herstellerunabhängige und abstrakte Funktion, sie modelliert wörtlich die „Rolle" eines Dinges und definiert damit die Bedeutung von Objekten.

Die drei beschriebenen Schritte sind in Abb. 2-16 dargestellt.
- In Schritt (1) wird in CAEX ein Objekt vom Typ *InternalElement* (Beispiel RB_100) in der Instanzenhierarchie modelliert. Die Bedeutung ist noch offen.
- In Schritt (2) ordnet der Ingenieur eine passende *RoleClass* (hier Roboter) aus einer Rollenbibliothek zu. Hier können Anforderungen (zum Beispiel: „maximale Last ML < 2t") festgehalten werden, die später die Grundlage für die Auswahl geeigneter Kandidaten bilden.
- Schritt (3) erfolgt, sobald ein geeigneter Kandidat gefunden ist. Hier wird eine konkrete *SystemUnitClass* ausgewählt und referenziert.

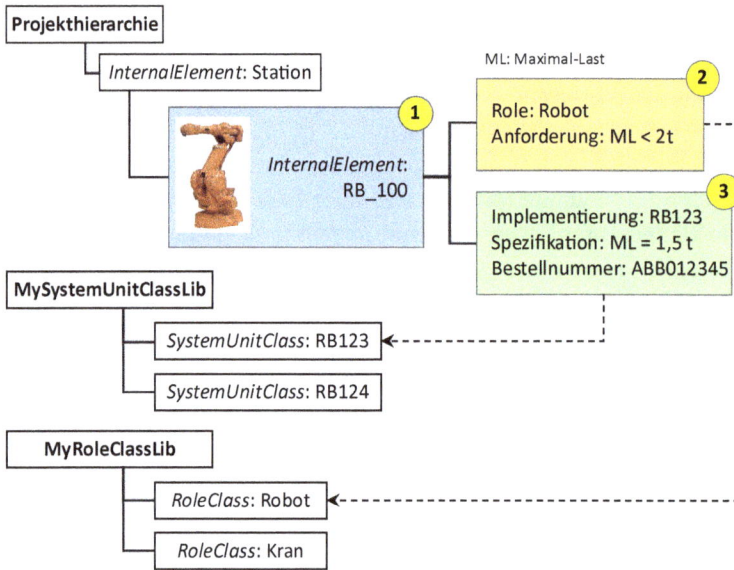

Abb. 2-16: Das CAEX Rollenkonzept

---

i | **Merke:** Ein CAEX InternalElement kann zwei Klassenarten referenzieren: seine abstrakte Rolle und der konkrete Objekttyp.

Die wirtschaftliche Bedeutung von Rollenbibliotheken geht aber noch weiter: Sie sind standardisierbar! Produktkataloge (SystemUnit-Klassenbibliotheken) industrieller Hersteller können hingegen nicht standardisiert werden, weil sie zu vielfältig sind und ständigen Änderungen und Weiterentwicklungen unterliegen. Einen industriellen Prozess in der Fertigungs- oder Prozessindustrie kann man aber mit wenigen Rollen beschreiben. Diese können in Rollenbibliotheken vordefiniert und standardisiert werden. Objekte können dabei auch mehrere Rollen gleichzeitig spielen, siehe Abschnitte 3.7 und 3.8.9.

2.3.12 Zusammenfassung

Das CAEX-Rollenkonzept dient der semantischen Identifikation von Objekten und ist besonders wichtig für die rechnergestützte Verarbeitung der Daten, die Modellierung von Anforderungen und die Automatisierung von Planungsschritten. Die sogenannte „Automatisierung der Automatisierung" ist eine wichtige Methodik zur Verbesserung des Engineering-Prozesses und daher Gegenstand vielfältiger Forschungsaktivitäten in Industrie und Akademia.

2.4   Dokumentvalidierung: Fehlersuche mit dem AML Editor

2.4.1 Motivation

AutomationML-Dateien müssen grundlegenden Modellierungsregeln des CAEX- und des AutomationML-Standards folgen: Werden diese Regeln verletzt, können Fehler in der weiteren Verarbeitung und Interpretation der Daten auftreten. Sind beispielsweise *IDs* doppelt vorhanden, können Referenzen auf *IDs* nicht mehr eindeutig zugeordnet werden und der gesamte Datenaustauschprozess ist gestört. Einige typische Fehler sind in Abb. 2-17 dargestellt, die Beispieldatei enthält 11 Fehler:

- (a1): Die Referenz zur Klasse *C_Würffel* ist falsch (1 Fehler),
- (a2): Nicht dargestellt: Die ID's der Instanzen *W1* und *W2* sind identisch (2 Fehler),
- (b): Benachbarten Klassennamen sind identisch (2 Fehler),
- (c): Benachbarte Attributnamen sind identisch, das gilt auch für die Instanzen W1 und W2 (6 Fehler).

Weitere typische Fehlerquellen sind: Referenzen zu externen Dateien sind ungültig, externe Dateien sind nicht verfügbar, die *SourceDocumentInformation* fehlen, usw.

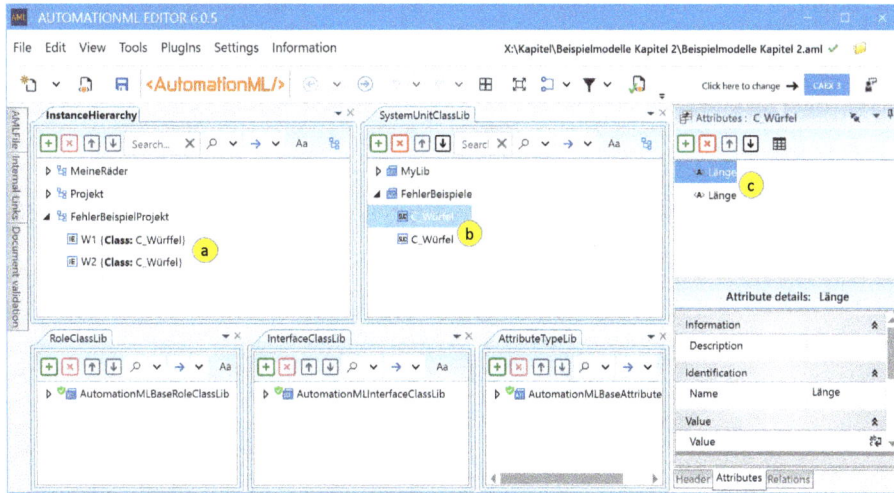

Abb. 2-17: Beispieldatei mit typischen Fehlern

Solche Fehler dürfen in der Praxis nicht auftauchen, behindern den digitalen Datenfluss und müssen möglichst früh im Entwicklungsprozess der Exporter- und Importer gefunden und eliminiert werden. Es ist sehr empfehlenswert, AML Dokumente auf Fehler zu prüfen. Der AML Editor bietet dafür eine *Dokument-Validierung* an.

Typische Anwendungsfälle für eine Dokument-Validierung sind:
- vor der Abgabe von AML-Modellen in der Klausur,
- nach dem Editieren von Bibliotheken oder Beispielprojekten,
- vor dem Versenden von Projektdaten an Empfänger sowie
- nach dem Empfang von AML Dokumenten.

2.4.2 Dokument-Validierung mit dem AutomationML-Editor

Der AutomationML Editor unterstützt die Dokument-Validierung bereits beim Editieren und unterstützt aktiv bei der Fehlervermeidung. Beispiele dafür sind:
- Beim Eingeben von Element-Namen wird unterbunden, dass benachbarte Elemente wie Bibliotheken, Klassen oder Attribute gleiche Namen besitzen,
- Beim Editieren von Pfaden wird geprüft, ob das referenzierte Element existiert, fehlerhafte Pfade werden markiert.

Die Validierungsfunktion führt für das gesamte AutomationML Dokument eine umfassende Prüfung durch. Drücken Sie dazu auf den Knopf ⟳ (siehe Abb. 2-18). Gefundene Fehler werden gemeldet. Öffnen Sie die Fehlerliste im linken Reiter *Document validation*, hier werden sie interaktiv dargestellt, der AML Editor gruppiert dabei gleichartige Fehlertypen. Abb. 2-18 zeigt dies in unserem Beispiel.

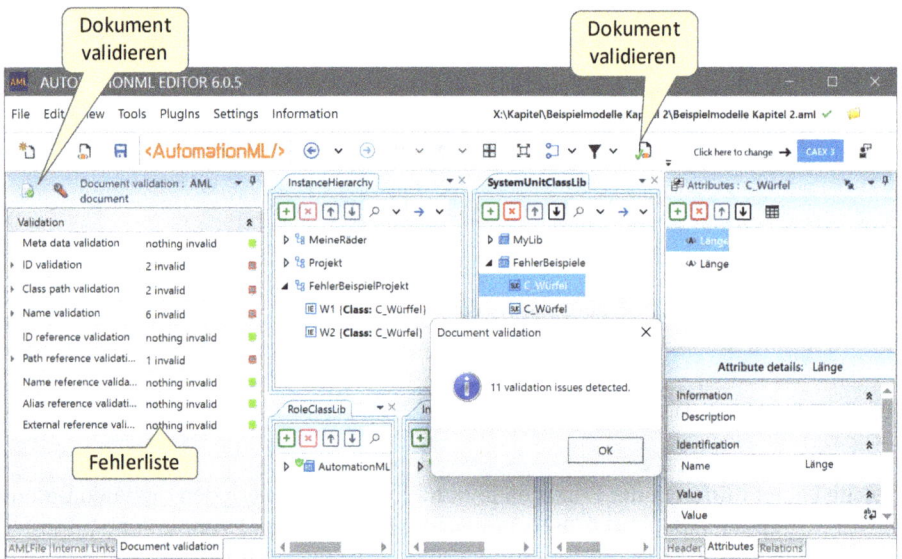

Abb. 2-18: Dokumentvalidierung mit dem AutomationML-Editor

2.4.3 Fehlerbehebung mit dem AutomationML Editor

Abb. 2-19 zeigt die 11 gefundenen Fehler im Detail an. Für einige Fehlertypen bietet der AML Editor eine automatisierte Behebung an. So kann der AML Editor automatisch neue eindeutige *IDs* vergeben, doppelte Namensgebungen korrigieren oder fehlerhafte Pfade löschen. Auf der rechten Seite der Fehlertabelle befinden sich dazu kleine Knöpfe für die einzelnen Fehler, aber auch für Fehlergruppen, vgl. Abb. 2-19.

Abb. 2-19: Fehlerbehebung mit dem AutomationML Editor

Allerdings ist die automatisierte Fehlerbehebung mit Vorsicht zu verwenden. Durch die Fehlerbehebung wird die Gültigkeit der AutomationML-Datei zwar im Augenblick hergestellt. Für die temporäre Wiederherstellung der Gültigkeit ist die automatisierte Fehlerbehebung sehr nützlich, für den industriellen Datenaustausch hingegen unterbricht sie die Informationskette, denn Fehler haben eine Ursache. Im realen Datenaustausch sollte keine automatische Fehlerbehebung erfolgen. Denn:

– Die Vergabe einer neuen eindeutigen *ID* erfolgt ohne Kenntnis der tatsächlichen Datenquelle.
– Das Löschen von Pfaden behebt keine Fehler in den Pfaden,
– Das Fehlen von Bibliotheken, Klassen oder externen Dateien wird nicht behoben, sondern nur übergangen.
– Beim nächsten Datenaustausch werden sich die Fehler wiederholen.

Die Fehlerbehebung mit dem AutomationML Editor sollte folglich vorrangig zu Bildungs-, Entwicklungs- oder Prüfzwecen erfolgen. Im realen Datenaustausch haben Fehler ihre Ursache in derjenigen Software, die die AutomationML-Datei erzeugt. Fehler sollten stets am Ursprung korrigiert werden.

ℹ️ **Übungsaufgabe:** Öffnen Sie das Beispieldokument für Kapitel 2 mit dem AutomationML Editor, prüfen Sie es auf Fehler und beheben Sie sie.

2.5   Was Sie jetzt können sollten

Nach der Einführung grundlegender Modellierungskonzepte am Beispiel des AutomationML Editors sollten Sie nun Folgendes können:

– Sie können den AutomationML Editor starten,
– Sie können eine AML Datei speichern und öffnen,
– Sie können alle fünf Bibliotheksarten erzeugen und umbenennen,
– Sie können in der *InstanceHierarchy* eine beliebig tiefe Hierarchie von *InternalElements* modellieren,
– Sie können in einer *SystemUnitClassLib* Klassen anlegen,
– Sie können eine *SystemUnitClass* von einer anderen vererben und die geerbten Strukturen im AML Editor sichtbar machen,
– Sie können eine Vererbungsbeziehung editieren oder löschen,
– Sie können SystemUnit-Klassen instanziieren, auch mehrfach.

2.6 Eine letzte Übungsaufgabe zur Vertiefung

Übungsaufgabe zur weiteren eigenständigen Vertiefung:

Suchen Sie sich ein technisches System aus und modellieren Sie es gemäß den bereits vorgestellten Strukturen auf einem Arbeitsblatt (siehe Abb. 2-20) und anschließend mit dem AutomationML Editor. Hierarchien sollen noch nicht betrachtet werden. Prüfen Sie das Modell auf Fehler.

Beispiele zur Inspiration: Fernseher, Computer, Kaffeemaschine, Fahrzeug, Smartwatch

InstanceHierarchy

SystemUnitClassLib

RoleClassLib

InterfaceClassLib

AttributeTypeLib

Abb. 2-20: Arbeitsblatt zur Modellierung

3 Sprachelemente von CAEX 3.0

3.1 Einführung

CAEX definiert Sprachelemente zur Definition von Objektmodellen und zugleich das Speicherformat für die entstehenden Modelle. Die Fähigkeit, Daten physisch speichern zu können, nennt man Persistenz. Die Persistenz von CAEX basiert auf XML und erlaubt die dauerhafte Archivierung oder Übermittlung von Objektmodellen. In diesem Kapitel werden die wesentlichen CAEX-Sprachelemente und ihre Anwendung vorgestellt und mit dem AutomationML Editor praktisch geübt.

Die Sprachelemente sind in einem sogenannten *XML-Schema* definiert und in der Datei *CAEX_ClassModel_V.3.0.xsd* gespeichert. Dieses CAEX 3.0 Schema ist durch die IEC 62424 Ed.2 standardisiert und definiert alle CAEX-Datentypen und Konstruktionsregeln. Das CAEX-Schema dient somit als "Blaupause" für CAEX-Dokumente und ermöglicht die automatische Prüfung, ob ein CAEX-Dokument mit dem Bauplan übereinstimmt. Diese Form der Konformitätsprüfung ist eine Grundfunktion von XML und wird weltweit von einer Vielzahl von Software-Werkzeugen unterstützt. Selbst eine kleine Nichtübereinstimmung mit dem Bauplan führt zur Ungültigkeit des gesamten Dokuments.

Wenn ein Engineering-Tool eine CAEX-Datei erzeugt oder liest, wird das CAEX-Schema benötigt. Eine CAEX-Datei erfordert also immer die Anwesenheit seines Bauplans, insofern sollte die Schemadatei immer mit dem CAEX-Dokument mitgeliefert werden. Abb. 3-1 veranschaulicht dies: Ein CAEX-Modell besteht in der Regel aus einer *.aml-Datei sowie der Schemadatei.

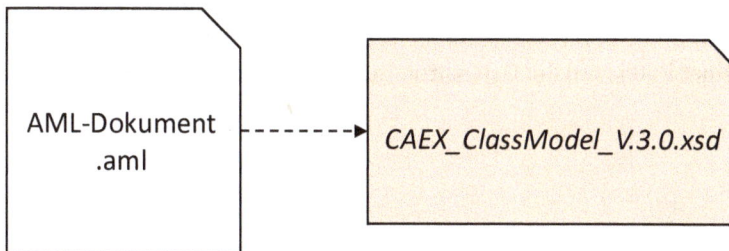

Abb. 3-1: Ein AML Dokument und sein Bauplan

Übungsbeispiel:
- Starten Sie den AML Editor mit einem neuen Projekt.
- Speichern Sie das leere Projekt auf Ihrer Festplatte.
- Suchen Sie den Ordner auf: Dort finden Sie die aml-Datei und das Schema.

https://doi.org/10.1515/9783110782998-003

Optional können CAEX-Dokumente auf mehrere Dokumente verteilt werden. Dies ist sinnvoll, wenn z.B. eine Klassenbibliothek in einer separaten Datei ausgelagert werden soll. Abb. 3-2 zeigt dies mit einem Blick auf das Dateisystem: Hier sehen Sie
– das AML Dokument *Demo.aml*,
– eine Bibliothek *myAttributeTypeLib.aml* und
– die XML-Schemadatei *CAEX_ClassModel_V.3.0.xsd.*

☑ ⊗	CAEX_ClassModel_V.3.0.xsd	18.09.2018 18:18	XSD-Datei	37 KB
☐	Demo.aml	18.09.2018 18:28	AML-Datei	2 KB
☐	myAttributeTypeLib.aml	31.08.2018 14:27	AML-Datei	9 KB

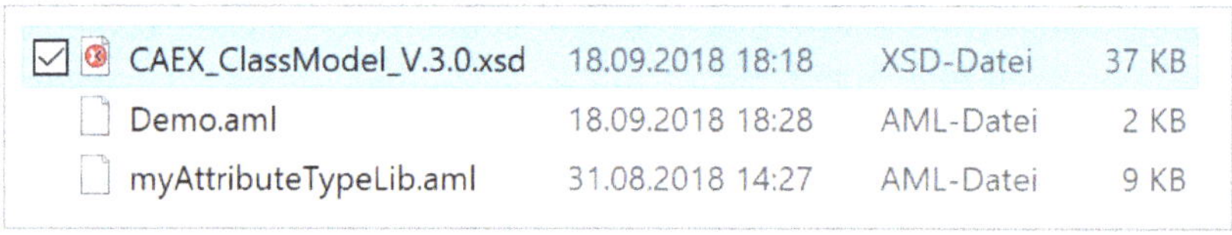

Abb. 3-2: CAEX Dokument versus CAEX Schema

Das CAEX Schema selbst lässt sich jederzeit aus dem AML Editor heraus speichern. Wählen Sie dazu den Menüpunkt „Tools/Save CAEX Schema to" und speichern Sie die Datei in einem beliebigen Order Ihrer Wahl.

i **Übung:** Speichern Sie das CAEX-Schema mit dem AutomationML Editor.

Die Speicherung als Datei ist übrigens nicht die einzige Möglichkeit, Objektmodelle zu übertragen. Das Objektmodell kann auch im Speicher gehalten oder ohne Verwendung konkreter Dateien mit Hilfe von Softwarediensten übertragen werden. XML ist im Grunde ein langer String, der als Textdatei gespeichert werden kann, aber auch ohne physische Datei als Stream im Netz weitergegeben werden kann. Zur Speicherung in einer Datei wird der Datenstrom serialisiert und gespeichert.

3.2 Der Bauplan von CAEX

Abb. 3-3 gibt einen Überblick über den Aufbau des CAEX 3.0 Schemas. Die Schemadatei ist selbst eine XML-Datei, die Abbildung zeigt zur besseren Verständlichkeit ihre Grundstruktur in einer grafischen Notation.

- Das CAEX Element *CAEXFile* (1) ist der Wurzelknoten eines CAEX Dokuments.

- Die Elemente *Header* (2), *Schema-Version* (3), *FileName* (4), *Superior-StandardVersion* (5) und *Source-DocumentInformation* (6) sind Elemente zur Modellierung von organisatorischen Informationen über das AutomationML Dokument selbst, z.B. Versionsinformationen. Mehr dazu in Abschnitt 3.11.

- Das Element *ExternalReference* (7) erlaubt die Modellierung von Referenzen auf externe CAEX Dateien. So wird das Splitten von CAEX Dokumenten möglich, z.B. um Bibliotheken auszulagern.

- Das Element *InstanceHierarchy* (8) ist der Wurzelknoten für Projektdaten. Die kennen Sie bereits aus Kapitel 2: Hier wird die Hierarchie der Objektinstanzen gespeichert. Mehr dazu in den Abschnitten 3.9.

- Die CAEX Elemente *Interface-ClassLib* (9), *RoleClassLib* (10), *SystemUnitClassLib* (11) and *AttributeTypeLib* (12) sind die Wurzelknoten verschiedener Bibliothekstypen, die im folgenden Abschnitt 3.3 vorgestellt werden.

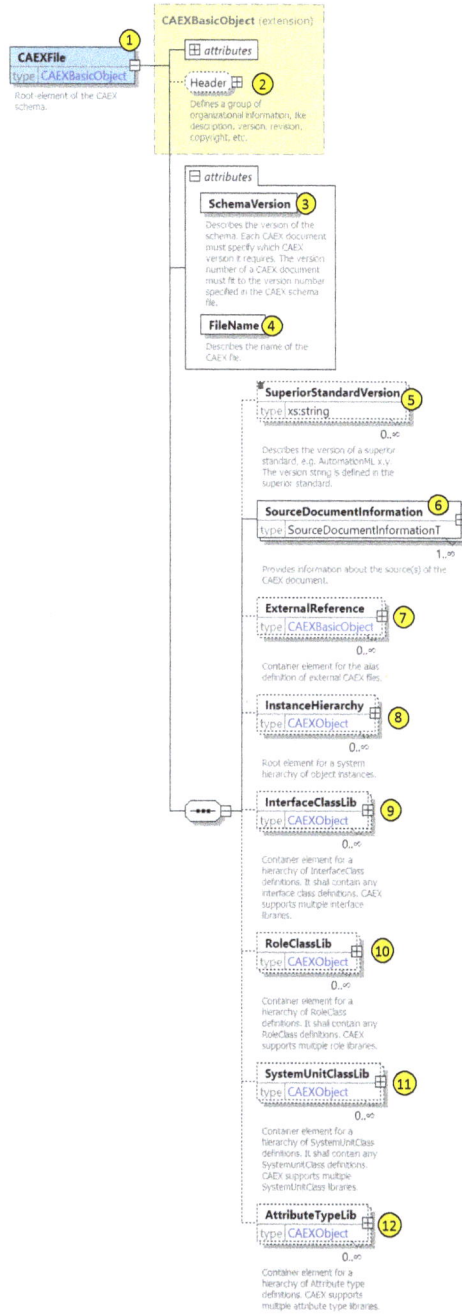

Abb. 3-3: Grafische Darstellung des CAEX Schemas

3.3 Fünf Bibliotheken bilden die Säulen von CAEX

3.3.1 Überblick

CAEX verfügt über ein umfassendes Bibliothekskonzept und unterstützt fünf Arten von Bibliotheken. Bibliotheken mit ihren vordefinierten Klassen ermöglichen umfassende Wiederverwendung vordefinierter Datenmodelle. Durch Vererbung können gemeinsame Eigenschaften gleichartiger Klassen abstrahiert werden: Dies garantiert Einheitlichkeit in der Datenmodellierung und reduziert Redundanz. Auf diese Weise eröffnen sich maßgebliche Effizienzgewinne im Engineering und Vereinfachungen bei der Beherrschung komplexer Datenmodelle, eine Hauptmotivation der Objektorientierung.

Bibliotheken verstehen sich als ein Klassenkatalog, der wiederverwendbare Klassen enthält. Diese können mit Hilfe von Relationen innerhalb der Klassenbibliotheken weiter verfeinert werden, z.B. durch Vererbung oder Aggregation. Das CAEX-Bibliothekskonzept unterscheidet mehrere Typen von Bibliotheken: Die *SystemUnit-ClassLib*, die *RoleClassLib*, die *InterfaceClassLib* und die *AttributeTypeLib* mit ihren jeweiligen Klassen. CAEX kann beliebig viele dieser Bibliotheken aufnehmen. Die einzelnen Klassen werden innerhalb ihrer Bibliothek hierarchisch organisiert, um z.B. eine benutzerdefinierte Baumstruktur abzubilden.

3.3.2 AttributeTypeLib

Klassen vom Typ *AttributeType* werden in Bibliotheken vom Typ *AttributeTypeLib* zusammengefasst. Eine Klasse vom Typ *AttributeType* beschreibt eine vordefinierte Datenstruktur eines wiederverwendbaren Attributtyps und kann zur Modellierung von Eigenschaften (zum Beispiel "Länge") mit ihrem Wert, ihrer Einheit und ihrer Beschreibung verwendet werden. So können proprietäre oder standardisierte Wörterbücher definiert werden, sie bilden die Grundlage der semantischen Interpretierbarkeit und damit Maschinenverständlichkeit von Attributen. Die Modellierung von Attributen wird in Abschnitt 3.5 vertieft.

3.3.3 InterfaceClassLib

Klassen vom Typ *InterfaceClass* werden in Bibliotheken vom Typ *InterfaceClassLib* zusammengefasst. Eine Klasse des Typen *InterfaceClass* beschreibt einen Schnittstellentyp, zum Beispiel einen Flansch, ein Signal, eine elektrische Schnittstelle, einen Stutzen oder einen allgemeinen Produktknoten. Schnittstellen werden verwendet, um Beziehungen zwischen Objekten abzubilden. Die Modellierung von Schnittstellen wird in Abschnitt 3.6 vertieft.

3.3.4 RoleClassLib

Klassen vom Typ *RoleClass* werden in Bibliotheken vom Typ *RoleClassLib* zusammengefasst. Sie beschreiben ebenfalls physische oder logische Anlagenobjekte, jedoch auf einer abstrakten und herstellerneutralen Ebene und unabhängig von einer konkreten technischen Umsetzung. Rollen sind das semantische Gegenstück zu den Systemunits. Während Klassen in der *SystemUnitClassLib* in der Regel dazu verwendet werden, um herstellerspezifische Produkttypen abzubilden, abstrahieren Rollen die Vielfalt der technischen Implementierungen und bilden nur die abstrakten Funktionen (Rollen) von Komponenten ab. Die Modellierung von Rollen wird in Abschnitt 3.7 vertieft.

3.3.5 SystemUnitClassLib

Klassen vom Typ *SystemUnitClass* werden in Bibliotheken vom Typ *SystemUnitClassLib* zusammengefasst. Mit ihrer Hilfe können z.B. Produkt- oder Lösungskataloge modelliert, veröffentlicht, verteilt oder elektronisch verkauft werden. Sie beschreiben Typen von physischen oder logischen Anlagenobjekten oder deren Kombinationen (sogenannte Units), zum Beispiel den Typ eines konkreten Roboters, Ventils oder Tanks. Sie können auch seine technische Implementierung modellieren, einschließlich seiner internen Architektur, Attribute, Schnittstellen, verschachtelte interne Elemente und Verbindungen zwischen den inneren Elementen. Somit kann der interne Aufbau einer System-Unit mit Hilfe einer beliebig komplexen Objektstruktur hierarchisch ausmodelliert werden. Die Modellierung von System-Units wird in Abschnitt 3.8 vertieft.

3.3.6 InstanceHierarchy

Eine *InstanceHierarchy* ist eine Hierarchie von Objektinstanzen vom Typ *InternalElement* und enthält Daten eines konkreten Projektes. Ein *InternalElement* ist ein Datenmodell, das ein konkretes individuelles Exemplar eines physischen oder logischen Objektes beschreibt. Instanzen werden z.B. durch Instanziieren von Klassen gebildet. Die *InstanceHierarchy* kann das Modell einer einzelnen konkreten Komponente beschreiben (ein Komponentenmodell), aber auch ein technisches System bestehend aus mehreren Komponenten und ihren Verbindungen (ein technisches System), bis hin zu mehreren Systemen und ihren Beziehungen (Systeme von Systemen). AutomationML ist in der Hierarchietiefe oder Systemanzahl unbegrenzt. Die Modellierung von *InternalElements* in einer *InstanceHierarchy* wird in Abschnitt 3.9 vertieft.

3.3.7 Modellierungsregeln für Bibliotheken

Für die Modellierung von Bibliotheken gelten folgende Modellierungsregeln:
- Bibliotheken und Instanzhierarchien werden durch ihren Namen identifiziert.
- Bibliotheken mit demselben Namen dürfen nicht in derselben CAEX-Datei gespeichert werden. Dadurch wird die Einzigartigkeit der Bibliotheksnamen innerhalb einer CAEX-Datei gewährleistet.

3.4 Allgemeine Modellierungsprinzipien mit CAEX

3.4.1 Der Unterschied zwischen CAEX und AutomationML

AutomationML adoptiert das Dateiformat und die Modellierungssprache CAEX unverändert (siehe Abb. 3-4), einschließlich des CAEX-Schemas und der Modellierungsregeln des CAEX-Standards (1). Das bedeutet, dass es syntaktisch keinen Unterschied zwischen einem CAEX-Objekt und einem AutomationML-Objekt gibt. Jedes AutomationML-Objekt ist daher immer auch ein CAEX-Objekt. AutomationML definiert jedoch einen kleinen Satz zusätzlicher Modellierungsregeln (2) und bietet AutomationML Standardbibliotheken (3). Deshalb ist ein CAEX Objekt nicht immer AutomationML-konform, weil es ggf. die zusätzlichen Regeln nicht einhält.

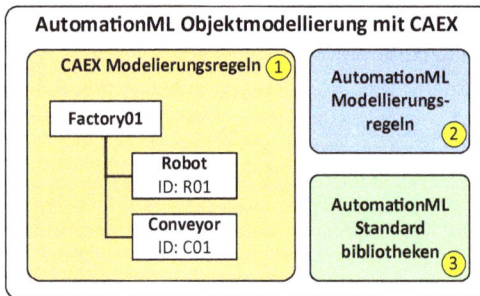

Abb. 3-4: Beziehung zwischen AutomationML and CAEX

3.4.2 Allgemeine AutomationML Modellierungsregeln

Die wichtigsten AutomationML-Modellierungsregeln auf der Grundlage von CAEX 3.0 sind:
- AutomationML schärft die CAEX Modellierungsregeln zur restriktiveren Identifizierung von Objekten (siehe Abschnitt 3.4.4). Die Identifikation von Instanzen (*InternalElements* oder *ExternalInterfaces*) ist im Vergleich zu CAEX restriktiver:

AML Edition 2 empfiehlt die Identifikation mittels GUIDS gemäß RFC4122. Für den Vergleich zweier Identifikatoren ist festgelegt, dass Klammern, geschweifte Klammern, Bindestriche oder Leerzeichen zwar erlaubt, aber irrelevant sind. Die folgenden GUID-Beispiele sind als identisch zu behandeln:

- 48d23207-09e0-4104-82fb-344007d2b7f5
- { 48d23207-09e0-4104-82fb-344007d2b7f5 }

– AutomationML definiert Regeln über erforderliche Versionen der ausgewählten Dateiformate (siehe Abschnitt 3.11.2).

– AutomationML bietet eine Reihe grundlegender AutomationML-Standardbibliotheken (siehe Kapitel 4).

– AutomationML definiert Referenzmechanismen zum Verweis auf externe Dateien (siehe Kapitel 5).

– AutomationML definiert Mechanismen zur Modellierung von Listen, Arrays, mehrsprachigen Attributen und regulären Ausdrücken für die Modellierung von speziellen Aspekten wie Ports, Facetten, Gruppen und externen Dokumenten (siehe Kapitel 6).

– AutomationML definiert ein Containerformat, das die Bündelung mehrerer Dateien in einer einzigen Containerdatei vornimmt.

– AML konforme Instanzen oder System-Unit-Klassen werden als *AML-Objekte* bezeichnet und müssen (im Gegensatz zu CAEX Objekten) direkt oder indirekt mindestens einer AML Standard-Rollenklasse zugewiesen werden und müssen AML-Standardattribute verwenden, wann immer dies möglich ist. Auf diese Weise wird die Semantik der Objekte und Attribute maschinenverständlich modelliert.

– Eine Instanz oder eine System-Unit-Klasse ohne Referenz auf eine AML Standard-Rollenklasse ist dennoch erlaubt und wird als nutzerdefiniertes Objekt außerhalb des AML Standards und nicht als AML-Objekt bezeichnet.

– Wenn Attributeinheiten erforderlich sind, müssen benutzerdefinierte Attribute auf demselben Einheitensystem basieren. AutomationML definiert kein Einheitensystem, es wird jedoch empfohlen, SI-Einheiten gemäß ISO 80000-1 zu verwenden. Für Einheiten in der Informationstechnologie wird die Verwendung von IEC 60027 empfohlen.

3.4.3 Ein Überblick über die CAEX Sprachelemente und ihre Funktionen

In den nachfolgenden Abschnitten werden die Sprachelemente von CAEX im Detail erläutert, anhand von Beispielen verdeutlicht und mit Hilfe des AutomationML Editors praktisch geübt. Dieser Abschnitt gibt einen Eindruck, wie die Sprachelemente zusammenhängen. Die Hierarchien haben Sie ja bereits kennengelernt (siehe Kapitel 2 und Abschnitt 3.3).

Folgende Sprachelemente bilden das Fundament der Objekt-Modellierung mit AutomationML und dienen der Modellierung von Bibliotheken für unterschiedliche Anwendungszwecke:

- ein CAEX *AttributeType* erlaubt die Definition von Attribut-Typen,
- eine CAEX *InterfaceClass* dient der Definition von Schnittstellen-Typen,
- eine CAEX *RoleClass* dient der Definition von Rollen-Typen,
- eine CAEX *SystemUnitClass* dient der Definition komplexer Objektvorlagen,
- ein CAEX *InternalElement* dient der Modellierung von Instanzen.

Übungsaufgabe: Modellieren Sie eine Anlage mit einem Roboter *ABB YuMi* mit einem digitalen Ein- und Ausgang. Gewicht und Preis des Roboters sind bekannt.

Lösungsweg:
- Starten Sie den AML Editor.
- Legen Sie im CAEX Modell je ein Exemplar aller fünf Bibliothekstypen an.
- Fügen Sie der Attributtyp-Bibliothek zwei Attributtypen hinzu: *Gewicht* und *Preis* (1).
- Fügen Sie der Interface-Bibliothek zwei Interfaceklassen hinzu: DI und DO (2)
- Fügen Sie der Rollenklassenbibliothek eine Rolle *Roboter* hinzu (3).
- Erstellen Sie eine SystemUnitClass *ABB Yumi* (4).
- Via Drag & Drop ziehen Sie die Rolle Roboter auf *ABB Yumi*.
- Via Drag & Drop ziehen Sie die Attributtypen *Gewicht* und *Preis* auf *ABB Yumi*.
- Via Drag & Drop ziehen Sie die Schnittstellentypen *DI* und *DO* nacheinander auf *ABB Yumi*.
- Ziehen Sie nun via Drag & Drop die Klasse *ABB Yumi* auf die Instanzhierarchie (5).
- Benennen Sie die Instanz *MyRoboter* (5).
- Das Ergebnis ist Abb. 3-5 dargestellt.

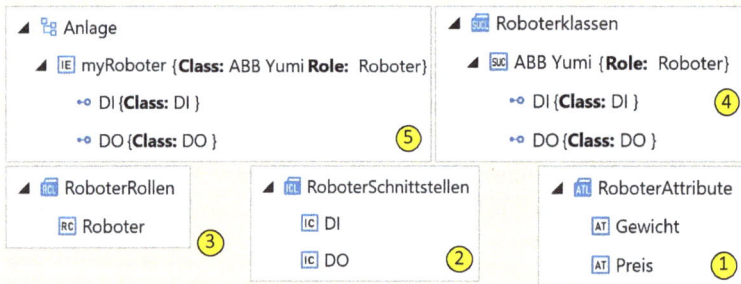

Abb. 3-5: Typisiertes CAEX Modell des Roboters

Abb. 3-6 zeigt das CAEX-Objektmodell mit seinen inneren Zusammenhängen, die im AML Editor nicht explizit sichtbar sind.

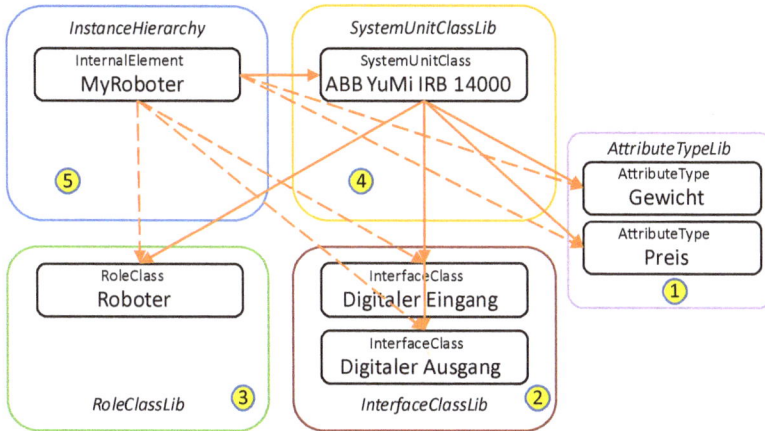

Abb. 3-6: Zusammenhänge im CAEX Beispielmodell des Roboters

3.4.4 Identifizieren von Klassen und Instanzen

In einer heterogenen Tool-Landschaft verwenden verschiedene Engineering-Tools unterschiedliche Konzepte für die Identifizierung von Objekten, z. B. einen eindeutigen Namen, einen eindeutigen Bezeichner oder einen eindeutigen Pfad. Einige Werkzeuge erlauben Änderungen der Identifikatoren über die Lebensdauer, andere nicht. Innerhalb eines Werkzeuges funktioniert diese Identifikation, beim Datenaustausch zwischen Werkzeugen hingegen ist die Eindeutigkeit und Stabilität der Identifikatoren nicht sichergestellt. Es wird ein expliziter Identifizierungsmechanismus benötigt. CAEX neutralisiert diese Vielfalt und definiert ein einheitliches Konzept zur Identifizierung von Objekten.

CAEX-Klassen oder -Typen (*RoleClass*, *InterfaceClass*, *SystemUnitClass* und *AttributeType*), Attribute, Bibliotheken und die CAEX *InstanceHierarchy* werden durch ihren Namen (CAEX Element <Name>) identifiziert. Jeder Name muss über seine Geschwister hinweg eindeutig sein. Dieses Konzept stellt sicher, dass das Referenzieren einer Bibliothek, einer Klasse, eines Typs oder eines Attributs über ihren Pfad ein eindeutiges Ergebnis liefert. Das Referenzieren von Klassen erfolgt über vollständige Pfade unter Verwendung der entsprechenden Pfadseparatoren. Der Aufbau von Pfaden wird in Abschnitt 3.10 erläutert.

Alle CAEX-Instanzen (*InternalElement* und *ExternalInterface*) werden durch ihren CAEX-Tag <*ID*> identifiziert. Einmal erstellt, darf sich der Identifikator desselben *InternalElements* oder *ExternalInterface* während der Lebensdauer des entsprechenden Objekts nicht mehr ändern. Um dies zu erreichen, fordert der AutomationML Standard, dass der Bezeichner eine UUID, insbesondere die GUID verwenden muss. Klammern, Bindestriche oder Leerzeichen sind erlaubt, werden aber ignoriert.

3.4.5 Wie man ein technisches System objektorientiert analysiert, versteht und mit CAEX abbildet

Mit CAEX modellieren bedeutet, die Welt aus der Brille der Objektorientierung zu betrachten. Objekte sind die Dinge, die uns umgeben. Dazu muss die Aufgabenstellung objektorientiert verstanden und analysiert werden. Die Analyse selbst erfolgt unabhängig von AutomationML und kann beispielsweise mit UML notiert werden.

> **i** **Merke:** Die objektorientierte Analyse ist eine Methode, die reale Welt aus der Brille der Objektorientierung zu analysieren. Sie unterstützt das Erlernen von AutomationML und das Erstellen von AutomationML Domänenmodellen. Im industriellen Datenaustausch mit AutomationML ist eine objektorientierte Analyse aber meist nicht mehr notwendig, weil AutomationML vorhandene Objektmodelle verwendet.

Typische Schritte einer objektorientierten Analyse zeigt Tab. 3-1. Die Ergebnisse der Analyse werden anschließend mit CAEX Sprachelementen modelliert.

Tab. 3-1: Objektorientierte Analyse als Vorbereitung für die CAEX-Modellierung

Objektorientierte Analyse	Beispiele	CAEX Sprachelemente
Identifiziere die Akteure in dem zu betrachtenden System	konkrete "Dinge" wie Roboter_1, Förderband_A und Motor_1,	CAEX <InternalElement>
Identifiziere die abstrakte Funktion/Rolle der Akteure	Gerät, Roboter, SPS, Produkt, Förderband, Tank, Ventil, Tank	CAEX <RoleClass>
Identifiziere der Eigenschaften der Akteure	Länge, Preis, Farbe, Gewicht, Bestellnummer	CAEX <Attribute> CAEX <AttributeType>
Identifiziere Schnittstellen der Akteure	Stutzen, USB Typ A weiblich, digitaler Ausgang	CAEX <InterfaceClass> CAEX <ExternalInterface>
Identifiziere die Anforderungen an die Akteure	Max Load: 100kg Min level: 2mm	CAEX <RoleRequirements>
Identifiziere Klassen, Eigenschaften und Schnittstellen der Akteure	RobotType ColourType USB Type A Type	CAEX <SystemUnitClass> CAEX <AttributeType> CAEX <InterfaceClass>

Nach der Analyse folgt der zweite Schritt: Die Modellierung der Objektwelten mit AutomationML, siehe Tab. 3-2. Dazu werden zuerst erforderliche Klassen in Bibliotheken modelliert oder verfügbare Bibliotheken wiederverwendet. Anschließend wird, aufbauend auf den Klassen, die konkrete Objektwelt modelliert.

Tab. 3-2: Objektorientierte CAEX Modellierung

Objektorientierte Analyse	Beispiele	CAEX Elemente
Erstelle konkrete Bibliotheken und Klassenhierarchien	MyAttributeTypeLib ABBProductCatalogue ControlFunctionRoleLib ElectricalInterfacesLib	CAEX \<AttributeTypeLib> CAEX \<SystemUnitClassLib> CAEX \<RoleClassLib> CAEX \<InterfaceClassLib>
Modelliere das Projekt: eine konkrete Instanzhierarchie	MyCarFactory	CAEX \<InstanceHierarchy>

Übungsbeispiel: Analysieren Sie eine kleine Familie mit Vater Thomas, Mutter Elisabeth und Kind Ronny in einem Klassenmodell. Erstellen Sie mit dem AutomationML Editor ein einfaches AutomationML Modell für diese Klassen und die konkrete Familie.

Lösungsweg für eine einfache objektorientierte Analyse:
– Analysieren Sie schrittweise die Akteure, siehe Abb. 3-7.
– Identifizierte Klassen sind „Vater", „Mutter", und „Kind" und „Familie" (1).
– Abstrahieren Sie die gemeinsamen Eigenschaften in einer Klasse „Mensch" (1).
– Modellieren Sie diese Klassen in einer AML Klassenbibliothek (2).
– Ergänzen Sie die Eigenschaften der Akteure „Name", „Alter" und „Geschlecht" (1) und (2).
– Identifizierte Familienmitglieder sind „Thomas", „Elisabeth" und „Ronny".
– Modellieren Sie die Familie in einer AML Instanzhierarchie (3).
– Abb. 3-7 zeigt das Ergebnis der objektorientierten Analyse sowie das AML Modell.

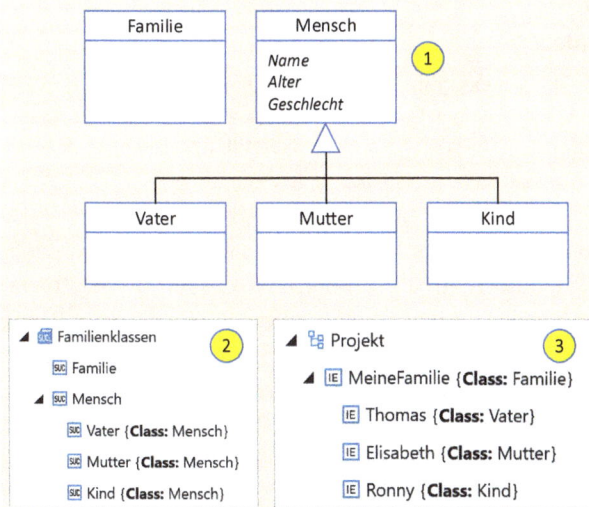

Abb. 3-7: Objektmodell der kleinen Familie, UML (1), die CAEX Klassenbibliothek (2) und die Instanzhierarchie mit der konkreten Familie (3)

3.5 CAEX Attribute

3.5.1 Einführung

Attribute bilden Eigenschaften von Objekten oder Klassen ab und werden auch als Merkmal oder Property bezeichnet. Sie bestimmen die Eigenschaften von Objekten oder Klassen näher und sind konkreten Objekten oder Klassen zugewiesen. Beispiele für Attribute sind Länge, Gewicht, Bestellnummer oder die Koordinaten eines Punktes im Raum. Attribute und Attributtypen lassen sich mit dem AML Editor leicht modellieren, Abb. 3-8 zeigt ein Beispiel.

Attributtypen sind ausmodellierte Vorlagen für Attribute, können instanziiert werden und somit Objektinstanzen oder Klassen hinzugefügt werden.

Attributinstanzen werden nach dem Instanziieren neu benannt: Durch Referenz zum Typ bleibt ihre Bedeutung trotzdem erhalten.

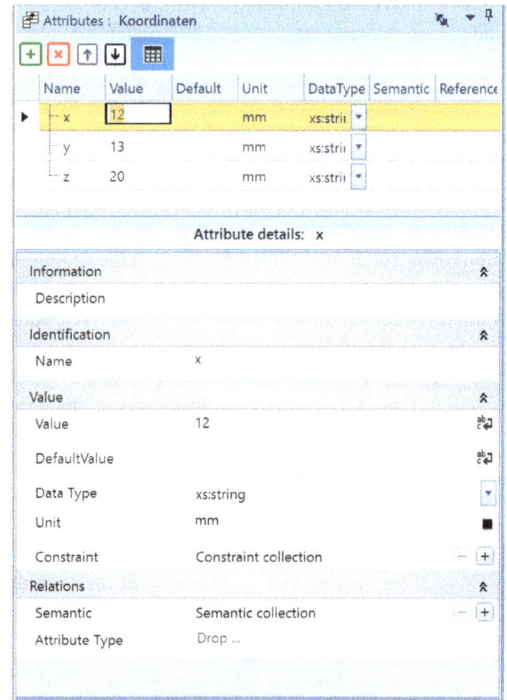

Abb. 3-8: Das Eigenschaftsfenster für Attribute im AutomationML Editor, hier am Beispiel eines Attributes Koordinaten mit drei Subattributen x, y, z

Attributtyp-Bibliotheken sind ein mächtiges Werkzeug, um semantisch wohldefinierte Wörterbücher für z.B. benutzerdefinierte, unternehmensspezifische, regionalspezifische, länderspezifische oder normative internationale Standards in Bezug auf die Attributsemantik zu modellieren. Weil mit den Sprachmitteln von CAEX jederzeit neue Attributtypen definiert werden können, lassen sich damit aktuelle, aber auch zukünftige Attributstandards abbilden. Dies ist die Grundlage für die Speicherung vereinbarter Attributsemantiken und ermöglicht die Unabhängigkeit von Sprach- und Namenskonventionen.

3.5.2 Überblick über die Architektur eines Attributtyps

Das CAEX Schema definiert den Aufbau eines Attributtyps mit folgenden Elementen (siehe Abb. 3-9). Tab. 3-3 fasst die Anwendung dieser Elemente zusammen.

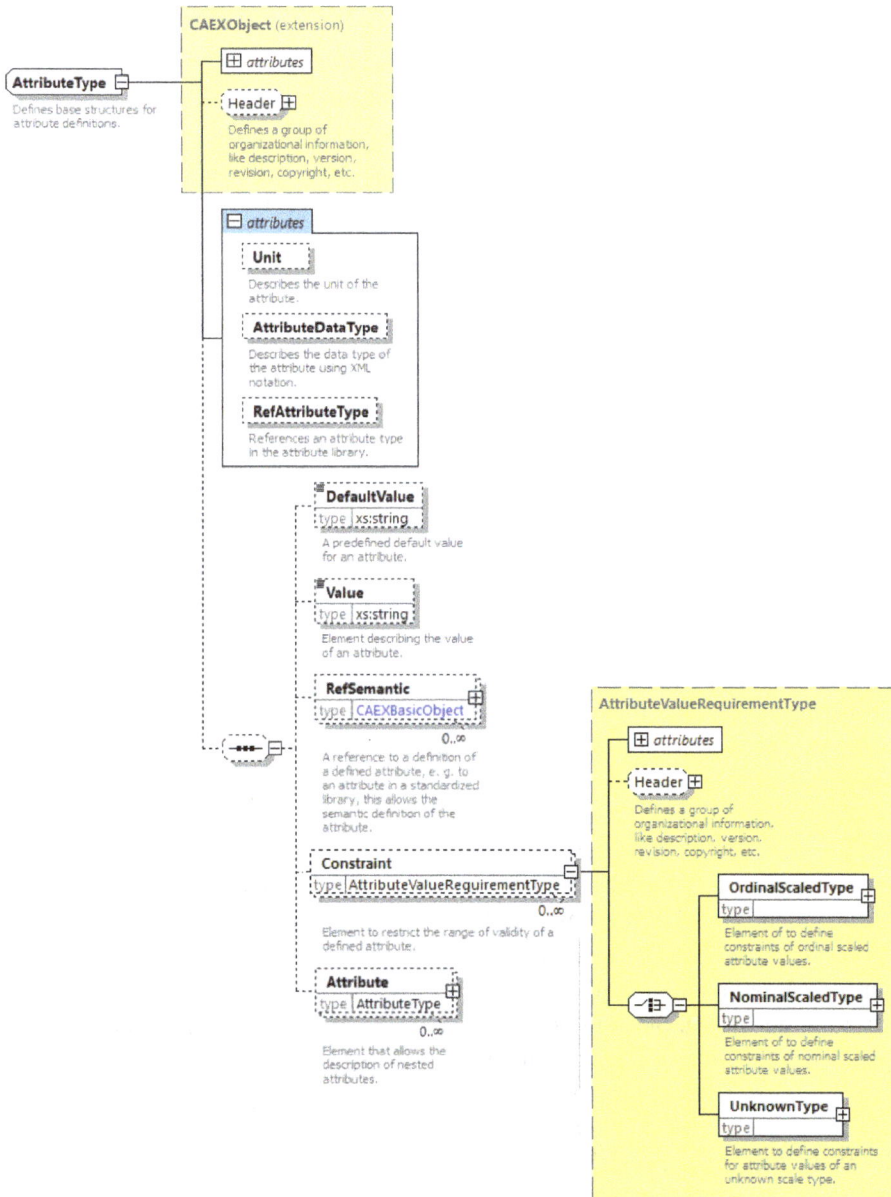

Abb. 3-9: CAEX Bauplan eines Attribut-Typs

Tab. 3-3: Elemente des CAEX Attribut-Typen

Element	Beschreibung	Beispiel
Name	Name des Attributes	Gewicht
Unit	Einheit des Attributes	kg
AttributeDataType	Datentyp des Attributes nach XML-Notation	xs:string, xs:int
RefAttributeType	Pfad (Referenz) zu einem Eltern-Attributtyp	SomeStandardlib/Weight
DefaultValue	Vordefinierter Standardwert eines Attributes	40
Value	Wert des Attributes	50
RefSemantic	Erlaubt die semantische Definition eines Attributes, gespeichert als Referenz auf die Semantik	IRDI:0112/2///61360_4# AAH011
Constraint	Schränkt den Wertebereich oder die Grenzwerte eines Attributs ein	Max: 500 Min: 5
Attribute	Element zur Definition geschachtelter Attribute, auf diese Weise können Attribute selbst Attribute enthalten und komplexe Attributstrukturen bilden	Ein Attribut Gewicht könnte als Kind eine Liste von Messwerten aufnehmen, um eine Historie abzubilden

3.5.3 Praxisbeispiel

In den nachfolgenden Abschnitten werden Sie schrittweise eine kleine Attributtyp-Bibliothek mit einer Anzahl typischer Attributtypen für industrielle Zwecke modellieren. Abb. 3-10 zeigt das angestrebte Ergebnis.

Solche Attribute-Bibliotheken haben einen großen Nutzen für den elektronischen Datenaustausch. Dazu müssen sie dokumentiert, veröffentlicht und vereinbart werden. Sie ermöglichen die automatische Interpretation und Weiterverarbeitung der Daten. Sie sind bei Bedarf später leicht erweiterbar, um sie an neue Anforderungen anzupassen. Zudem können Instanzen solcher Attributtypen mit einem eigenen Namen versehen werden, um beispielsweise die Begriffe eines lokalen Werksstandard zu verwenden.

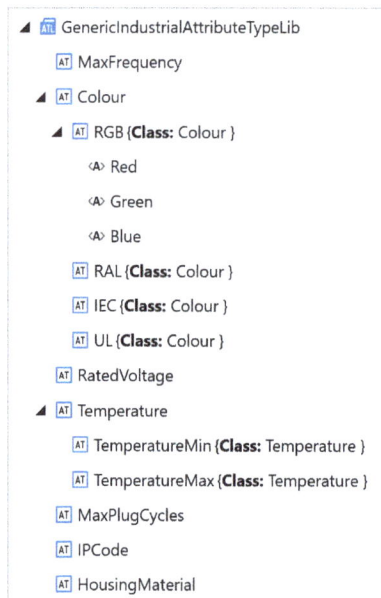

Abb. 3-10: Beispiel-Attributebibliothek

3.5.4 Schritt 1: Modellieren eines einfachen Attributtypen

Übungsaufgabe: Erzeugen Sie im ersten Schritt eine Attribut-Bibliothek *GenericIndustrialAttributeTypeLib* mit einem Attributtyp *Level*.

Lösungsweg:
– Starten Sie den AutomationML Editor und fügen Sie eine neue AttributeType-Bibliothek hinzu.
– Benennen Sie sie *GenericIndustrialAttributeTypeLib*.
– Fügen Sie einen Attributtyp *Level* hinzu.
– Abb. 3-11 zeigt das Ergebnis.

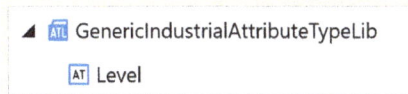

▲ ⏹ GenericIndustrialAttributeTypeLib

⏹ Level

Abb. 3-11: Eine leere Attributtyp-Bibliothek

3.5.5 Schritt 2: Basis-Eigenschaften eines Attributtypen

Die Minimaldefinition eines Attributs enthält nur seinen Namen. In den meisten Fällen sind jedoch weitere Eigenschaften von Interesse, die jedoch optional sind.
– **Wert:** Dieses Element modelliert den Wert des Attributs, zum Beispiel „8.5". Die Dezimaltrennzeichen sind entsprechend der AttributeDataType-Definition zu wählen, z. B. „xs:float" erfordert ein „." als Dezimaltrennzeichen.
– **Einheit:** Dieses Element definiert die Einheit des Attributs, z. B. „m".
– **AttributeDataType:** Hier wird der Datentyp des Attributs definiert. Wenn dieses optionale Attribut nicht definiert ist, wird als Datentyp „xs:string" angenommen, wobei „xs" für den XML-Namensraum steht, z. B. „http://www.w3.org/2001/XMLSchema". Wenn das Attribut definiert ist, verwendet der Wert die Standard-XML-Datentypen, z. B. „xs:boolean", „xs:integer", „xs:float" usw. Eine Übersicht über XML-Datentypen findet sich in [XML DT@] und [W3C20@]. Die Werte eines Attributs müssen den XML-Regeln entsprechen, zum Beispiel erwartet „xs:boolean" die Werte „true" oder „false", während „TRUE" oder „FALSE" nicht konform sind.
– **DefaultValue:** Dieses Element ermöglicht die Definition des Standardwertes des Attributs. Er kann durch die Wertedefinition überschrieben werden.

Übungsaufgabe zur Modellierung von Attributen: Erzeugen Sie einen Attributtyp *Länge* mit folgenden Eigenschaften:
- Beschreibung: „Länge eines Tisches"
- Name: Länge
- Wert: 10,1
- Einheit: m
- Datentyp: float
- DefaultValue: 10

Lösungsweg:
- Erzeugen Sie ein neues leeres Attribut.
- Selektieren Sie das Attribut im AutomationML Editor und öffnen Sie das Eigenschaftsfenster für Attribute.
- Tragen Sie die Werte wie in Abb. 3-12 gezeigt ein.

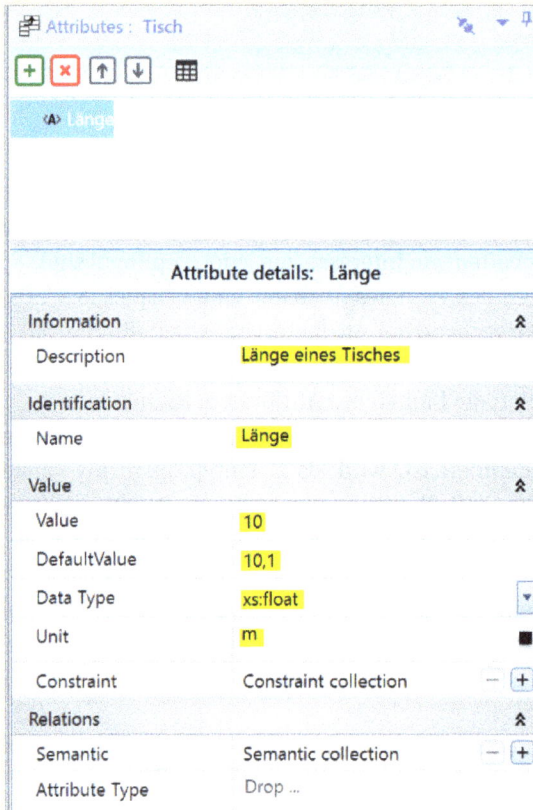

Abb. 3-12: Modellieren von Basis-Eigenschaften eines Attributes

3.5.6 Schritt 2: Erweiterte Eigenschaften eines Attributtypen

Neben den Basis-Eigenschaften eines Attributes definiert CAEX eine Reihe erweiterter Eigenschaften, um Attribute näher zu beschreiben.

- **RefSemantic:** ermöglicht die Definition einer semantischen Referenz, dies wird in Abschnitt 3.5.7 näher erläutert.
- **Constraints:** ermöglichen die Definition von Beschränkungen, mehr dazu in Abschnitt 3.5.8.
- **RefAttributeType:** speichert einen Referenzpfad zu einem Attributtyp, der in einer *AttributeTypeLib* definiert ist. Wenn der referenzierte Attributtyp auf einem XML-Datentyp basiert, muss das CAEX-Attribut *AttributeDataType* diesen Basistyp des referenzierten Attributs angeben. Basiert der referenzierte Attributtyp nicht auf einem XML-Standard-Basistyp, kann das Feld *AttributeDataType* leer bleiben oder nicht vorhanden sein. Dies wird in Abschnitt 3.5.9 erläutert.
- **Attribute:** ermöglicht die Definition von Kind-Attributen, die wiederum Kindattribute enthalten können usw. Mehr dazu in Abschnitt 3.5.10.

3.5.7 Schritt 3: RefSemantic – Modellieren der Semantik eines Attributes

Die automatische Verarbeitung von elektronischen Strukturmodellen wie CAEX erfordert Wissen über die Bedeutung von Attributen. Entweder ist die Bedeutung bereits bekannt, im Voraus vereinbart, oder sie muss explizit modelliert werden. CAEX unterstützt semantische Referenzen, denn jedes Attribut hat ein Element *RefSemantic*, das semantische Verweise auf ein normatives oder informelles Wörterbuch enthalten kann, z.B. SI-Einheiten, IEC 61987-1, eine Website, usw. Die Syntax dieser Verknüpfung ist nicht Teil des CAEX-Standards, sondern muss vom Eigentümer der semantischen Bibliothek bereitgestellt bzw. sichergestellt werden.

Übungsbeispiel: Erzeugen Sie ein neuen Attributtyp *IPCode* und ergänzen Sie für diesen Attributtyp eine semantische Referenz mit dem Pfad „IRDI:0112/2///61360_4#AAH011".

Lösungsweg:
– Erzeugen Sie in Ihrer Attributtyp-Bibliothek ein neues Attribut *IPCode*
– Selektieren Sie im AutomationML Editor Ihren selbstdefinierten Attributtyp *IPCode* und öffnen Sie das Eigenschaftsfenster, so dass die Attributdetails ersichtlich sind.
– Im Feld *Semantic* klicken Sie auf das + Zeichen.
– Ergänzen Sie im erscheinenden Feld [0] die Referenz „IRDI:0112/2///61360_4#AAH011".
– Abb. 3-13 zeigt das Eigenschaftsfenster mit der semantischen Referenz.

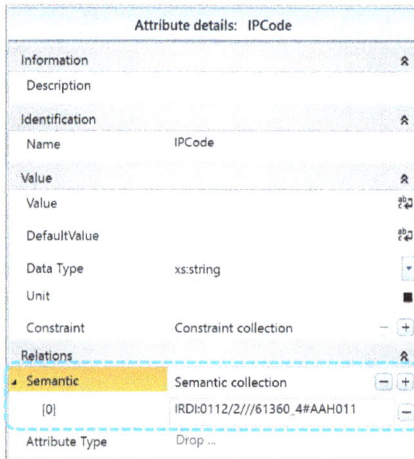

Abb. 3-13: Modellieren von semantischen Referenzen mit dem AutomationML Editor

3.5.8 Schritt 4: Modellieren von Constraints

Attribute sind oft an Bedingungen geknüpft. Beispiele: Ein Füllstand soll innerhalb eines Maximal- und Minimalwerts liegen, oder eine Farbe darf nur diskrete Werte wie blau oder gelb annehmen. Dies wird durch Attribute-Constraints ermöglicht. CAEX-Attribute unterstützen dabei drei Einschränkungsarten: *OrdinalScaledType*, *NominalScaledType* und *UnknowType*.

– *OrdinalScaledType* ermöglicht die Definition des gewünschten Wertes *reqValue*, des Maximalwertes *maxValue* und des Mindestwertes *minValue*.
– *NominalScaledType* ermöglicht die Definition eines diskreten Wertebereichs. Beispielsweise könnte der zulässige Wertebereich eines Attributs „Farbe" den Wertebereich „blau", „grün" und „gelb" haben.
– *UnknownType* ermöglicht die Definition einer beliebigen Einschränkung; die Syntax ist nicht definiert.

Übungsbeispiel 1 zu Constraints:

– Fügen Sie Ihrem Attribut „Level" eine Beschränkung hinzu: Der Maximalfüllstand sei 12m, der Minimalfüllstand 10cm und der Normalfüllstand 5m.

Lösungsweg:

– Selektieren Sie das bereits modellierte Attribut *Level* und öffnen Sie das Eigenschaftsfenster.
– Drücken Sie im Feld *Constraint* auf das + Zeichen und wählen Sie *OrdinalScaledType*.
– Geben Sie dem *Constraint* einen beliebigen Namen und tragen Sie die Werte nach Abb. 3-14 ein.

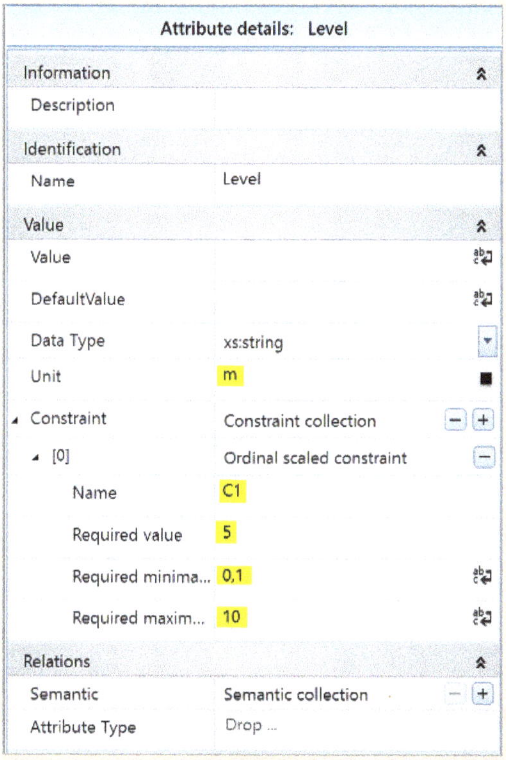

Attribute details: Level	
Information	☆
Description	
Identification	☆
Name	Level
Value	☆
Value	
DefaultValue	
Data Type	xs:string
Unit	m
⬦ Constraint	Constraint collection ⊖ ⊕
⬦ [0]	Ordinal scaled constraint ⊖
Name	C1
Required value	5
Required minima...	0,1
Required maxim...	10
Relations	☆
Semantic	Semantic collection ⊖ ⊕
Attribute Type	Drop ...

Abb. 3-14: Modellieren von Constraints mit dem AutomationML Editor: OrdinalScaledType

> **Übungsbeispiel 2 zu Constraints:**
> – Fügen Sie einem Attribut „Colour" eine Beschränkung hinzu, nachdem das Attribut nur die Werte *blue*, *yellow* und *red* annehmen darf.
>
> **Lösungsweg:**
> – Erzeugen Sie einen neuen Attributtyp „Colour".
> – Selektieren Sie das Attribut und öffnen Sie das Eigenschaftsfenster.
> – Drücken Sie im Feld *Constraint* auf das + Zeichen und wählen Sie *NominalScaledType*.
> – Geben Sie dem *Constraint* einen beliebigen Namen und tragen Sie die Werte aus Abb. 3-15 ein.

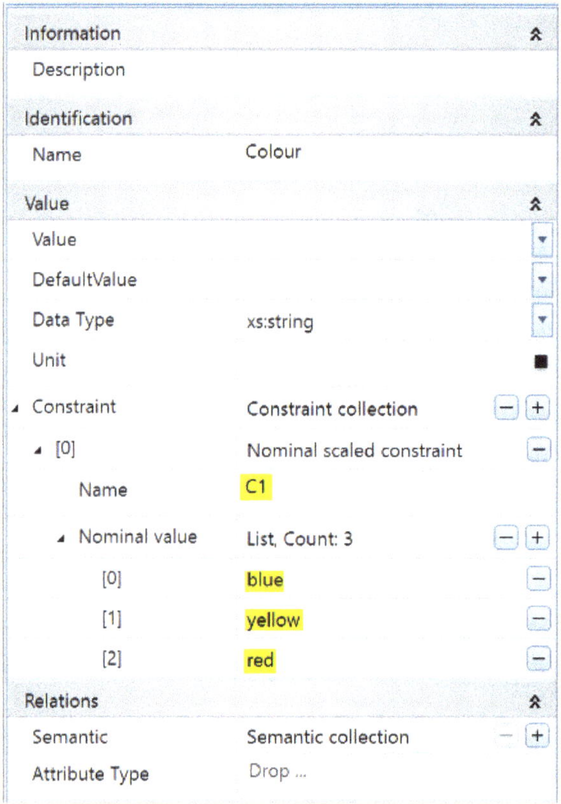

Information		⊼
Description		
Identification		⊼
Name	Colour	
Value		⊼
Value		▼
DefaultValue		▼
Data Type	xs:string	▼
Unit		■
⊿ Constraint	Constraint collection	⊖ ⊕
⊿ [0]	Nominal scaled constraint	⊖
Name	C1	
⊿ Nominal value	List, Count: 3	⊖ ⊕
[0]	blue	⊖
[1]	yellow	⊖
[2]	red	⊖
Relations		⊼
Semantic	Semantic collection	⊖ ⊕
Attribute Type	Drop ...	

Abb. 3-15: Modellieren von Constraints mit dem AutomationML Editor: NominalScaledType

3.5.9 Schritt 5: Modellieren von Vererbungsbeziehungen

Vererbung zwischen Attributtypen ermöglicht das Modellieren von Attributen auf Basis bereits verfügbarer Datenstrukturen eines Elternattributes. Auf diese Weise erbt das Kindattribut alle Eigenschaften der Eltern, einschließlich der Semantik. Auf diese Weise bleiben Kindattribute semantisch interpretierbar. Um einen Attributtyp abzuleiten, modellieren Sie einfach einen neuen Attributtyp an einer beliebigen Position in der Bibliothek. Die hierarchische Position ist unrelevant. Die Ableitung wird mit Hilfe des CAEX-Tags *<RefAttributeType>* modelliert, dessen Wert den Pfad zur Elternklasse darstellt. Die neue Klasse erbt alle Eigenschaften des übergeordneten Attributtyps, die nicht erneut modelliert werden, um Redundanz zu vermeiden. Der neue Typ kann erweitert oder überschrieben werden.

Übungsaufgabe: Modellieren Sie ein Attribut *Colour* und leiten Sie davon ein Attribut *RBG* ab, das die Farbe in ihre Anteile *Red*, *Green* und *Blue* strukturiert.

Lösungsweg:
– Erzeugen Sie unterhalb des Attributtyps *Colour* einen weiteren Attributtyp *RGB*.
– Via Drag&Drop ziehen Sie *Colour* auf *RGB*. Wählen Sie im erscheinenden Dialog den Punkt *Assign Reference*. Dadurch wird vom AutomationML Editor im CAEX Tag <RefAttributeType> der Pfad zum Elterntyp eingetragen und so die Vererbungsbeziehung modelliert.
– Das Ergebnis ist in Abb. 3-16 dargestellt.

Abb. 3-16: Modellierung von Vererbung mit dem AutomationML Editor

3.5.10 Schritt 6: Vater-Kind-Beziehungen zwischen Attributtypen

Vater-Kind-Beziehungen zwischen Attributtypen wie in Abb. 3-17 dargestellt dienen allein der Organisation der Typen in benutzerdefinierten Bibliotheksstrukturen/Hierarchien. Die Hierarchien haben ansonsten keine weitere Bedeutung. Sub-Attribute stehen in keinem Zusammenhang zu ihren hierarchischen Eltern: Sollte Vererbung gewünscht sein, muss dies explizit modelliert werden.

Abb. 3-17: Hierarchische Vater-Kind-Beziehungen zwischen Attributtypen

3.5.11 Schritt 7: Modellieren komplexer Attributstrukturen

In vielen Fällen benötigen Attribute eine innere hierarchische Struktur, die man durch verschachtelte Attribute modelliert. Ein Beispiel ist ein geometrischer Punkt, der die Modellierung der x-, y- und z-Position erfordert. Verwechseln Sie nicht hierarchisch untergeordnete Kind-Attribut*typen* und Sub-Attribut(-instanzen). Verschachtelte Attribute sind Bestandteil des Strukturmodells des Attributtyps. Hierarchisch untergeordnete Attributtypen sind hingegen nicht Teil des überordneten Attributs, sondern eigenständige Attributtypen.

Übungsaufgabe: Erstellen komplexer Attribute mit dem AML Editor

Aufgabe: Erstellen Sie drei Attributtypen *Laenge*, *Breite* und *Fläche*. Instanziieren Sie die *Fläche* und *Breite* als Sub-Attribute der *Fläche*.

Lösungsweg: siehe Abb. 3-18
– Modellieren Sie zunächst die drei AttributeTypes *Laenge*, *Breite* und *Fläche* (1).
– Via Drag&Drop, ziehen Sie die Laenge und die Breite nacheinander auf die Fläche.
– Wählen Sie im erscheinenden Dialog jeweils den Menüpunkt „Add instance" (2).
– Die Instanzen können Sie beliebig umbenennen
– (3) zeigt das Ergebnis.

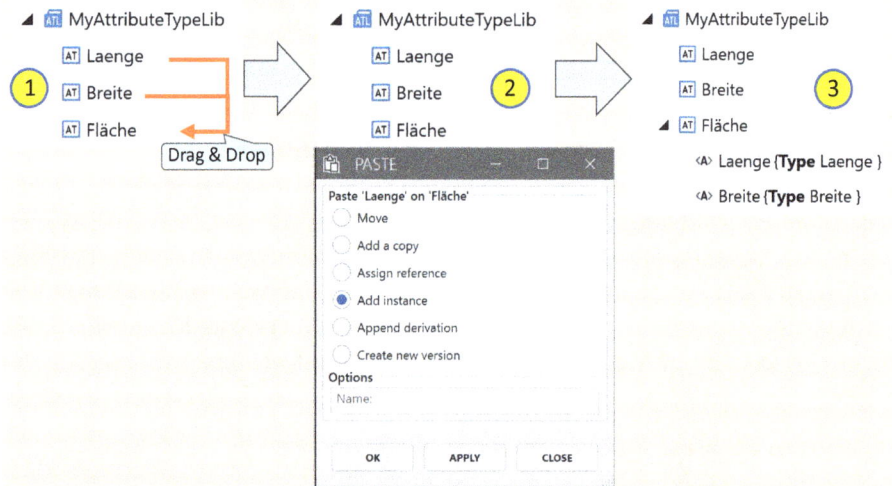

Abb. 3-18: Instanziieren von Attributtypen mit dem AutomationML Editor

---

Übungsaufgabe: Modellieren Sie für das Attribut *RGB* die Farbanteile *Red*, *Green* und *Blue*.

Lösungsweg:
– Selektieren Sie das Attribut „RGB".
– Öffnen Sie das Eigenschaftsfenster und wählen Sie dort den + Button.
– Alternativ können Sie mit dem Kontext-Menü Add/Attribute auswählen.
– Benennen Sie das erzeugte Kindattribut Red.
– Wiederholen Sie dies mit Green und Blue.
– Das Ergebnis ist in Abb. 3-19 dargestellt.

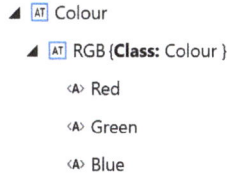

◢ AT Colour

   ◢ AT RGB {**Class:** Colour }

      ‹A› Red

      ‹A› Green

      ‹A› Blue

Abb. 3-19: Modellierung von Attributen mit Unterattributen (Verschachtelung)

3.5.12 Modellieren von Attributtyp-Bibliotheken

Mit den beschriebenen Sprachelementen lässt sich die Bibliothek aus 3.5.3 einfach modellieren.

Übungsaufgabe: Ergänzen Sie die Bibliothek gemäß Abb. 3-20.

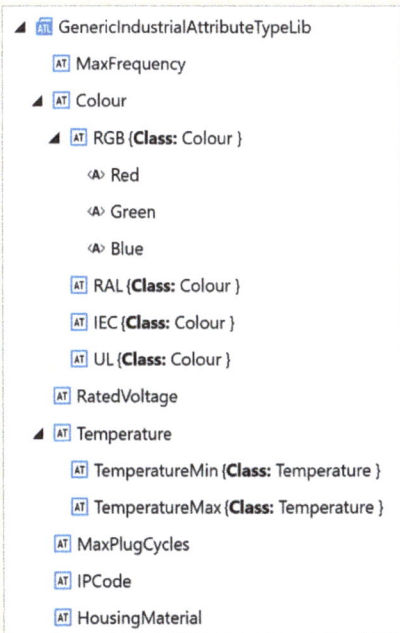

◢ ATL GenericIndustrialAttributeTypeLib

   AT MaxFrequency

  ◢ AT Colour

    ◢ AT RGB {**Class:** Colour }

      ‹A› Red

      ‹A› Green

      ‹A› Blue

    AT RAL {**Class:** Colour }

    AT IEC {**Class:** Colour }

    AT UL {**Class:** Colour }

   AT RatedVoltage

  ◢ AT Temperature

    AT TemperatureMin {**Class:** Temperature }

    AT TemperatureMax {**Class:** Temperature }

   AT MaxPlugCycles

   AT IPCode

   AT HousingMaterial

Abb. 3-20: Beispiel-Attributebibliothek

3.5.13 Eine letzte Übungsaufgabe zu Attributen

Übungsaufgabe:

a) Fügen Sie im AML Editor einer *AttributeTypeLibrary* folgende *AttributeTypes* hinzu:
  – Breite
  – Laenge
  – Hoehe
  – Koordinaten (x, y, z)

b) Passen Sie den Datentyp und Einheit an die Größen an und definieren Sie einen Standardwert.

Lösungsweg:

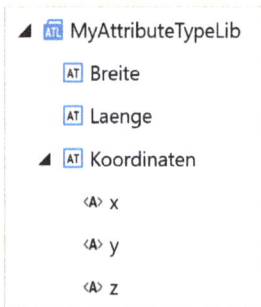

Abb. 3-21: Attributtypbibliothek zur Übung

3.6 CAEX Schnittstellen

3.6.1 Einführung

Fernseher, Computer und alle anderen technische Einrichtungen besitzen Schnittstellen, um darüber mit ihrer Außenwelt zu interagieren. Schnittstellen sind beispielsweise:
- mechanischer Natur wie Gelenke oder Stutzen, oder
- elektrischer Natur wie Spannungsvorsorgungsstecker oder -buchsen,
- physische Signalschnittstellen wie ein digitaler Eingang,
- logische Signale wie ein leittechnisch interpretiertes Software-Füllstandssignal oder
- komplexe Stecker mit mehreren Funktionen wie USB oder Ethernet, oder
- Super-Stecker, die mehrere komplexe Stecker kombinieren.

Abb. 3-22 zeigt eine Auswahl typischer elektrischer Schnittstellen sowie eine Automatisierungskomponente, die mehrere elektrische Schnittstellen besitzt.

Abb. 3-22: Elektrische Schnittstellen und ein Gerät mit mehreren Schnittstellen

Aus Sicht der objektorientierten Modellierung sind Schnittstellen Bestandteile von Klassen oder Objektinstanzen, die über Links miteinander in Beziehung gesetzt werden können. In AutomationML werden sie durch Objekte vom Typ CAEX *ExternalInterface* abgebildet. Schnittstellen können als Klassen in Klassenbibliotheken vormodelliert werden, konkrete Exemplare werden durch Instanzen dieser Klassen abgebildet.

3.6.2 Überblick über die Architektur einer Schnittstellenklasse

Das CAEX Schema definiert den Aufbau einer Schnittstellenklasse sehr mit folgenden Elementen (siehe Abb. 3-23). Ein *InterfaceClassType* ist ein Element der *InterfaceClassLib*. Schnittstellen werden über ihre *ID* identifiziert. Das Referenzieren der Elternklasse erfolgt über den Tag *<RefBaseClassPath>*.

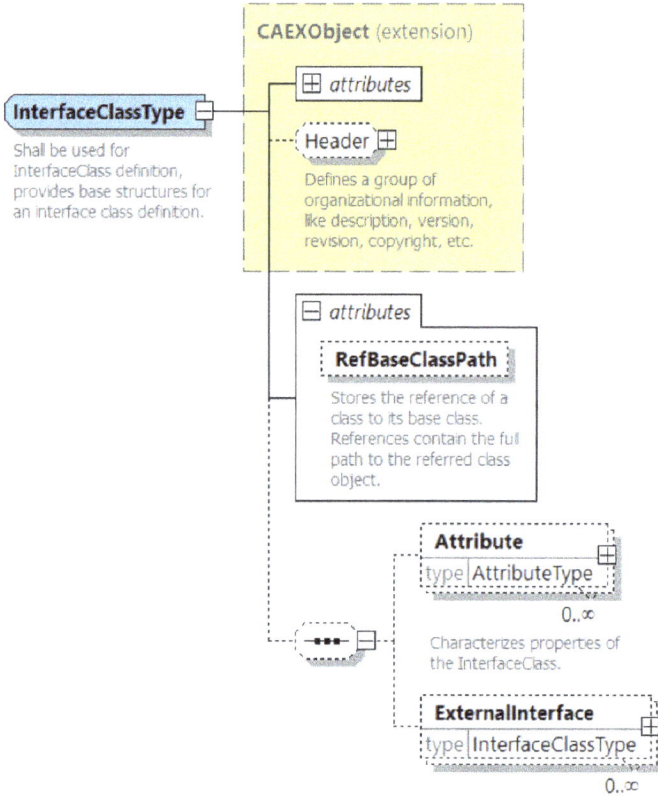

Abb. 3-23: CAEX Bauplan einer Schnittstellenklasse

3.6.3 Praxisbeispiel

Im Folgenden wollen eine Schnittstellenklassenbibliothek mit den Klassen *Nozzle*, *SpecialNozzle*, *DigitalInput* und *DigitalOutput* modellieren. Abb. 3-24 veranschaulicht das gewünschte Ergebnis.

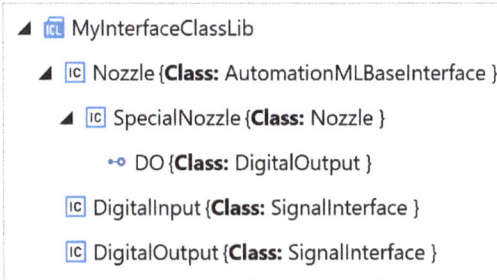

◢ 🅸🅲🅻 MyInterfaceClassLib

  ◢ 🅸🅲 Nozzle {**Class:** AutomationMLBaseInterface }

    ◢ 🅸🅲 SpecialNozzle {**Class:** Nozzle }

      •○ DO {**Class:** DigitalOutput }

    🅸🅲 DigitalInput {**Class:** SignalInterface }

    🅸🅲 DigitalOutput {**Class:** SignalInterface }

Abb. 3-24: Beispiel-Schnittstellenbibliothek

3.6.4 Schritt 1: Modellieren einer einfachen Schnittstellenklasse

Die Modellierung einer Schnittstellenklasse gelingt mit dem AutomationML Editor in wenigen Schritten. Probieren Sie es gleich mal aus.

Übungsbeispiel: Erzeugen Sie eine Schnittstellenklasse *Nozzle*.

Lösungsweg:
- Im ersten Schritt erzeugen Sie eine eigene Schnittstellenbibliothek.
- Erstellen Sie anschließend eine Schnittstellenklasse *Nozzle*.
- Gemäß den Modellierungsregeln für Schnittstellenklassen leiten Sie die *Nozzle* von der Standard-Schnittstellenklasse *AutomationMLBaseInterface* ab.
- Abb. 3-25 zeigt das Ergebnis.

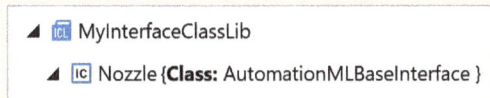

◢ 🅸🅲🅻 MyInterfaceClassLib

  ◢ 🅸🅲 Nozzle {**Class:** AutomationMLBaseInterface }

Abb. 3-25: Schnittstellenklasse *Nozzle*

3.6.5 Schritt 2: Modellieren von Schnittstellenattributen

Das Modellieren von Schnittstellenattributen erfolgt entweder durch Neumodellieren von Attributen direkt an der Schnittstellenklasse oder durch Instanziieren eines vorhandenen Attributtypen.

Übungsbeispiel: Fügen Sie der Klasse *Nozzle* die Attribut *Laenge* und *Breite* hinzu.

Lösungsweg:
- Ziehen Sie die Attributtypen *Laenge* und *Breite* via Drag&Drop auf den *Nozzle* (siehe Abb. 3-26)
- Selektieren Sie die Klasse *Nozzle* und öffnen Sie das Eigenschaftsfenster (siehe Abb. 3-27).
- Hier können Sie die Eigenschaften der Attribute anpassen.

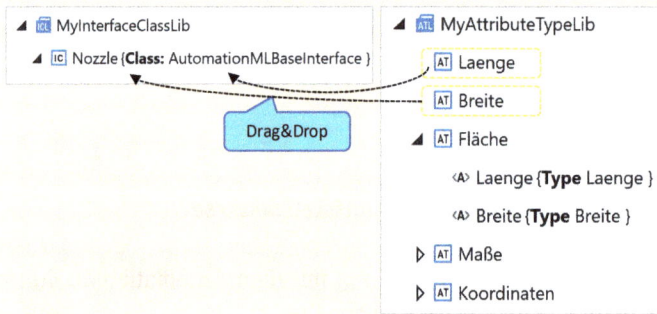

Abb. 3-26: Attribute von Schnittstellenklassen

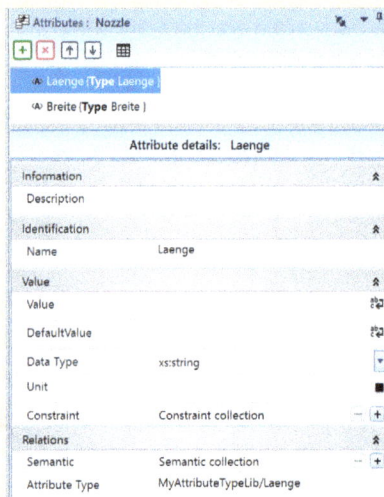

Abb. 3-27: Ändern der Eigenschaften der Schnittstellenattribute

---

3.6.6 Schritt 3: Modellieren von Vererbung

Um eine Schnittstellenklasse abzuleiten, modellieren Sie einfach eine weitere Schnittstellenklasse an einer beliebigen Position in der Schnittstellenklassenbibliothek. Die hierarchische Position hat keine Bedeutung. Die Ableitung wird mit Hilfe des CAEX-Tags <RefBaseClassPath> modelliert, dessen Wert den Pfad zur Elternklasse darstellt. Die neue Klasse erbt alle Eigenschaften der Elternklasse, die jedoch nicht erneut modelliert werden, um Redundanz zu vermeiden. Die neue Klasse kann erweitert werden, und Attribute können überschrieben werden.

Übungsbeispiel: Erzeugen Sie eine Klasse *SpecialNozzle*, die von *Nozzle* abgeleitet ist.

Lösungsweg:
Modellieren Sie mit dem AutomationML Editor zunächst eine Klasse *SpecialNozzle*, beispielsweise unterhalb der Klasse *Nozzle*. Via Drag&Drop, ziehen Sie den Nozzle auf die Klasse *SpecialNozzle*. Im erscheinenden Dialog wählen Sie den Punkt *Assign Reference*. Das Ergebnis zeigt Abb. 3-28. Manuelles Editieren der Referenz gelingt wie in Abb. 3-29 (1) und (2) gezeigt.

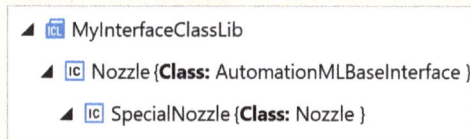

Abb. 3-28: Vererbung zwischen Schnittstellenklassen

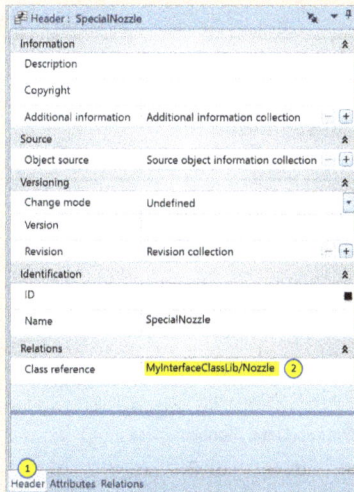

Abb. 3-29: Manuelles Editieren von Vererbungsbeziehungen

3.6.7 Schritt 4: Modellieren von komplexen geschachtelten Schnittstellen

Schnittstellen können wiederum Schnittstellen enthalten. Ein Beispiel ist ein USB-Anschluss, der über interne Pins verfügt. Verwechseln Sie dabei nicht hierarchisch untergeordnete Schnittstellen mit internen Schnittstelleninstanzen. Eine verschachtelte Schnittstelle ist Teil des Klassenmodells und wird beim Instanziieren mitinstanziiert. Hierarchisch untergeordnete Schnittstellenklassen sind hingegen eigenständige Klassen unabhängig von ihrer hierarchisch übergeordneten Klasse.

---

i **Übungsaufgabe:** Fügen Sie dem Klassenmodell der Schnittstellenklasse *SpecialNozzle* ein digitales Ausgangssignal hinzu.

Lösungsweg: siehe Abb. 3-30
– Zuerst modellieren Sie eine Schnittstellenklasse *DigitalOutput* und leiten diese von der Basisklasse *SignalInterface* ab, siehe (1). Die Basisklasse wird in Abschnitt 4.7.10 vorgestellt.
– Anschließend fügen Sie *SpecialNozzle* eine Instanz von *DigitalOutput* hinzu (2).
– Das Ergebnis zeigt Abb. 3-30.

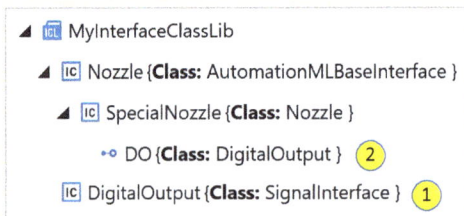

▲ ▥ MyInterfaceClassLib
   ▲ Ⓘ Nozzle {**Class:** AutomationMLBaseInterface }
      ▲ Ⓘ SpecialNozzle {**Class:** Nozzle }
         •○ DO {**Class:** DigitalOutput } ②
      Ⓘ DigitalOutput {**Class:** SignalInterface } ①

Abb. 3-30: Modellieren von komplexen Schnittstellen

3.6.8 Schritt 5: Modellieren einer Schnittstellen-Klassenhierarchie

---

i **Übungsaufgabe:** Vervollständigen Sie das Klassenmodell um eine weitere Klasse *DigitalInput*.

Lösungsweg: Fügen Sie der Bibliothek eine weitere Schnittstelle *DigitalInput* (1) hinzu, siehe Abb. 3-31.

Damit haben Sie die Modellierung der Beispielbibliothek abgeschlossen und die wesentlichen Aspekte einer Schnittstellenmodellierung kennengelernt.

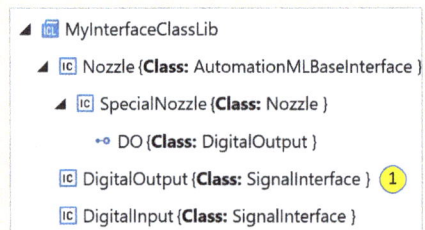

▲ ▥ MyInterfaceClassLib
   ▲ Ⓘ Nozzle {**Class:** AutomationMLBaseInterface }
      ▲ Ⓘ SpecialNozzle {**Class:** Nozzle }
         •○ DO {**Class:** DigitalOutput }
      Ⓘ DigitalOutput {**Class:** SignalInterface } ①
      Ⓘ DigitalInput {**Class:** SignalInterface }

Abb. 3-31: Modellieren einer Schnittstellenbibliothek

3.6.9 Schritt 6: Verbinden von Schnittstellen: die CAEX InternalLinks

Schnittstellen können miteinander verbunden werden. Im AutomationML Editor erfolgt dies dadurch, indem eine Schnittstelle via Drag&Drop auf eine andere Schnittstelle gezogen wird. Im Ergebnis wird ein Link erzeugt und im AML Editor grafisch dargestellt. Erarbeiten Sie dafür die folgenden Übungsaufgaben.

3.6.10 Übungsaufgaben

Aufgabe Teil 1: Modellieren Sie eine einfache Schnittstellenklasse für einen USB-Typ-A-Stecker.

Lösungsweg:
– Modellieren Sie eine neue Interface-Klassen-Bibliothek.
– Erzeugen Sie ein Interface *USB_Type_A,* hier abgeleitet von *AutomationMLBaseInterface.*
– Experimentieren Sie mit allen Facetten der Schnittstellenklasse.

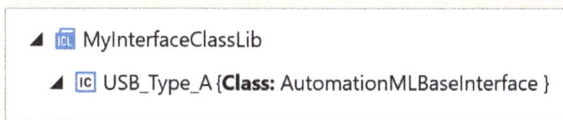

▲ 🟦 MyInterfaceClassLib

    ▲ 🆔 USB_Type_A {**Class:** AutomationMLBaseInterface }

Abb. 3-32: Musterlösung Schnittstellenmodellierung Teil 1

Aufgabe Teil 2: Modellieren Sie die 4 Pins des USB-Typ-A-Steckers nach folgender Spezifikation:

1	VBUS	+5 Volt	Rot
2	D-	Datenleitungen	Weiß
3	D+	Datenleitungen	Grün
4	GND	Masse	Schwarz

Lösungsweg:
– Erzeugen Sie eine neue Schnittstellenklasse *PinType*, abgeleitet von der Basisklasse SignalInterface.
– Fügen Sie ein Attribut *Farbe* hinzu.
– Erzeugen Sie innerhalb der Schnittstellenklasse *USB_Type_A* 4 Instanzen von *PinType*.
– Benennen Sie die Pins gemäß Spezifikation.
– Tragen Sie im Eigenschaftsfenster die passende Farbe für jeden Pin ein.

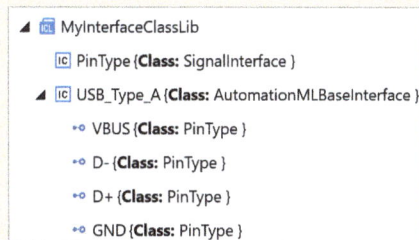

▲ 🟦 MyInterfaceClassLib

    🆔 PinType {**Class:** SignalInterface }

    ▲ 🆔 USB_Type_A {**Class:** AutomationMLBaseInterface }

        •○ VBUS {**Class:** PinType }

        •○ D- {**Class:** PinType }

        •○ D+ {**Class:** PinType }

        •○ GND {**Class:** PinType }

Abb. 3-33: Musterlösung Teil 2

Aufgabe Teil 3: Erstellen Sie auf Basis des *USB_Type_A* zwei Ableitungen für einen weiblichen und einen männlichen Stecker.

Lösungsweg:
– Erzeugen Sie zwei neue Schnittstellenklassen und leiten Sie sie von der Klasse USB_Type_A ab.
– Benennen Sie die Klassen passend.

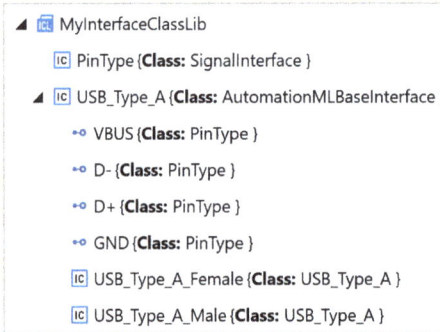

▲ 🔲 MyInterfaceClassLib

   ⓘⒸ PinType {**Class:** SignalInterface }

   ▲ ⓘⒸ USB_Type_A {**Class:** AutomationMLBaseInterface }

      •○ VBUS {**Class:** PinType }

      •○ D- {**Class:** PinType }

      •○ D+ {**Class:** PinType }

      •○ GND {**Class:** PinType }

      ⓘⒸ USB_Type_A_Female {**Class:** USB_Type_A }

      ⓘⒸ USB_Type_A_Male {**Class:** USB_Type_A }

Abb. 3-34: Musterlösung Schnittstellenmodellierung Aufgabe 3

Aufgabe 4: Modellieren Sie in der Instanzhierarchie die Verbindung zwischen einem Drucker und einem PC mit einem USB-Kabel, das an beiden Enden USB-Anschlüsse besitzt.

Lösungsweg: siehe Abb. 3-35
– Erzeugen Sie eine neue Instanzhierarchie, hier namens Büro.
– Erzeugen Sie drei Instanzen vom Typ CAEX *InternalElement* für den *Drucker*, *PC* und ein *Kabel*.
– Instanziieren Sie die geeigneten Schnittstellen unterhalb der Objekte.
– Verbinden Sie die Schnittstellen mit dem AML Editor, indem Sie eine Schnittstelle via Drag&Drop auf die andere ziehen. Dadurch wird ein CAEX *InternalLink* erzeugt und grafisch dargestellt.

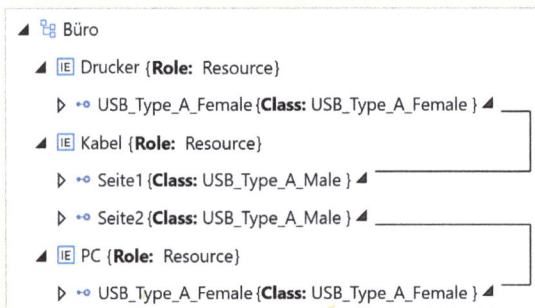

▲ 🔠 Büro

   ▲ ⒾⒺ Drucker {**Role:** Resource}

      ▷ •○ USB_Type_A_Female {**Class:** USB_Type_A_Female } ◀

   ▲ ⒾⒺ Kabel {**Role:** Resource}

      ▷ •○ Seite1 {**Class:** USB_Type_A_Male } ◀

      ▷ •○ Seite2 {**Class:** USB_Type_A_Male } ◀

   ▲ ⒾⒺ PC {**Role:** Resource}

      ▷ •○ USB_Type_A_Female {**Class:** USB_Type_A_Female } ◀

Abb. 3-35: Musterlösung Schnittstellenmodellierung Aufgabe 4

3.6.11 Zusammenfassung der Modellierungsregeln für Schnittstellenklassen

Allgemeine Modellierungsregeln für die Verwendung von Schnittstellenklassen sind:

- Jede Schnittstellenklasse sollte direkt oder indirekt von einer der standardisierten AutomationML-Basis-Schnittstellenklassen abgeleitet sein.
- Schnittstellen geben selbst keine Auskunft über ihre Richtung, so wie ein Stutzen nicht erkennen lässt, ob eine Flüssigkeit hinein oder hinauslaufen kann. Sie sind universell gerichtet. Falls eine Richtungsangabe erforderlich ist, muss diese als separates AML-Attribut der Schnittstelle modelliert werden. Dafür bietet die AutomationML Standardbibliothek den Attributtyp *Direction* an (siehe Abschnitt 4.8).
- Die Hierarchie der Schnittstellenklassen hat keine Bedeutung, kann aber dazu verwendet werden, eine gewünschte Bibliotheksstruktur darzustellen.
- Vererbung wird explizit durch Referenzieren der Elternklasse modelliert.

3.7 CAEX Rollen

3.7.1 Einführung

Das Rollenkonzept von CAEX wurde in Abschnitt 2.3.11 eingeführt, es ist im Sinne der Objektorientierung neu, in der Informatik nicht bekannt, und speziell für ingenieurtechnische Anforderungen konzipiert. Es verfolgt die Idee, die Umgebung und ihre Objekte zu abstrahieren und ohne technische Details modellieren zu können.

Beispiele: Fahren wir auf der Autobahn, sind wir umgeben von Autos. Der Begriff *Auto* ist eine Abstraktion, in Wirklichkeit sind wir umgeben von konkreten Fahrzeugmodellen unterschiedlicher Hersteller. Das Wort *Auto* gibt all diesen konkreten Fahrzeugen eine gemeinsame Bedeutung. Mehr Details sind beim Fahren selten notwendig. Oder gehen wir durch eine Küche: dort finden wir Objekte wie *Kühlschrank*, *Herd* oder *Spülbecken*. Diese abstrakten Informationen sind zur Orientierung völlig ausreichend. Detaillierte Informationen über die technische Ausgestaltung solcher Objekte sind häufig nur für bestimmte Anwendungsfälle nötig: beispielsweise beim Einkauf, bei der Küchenplanung, bei der Inbetriebnahme oder bei Reparaturfällen.

Statt also konkrete Gerätetypen zu verplanen, beginnt das Engineering einer Anlage mit abstrakten Elementen wie *Tank*, *Pumpe*, *Ventil*, *Roboter*, *Förderband* usw. Mit wenigen Rollen können komplexe Produktionssysteme, Küchen oder Firmenorganisationen beschrieben werden, ohne sich auf konkrete technische Ausgestaltungen festlegen zu müssen. Manchmal kann ein Objekt auch mehrere Rollen gleichzeitig spielen: Ein Bürodrucker kann auch Fax, Scanner oder Kopierer sein. Wenn jeder Gerätetyp seine Rolle kennt, erleichtert dies die Planung von Systemen erheblich.

3.7.2 Überblick über die Architektur einer Rollenklasse

Das CAEX Schema definiert den Aufbau einer Rollenklasse mit folgenden Elementen (siehe Abb. 3-36).

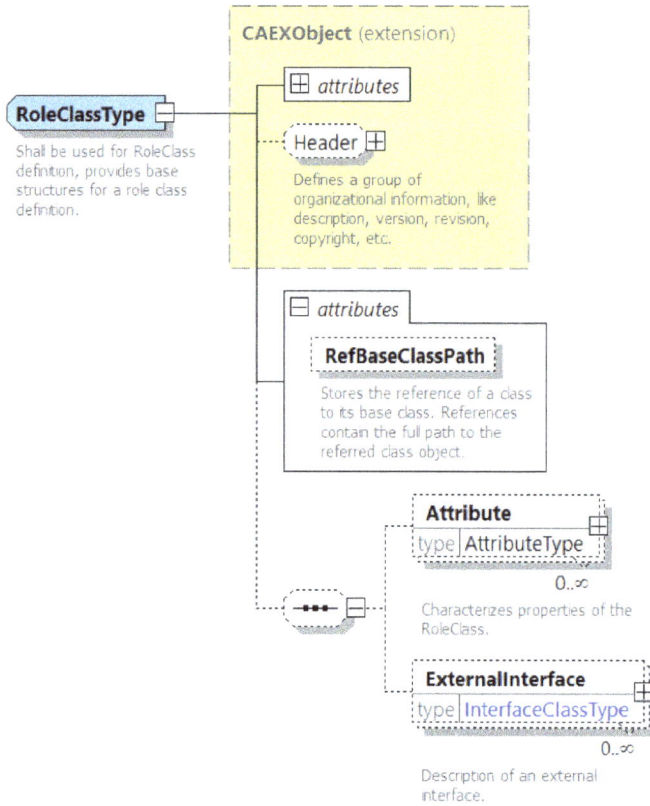

CAEXObject (extension)

⊞ *attributes*

Header ⊞

Defines a group of organizational information, like description, version, revision, copyright, etc.

RoleClassType ⊟

Shall be used for RoleClass definition, provides base structures for a role class definition.

⊟ *attributes*

RefBaseClassPath

Stores the reference of a class to its base class. References contain the full path to the referred class object.

Attribute

type | AttributeType

0..∞

Characterizes properties of the RoleClass.

ExternalInterface

type | InterfaceClassType

0..∞

Description of an external interface.

Abb. 3-36: CAEX Bauplan einer Rollenklasse

3.7.3 Praxisbeispiel

In den folgenden Abschnitten wollen wir eine kleine Rollenklassenbibliothek für die Fertigungstechnik erstellen und uns dabei auf wenige typische Rollen beschränken. Wir benötigen einen *Robot*, ein *Conveyor*, einen *Lasersensor* und einen *Turntable*. Zusätzlich sollen ein paar weitere Ausprägungen ergänzt werden. Abb. 3-37 veranschaulicht das angestrebte Ergebnis.

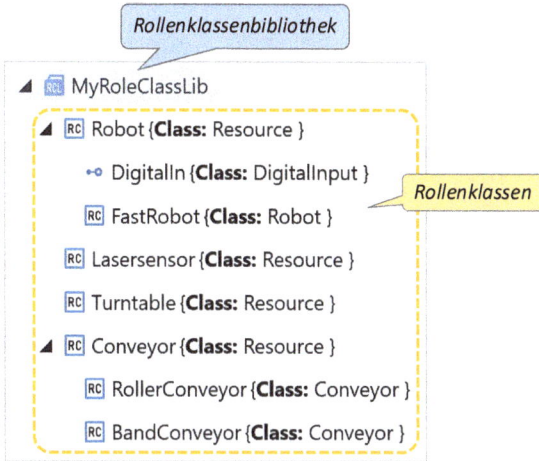

Abb. 3-37: Beispiel-Rollenklassenbibliothek

3.7.4 Schritt 1: Modellieren einer einfachen Rollenklasse

Die Modellierung beginnt mit einer Rollenklassenbibliothek *MyRoleClassLib* und einer Rollenklasse *Robot*. Beide sind durch ihren Namen gekennzeichnet. Gemäß den Modellierungsregeln von AML leiten Sie den Roboter von der vordefinierten AML-Standardrollenklasse *Resource* ab, die in Abschnitt 4.6.4 beschrieben wird.

Übungsaufgabe: Modellieren Sie mit dem AutomationML Editor eine Rollenklasse Robot.

Lösungsweg:
- Erzeugen Sie eine Rollenklassenbibliothek und benennen Sie sie nach Belieben: hier *MyRoleClassLib*.
- Erstellen Sie eine Rollenklasse Robot.
- Gemäß den Modellierungsregeln für Rollen leiten Sie *Robot* von der Standard-Rollenklasse *Resource* ab.
- Abb. 3-38 zeigt das Ergebnis.

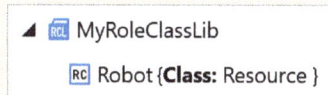

Abb. 3-38: Rollenklasse Robot

3.7.5 Schritt 2: Modellieren von Attributen und Schnittstellen einer Rollenklasse

Abb. 3-39 veranschaulicht die Modellierung von Attributen und Schnittstellen an der Rollenklasse *Robot*. In diesem Beispiel werden drei Attribute und ein digitales Eingangssignal hinzugefügt.

Übungsaufgabe: Modellieren Sie an der Rollenklasse Robot drei Attribut *L*, *W* und *H* sowie ein digitales Eingangssignal *DigitalIn*.

Lösungsweg:
- Erzeugen Sie mit dem AML Editor drei neue Attribute und benennen Sie sie *L*, *W* und *H*.
- Instanziieren Sie die bereits erstellte Schnittstellenklasse *DitalInput* innerhalb der Rollenklasse *Robot* und benennen Sie sie *DigitalIn*.
- Abb. 3-39 zeigt das Ergebnis.

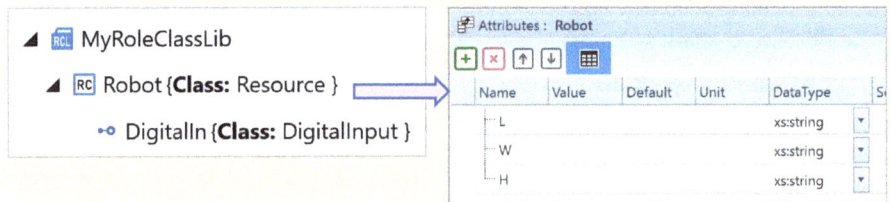

Abb. 3-39: Modellierung von Rollenattributen und Schnittstellen

3.7.6 Schritt 3: Vererbung zwischen Rollenklassen

Die Modellierung von Vererbung unterstützt der AML Editor über zwei Wege:
- Variante 1: Sie modellieren einfach eine neue Rollenklasse an einer beliebigen Stelle in der Bibliothek. Die hierarchische Position hat keine Bedeutung. Anschließend ziehen Sie die Elternklasse via Drag&Drop auf die neue Klasse. Ein Dialog erscheint: Hier wählen Sie den Punkt *Assign Reference*. Dadurch schreibt der AML Editor den Pfad zur Elternklasse in den CAEX-Tag *<RefBaseClassPath>* der Kindklasse, dieser ist im Eigenschaftsdialog im Reiter *Header* ersichtlich.
- Variante 2: Sie ziehen die Elternklasse via Drag&Drop an die gewünschte Position in der Hierarchie. Ein Dialog erscheint und Sie wählen den Punkt *Append Derivation*. Anschließend erzeugt der AML Editor an der gewünschten Position eine neue Klasse und trägt den Pfad zur Elternklasse ein.

Die neue Klasse erbt alle Eigenschaften der Elternklasse: Diese müssen nicht erneut modelliert werden, das vermeidet Redundanz. Die neue Klasse kann erweitert werden und ihre Elemente können überschrieben werden.

Übungsaufgabe: Leiten Sie eine neue Rollenklasse *FastRobot* von der Rollenklasse *Robot* ab und fügen Sie ein neues Attribut *Speed* hinzu.

Lösungsweg:
– Erzeugen Sie an beliebiger Stelle in Ihrer Bibliothek eine Rollenklasse *FastRobot*.
– Mittels Drag&Drop ziehen Sie die Elternklasse *Robot* auf den *FastRobot*. Im erscheinenden Dialog wählen Sie *Assign Reference*.
– Fügen Sie der neuen Roboterklasse *FastRobot* ein neues Attribut *Speed* hinzu, siehe Abb. 3-40.
– Die Vererbungsbeziehung kann im Feld (2) des Reiters *Header* (1) des Eigenschaftsfensters (Abb. 3-41), wie in Abschnitt 2.3.6 erläutert, manuell geändert, korrigiert oder gelöscht werden.

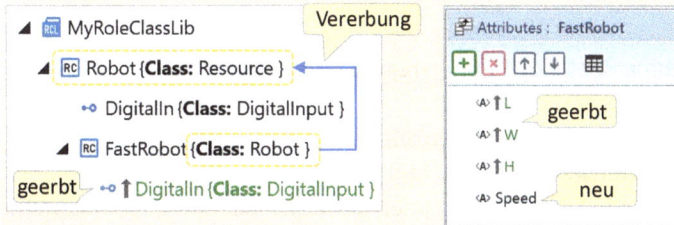

Abb. 3-40: Vererbung zwischen Rollenklassen

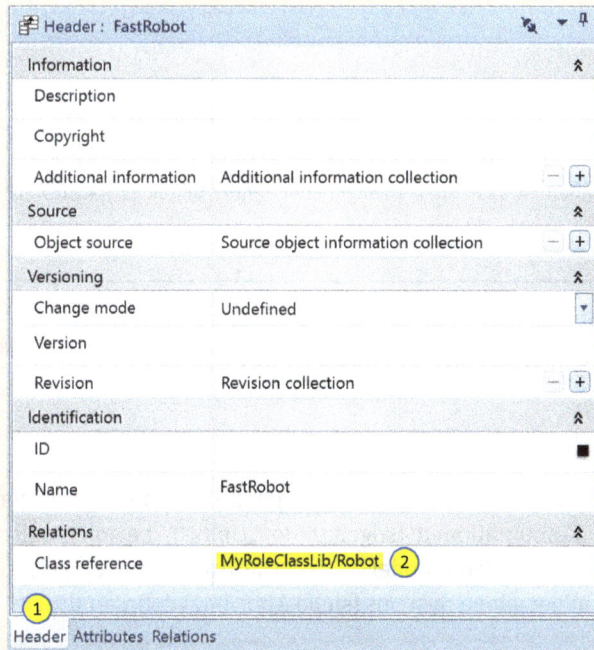

Abb. 3-41: Manuelles Editieren von Vererbungsbeziehungen

3.7.7 Schritt 4: Modellieren von Rollenklassenhierarchien

Jetzt haben Sie alle erforderlichen Kenntnisse, um die Klassenhierarchie der Rollenbibliothek zu vervollständigen. Beachten Sie, dass die Klassenhierarchie keine Bedeutung hat; sie dient nur der Strukturierung. Vererbung muss explizit modelliert werden. Es ist zulässig, alle Rollenklassen auf der ersten Ebene einer Hierarchie zu modellieren.

Übungsaufgabe: Vervollständigen Sie die Rollenklassenhierarchie aus Abb. 3-37.

3.7.8 Zusammenfassung der Modellierungsregeln für Rollenklassen

Allgemeine Modellierungsregeln für die Verwendung von Rollenklassen sind:
– Rollenklassen enthalten keine verschachtelten Rollen.
– Das hierarchische Modell von Rollenklassen hat keine Semantik; die Hierarchie dient lediglich Organisationszwecken.
– Die Vererbung wird explizit durch den Verweis auf die übergeordnete Klasse modelliert.

3.7.9 Übungsaufgaben

Übungsaufgaben:
– Modellieren Sie eine Rollenbibliothek aus einem Themenbereich Ihres Umfeldes (privat oder beruflich)
– Experimentieren Sie mit allen Facetten der Rollenklassen

3.8 Modellierung von SystemUnit-Klassen

3.8.1 Einführung

Klassen vom Typ *SystemUnitClass* beschreiben Typen physischer oder logischer Anlagenobjekte oder deren Kombinationen (sogenannte „Units"), beispielsweise den Typ eines konkreten Roboters, Ventils oder Tanks. Die Architektur einer *SystemUnit* entspricht der eines allgemeinen Systems (siehe Abb. 3-42) definiert durch
– eine Systemgrenze,
– Schnittstellen nach außen,
– eigene Eigenschaften,

- Erfüllen einer oder mehrerer Rollen,
- hat eine interne Struktur: besteht aus internen Elementen, die in Ihrer Architektur wiederum ein Systemelement sind und wiederum weitere interne Elemente enthalten können,
- Links, die Schnittstellen miteinander verbinden können.

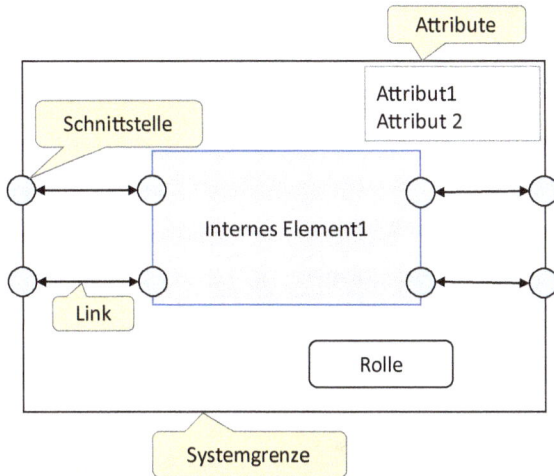

Abb. 3-42: Architektur einer *SystemUnitClass* (identisch mit einem *InternalElement*)

Diese Modellierung ist universell anwendbar: vom Einzelgerät bis zur komplexen Industrieanlage mit all ihren Bestandteilen und Verbindungen. Der Aufbau einer *SystemUnitClass* und einer Instanz dieser Klasse (*InternalElement*) ist identisch, die *SystemUnitClass* dient als Kopiervorlage und wird beim Instanziieren 1:1 in die Instanzhierarchie übertragen. Die Modellierung von Instanzen wurde im Abschnitt 2.3.4 eingeführt und wird in 3.9 weiter vertieft.

3.8.2 Überblick über die Architektur einer SystemUnitClass

Der CAEX Bauplan (siehe Abb. 3-43) orientiert sich an der allgemeinen Systemarchitektur. Die Semantik einer *SystemUnitClass* oder ihrer Instanzen wird durch eine Referenz zu einer *RoleClass* definiert. *SystemUnit-Klassen* werden in Bibliotheken vom Typ *SystemUnitClassLib* zusammengefasst. Mit ihrer Hilfe können z.B. Produkt- oder Lösungskataloge modelliert, veröffentlicht, verteilt oder elektronisch vertrieben werden.

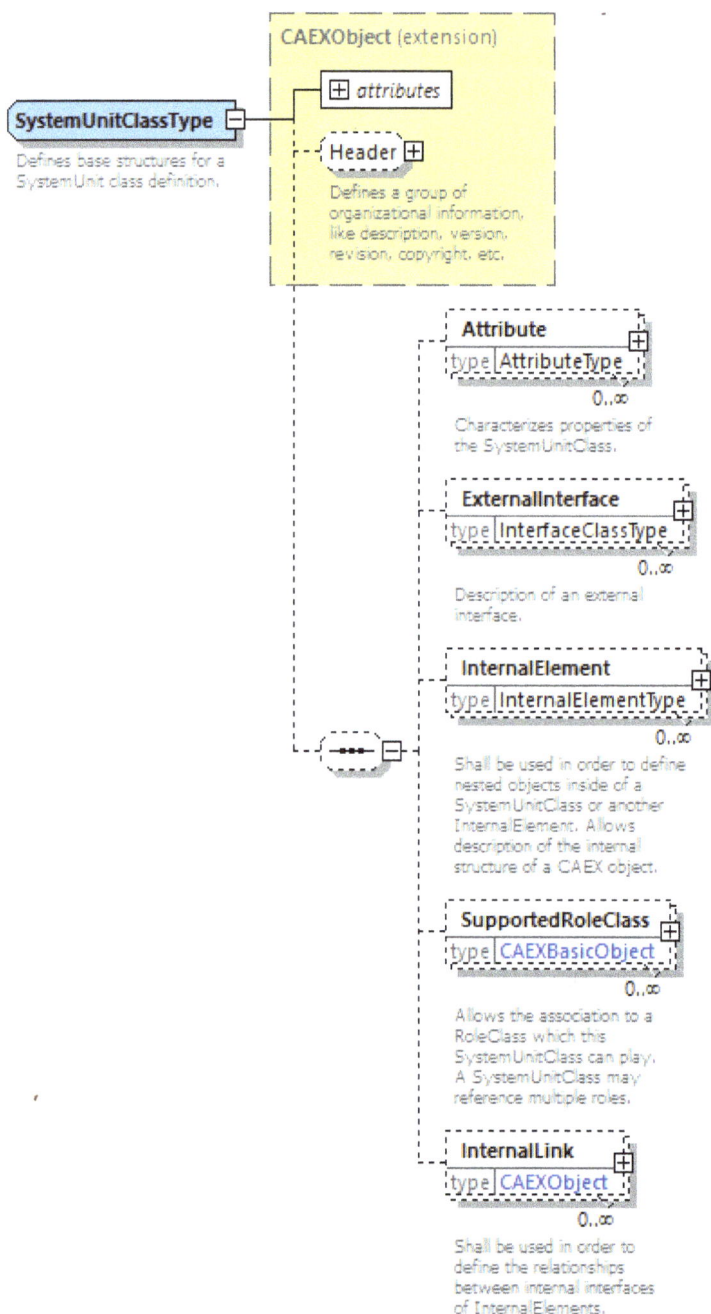

Abb. 3-43: CAEX Bauplan einer *SystemUnitClass*

3.8.3 Praxisbeispiel

In den folgenden Abschnitten modellieren Sie schrittweise einen elektronischen maschinenlesbaren Produktkatalog mit AutomationML. Die Modellierung beginnt mit einer abstrakten Klasse *RobotClass*, die die gemeinsamen Eigenschaften aller Roboter abbildet und explizit die *Rolle eines Roboters* unterstützt. Ein zweiter Roboter soll von der generischen Roboterklasse abgeleitet werden und Spezialisierungen bieten. Dann wollen wir ein kooperatives Robotersystem modellieren, das aus zwei konkreten Robotern besteht. Abb. 3-44 zeigt die angestrebte Bibliothek.

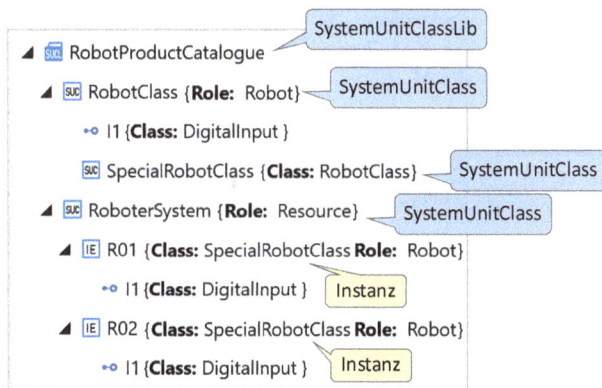

Abb. 3-44: Beispiel-SystemUnit-Klassenbibliothek

3.8.4 Schritt 1: Modellieren einer einfachen SystemUnit-Klasse

Die Modellierung beginnt mit einer Bibliothek *RobotProductCatalogue* und einer Klasse *RobotClass*. Gemäß den Modellierungsregeln von AutomationML ordnen Sie der Klasse eine Rolle zu, hier *Robot*. Damit ist die Klasse maschinenverständlich modelliert.

Übungsaufgabe: Modellieren Sie mit dem AML Editor ein Klassenmodell für einen Roboter.

Lösungsweg:
- Erzeugen Sie zunächst eine *SystemUnitClass-Lib* und benennen Sie sie um: hier *RobotProductCatalogue*.
- Erstellen Sie eine Rollenklasse *RobotClass*.
- Gemäß den Modellierungsregeln von AutomationML referenzieren Sie die Rolle *Robot*.
- Abb. 3-45 zeigt das Ergebnis.

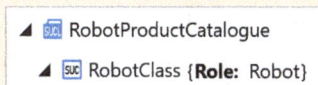

Abb. 3-45: SystemUnitClass *RobotClass*

3.8.5 Schritt 2: Modellieren von Attributen und Schnittstellen

Jetzt werden Attribute und eine Schnittstelle hinzugefügt, das können Sie ja schon.

Übungsbeispiel: Alle Roboter der Roboterfamilie sollen ein digitales Eingangssignal *I1* und folgende allgemeine Attribute besitzen: *Length*, *Height*, *Width* (Einheit m, Wert 1).

Lösungsweg:
- Wenn Eigenschaften aller Elemente einer Produktfamilie gleich sein sollen, ist es sinnvoll, diese an einer übergeordneten Klasse zu modellieren. Das garantiert das Vorhandensein dieser Eigenschaften in der gesamten Erbfolge.
- Sie fügen eine Instanz von *DigitalInput* hinzu und benennen es geeignet: hier I1.
- Sie fügen die erforderlichen Attribute der Klasse *RobotClass* wie in 3.5 beschrieben hinzu.
- Abb. 3-46 zeigt eine Musterlösung im AutomationML-Editor.

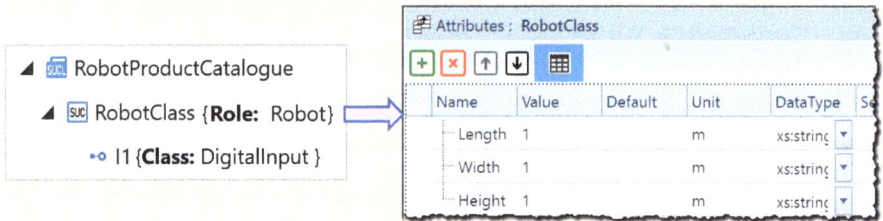

Abb. 3-46: SystemUnitClass *RobotClass* mit einem digitalen Eingangssignal und drei Attributen

---

3.8.6 Schritt 3: Modellieren von Vererbung

Die Vererbung von SystemUnit-Klassen gelingt mit dem AML Editor leicht:
- Variante 1: Sie modellieren eine neue *SystemUnitClass* an einer beliebigen Stelle in der Bibliothek. Die hierarchische Position hat keine Bedeutung. Anschließend ziehen Sie die Elternklasse via Drag&Drop auf die neue Klasse. Ein Dialog erscheint: Hier wählen Sie den Punkt *Assign Reference*. Dadurch schreibt der AML Editor den Pfad zur Elternklasse in den CAEX-Tag *<RefBaseClassPath>* der Kindklasse, dieser ist im Eigenschaftsdialog im Reiter *Header* ersichtlich.
- Variante 2: Sie ziehen die Elternklasse via Drag&Drop an die gewünschte Position in der Hierarchie. Ein Dialog erscheint und Sie wählen den Punkt *Append Derivation*. Anschließend erzeugt der AML Editor an der gewünschten Position eine neue Klasse und trägt den Pfad zur Elternklasse ein.

Die neue Klasse erbt alle Eigenschaften der Elternklasse. Die neue Klasse kann erweitert und ihre Inhalte können überschrieben werden.

Übungsaufgabe: Leiten Sie eine neue Rollenklasse *SpecialRobotClass* von der Elternklasse *RobotClass* ab und fügen Sie ein neues Attribut *Weight* hinzu.

Lösungsweg:
– Leiten Sie eine neue Klasse *SpecialRobotClass* von der Klasse *RobotClass* ab.
– Fügen Sie der neuen Klasse *SpecialRobotClass* ein neues Attribut *Weight* hinzu.
– Abb. 3-47 zeigt das Ergebnis. Die Vererbungsbeziehung kann, wie in Abschnitt 2.3.6, erläutert manuell geändert, korrigiert oder gelöscht werden.

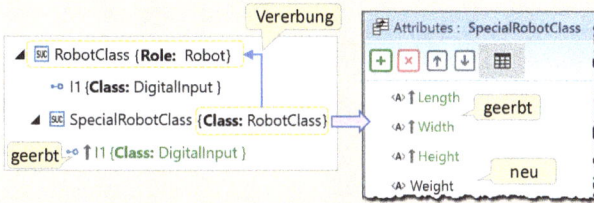

Abb. 3-47: Modellieren von Vererbung

3.8.7 Schritt 4: Modellierung von Aggregationen

Aggregation erlaubt das Zusammensetzen (Komponieren) eines Systems aus Elementen nach dem Lego-Prinzip. Weil jedes Element wieder ein Teilsystem sein kann, das wiederum aus Elementen besteht, lassen sich beliebig tiefe Hierarchien modellieren. Zur Übung modellieren Sie ein einfaches Robotersystem, das zwei Robotern beinhaltet.

Übungsaufgabe: Modellieren Sie ein Robotersystem bestehend aus zwei Robotern R01 und R02.

Lösungsweg:
– Erzeugen Sie eine SystemUnitClass *RoboterSystem*.
– Gemäß den Modellierungsregeln von AutomationML soll eine SystemUnitClass eine Standardrolle referenzieren, hier z.B. *Ressource*.
– Instanziieren Sie die *RobotClass* zweimal und benennen Sie die Instanzen R01 und R02.
– Abb. 3-48 zeigt das Ergebnis.

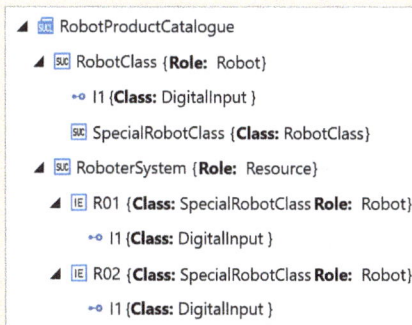

Abb. 3-48: SystemUnitClass *RobotClass*

3.8.8 Schritt 5: Modellieren einer SystemUnit-Klassenhierarchie

Die Modellierung von Klassenhierarchien in AutomationML ermöglicht die digitale Abbildung komplexer Produktfamilien in einem digitalen maschinenverständlichen Produktkatalog. Damit können Produkte wie Fahrzeuge, Tanks, Pumpen, Roboter, Ventile usw. hierarchisch modelliert werden. Gemeinsame Eigenschaften werden dabei möglichst weit oben in der Vererbungshierarchie definiert, während die speziellen Eigenschaften von Varianten der Produkttypen direkt am Modell des Produkttyps beschrieben werden.

Übungsaufgabe: Modellieren Sie einen Produktkatalog für die Küchenkomponenten *Kühlschrank* und *Herd*. Beginnen Sie mit einem UML-Diagramm und modellieren Sie anschließend daraus ein AML-Klassenmodell.

Lösungsweg:
a) **Modellieren der Aufgabenstellung als UML Diagramm**
   – Im ersten Schritt modellieren Sie ein UML-Klassendiagramm, hier exemplarisch für zwei Produktfamilien.
   – Hierbei wurden die abstrakten Oberklassen *K_Class* und *H_Class* definiert, die die generischen Eigenschaften der jeweiligen gesamten Produktfamilie abbilden.
   – Davon abgeleitet sind technologische Spezialisierungen der Klassen. Je tiefer die Klassenmodellierung geht, um so detaillierter wird das Klassenmodell.
   – In der untersten Ebene werden die konkrete Produkttypen modelliert, dies sind also konkrete und bestellbare Produkttypen, währen. Alle Klassen oberhalb dieser Ebene sind abstrakt und nicht bestellbar, sondern dienen der Abstraktion gemeinsamer Eigenschaften im Sinne einer redundanzarmen Modellierung.
   – Das Klassenmodell ließe sich weiter verfeinern, probieren Sie es gerne aus!
   – Abb. 3-49 zeigt zwei UML Klassendiagramme für die beiden Produktfamilien Herd und Kühlschrank.

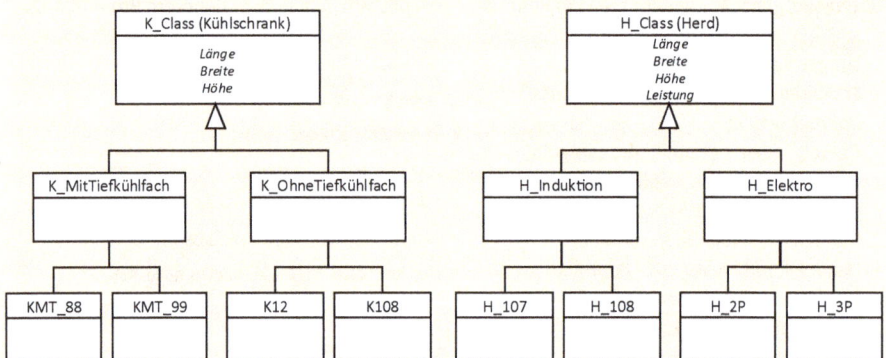

Abb. 3-49: UML Klassendiagramm von zwei Produktfamilien für Herd- und Kühlschrankprodukte

b) **Die AutomationML Klassenhierarchie**
- Das AutomationML-Klassenmodell beider Produktfamilien zeigt Abb. 3-50.
- In diesem Fall sind die Klassenhierarchie und die Vererbungshierarchie aus Gründen der Übersichtlichkeit deckungsgleich.
- Zur Modellierung der Semantik der Klassen referenzieren die Oberklassen jeweils Rollen Herd und Kühlschrank. Jede Kindklasse erbt diese Bedeutung, das macht sie maschinenverständlich.

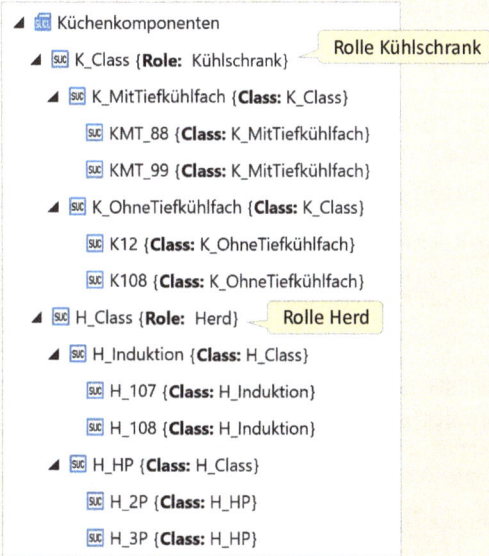

Abb. 3-50: AML Klassenmodell des Produktkataloges

3.8.9 Schritt 6: Modellieren, Editieren und löschen von Rollenreferenzen

Aus dem Alltag wissen wir, dass Objekte mehrere Rollen spielen können. Kinder sind Meister darin, einem Stein oder einem Stück Holz unterschiedliche Rollen zu geben. Im Büroalltag begegnet uns das ebenfalls: Ein Multifunktionsdrucker kann beispielsweise drucken, scannen, faxen oder kopieren, insofern unterstützt er vier Rollen. Welche davon im Büro verwendet wird, ist abhängig vom Anwendungsfall.

Die Entwickler von AutomationML nutzen dieses Prinzip der Trennung von Produktmodellen und Rollenmodellen zu einem wertvollen Zweck: Werden proprietären Produktmodellen (AML *SystemUnitClass*) bereits im Klassenmodell Rollen zugeordnet, lassen sie sich auf standardisierte Weise elektronisch durchsuchen. Wenn ein Ingenieur beispielsweise ein Ventil oder einen Roboter sucht, kann dies elektronisch leicht unterstützt werden, wenn das Suchkriterium die Rolle ist. Solange die Komponenten wissen, welche Rolle sie spielen können, können sie bei der Suche erfolgreich gefunden werden. Dieses Prinzip ist universell und nicht auf technische Komponenten beschränkt. Werden Anforderungen an die Rollen einbezogen, kann die Suche nach passenden Produkttypen weiter verfeinert oder sogar vollständig automatisiert werden. Dies ist allerdings eine Tool-Leistung außerhalb von AutomationML, das Modell bietet jedoch alle dafür erforderlichen Daten an.

Um zu modellieren, welche Rollen eine SystemUnitClass spielen kann, definiert der Bauplan der CAEX *SystemUnitClass* ein Unterelement *SupportedRoleClass*. Der Eintrag in diesem Element definiert den Pfad zu einer konkreten Rollenklasse. Dies kann mehrfach erfolgen, wenn eine SystemUnit-Klasse mehrere Rollen unterstützt.

Übungsbeispiel: Erzeugen Sie eine SystemUnitClass Multifunktionsdrucker und weisen sie Ihm die Rollen Drucker, Scanner, Kopierer und Fax zu.

Lösungsweg:
– Erzeugen Sie zuerst eine Rollenbibliothek mit den Rollen *Drucker*, *Scanner*, *Kopierer* und *Fax*
– Erzeugen Sie dann eine SystemUnitClass *Multifunktionsdrucker*
– Via Drag&Drop, ziehen Sie nacheinander die vier Rollen auf die Klasse (siehe Abb. 3-51). Wählen Sie hier *Add Role*.
– Abb. 3-52 zeigt das Ergebnis. Um *SupportedRoleClasses* ändern oder löschen zu können, lassen sie sich als Knoten einblenden. Öffnen Sie dazu im Popupmenü „Filter" (siehe Abb. 3-53 (1)) den Menüpunkt „Show Role Reference nodes" (2).
– Die Rollen werden als eigene Knoten sichtbar und können im Eigenschaftsfenster (Header) editiert oder gelöscht werden. Abb. 3-54 zeigt die Ansicht mit eigenen Knoten pro Rollenreferenz.

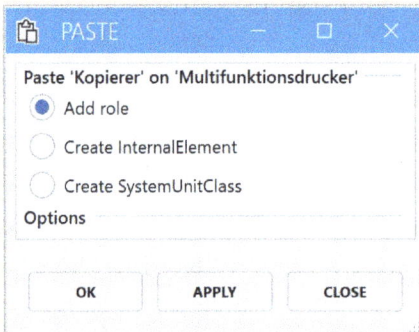

Abb. 3-51: Dialog für das Erzeugen einer Rollenreferenz

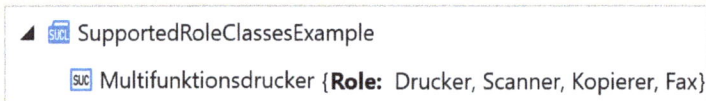

Abb. 3-52: Darstellung multipler unterstützter Rollen im AutomationML Editor

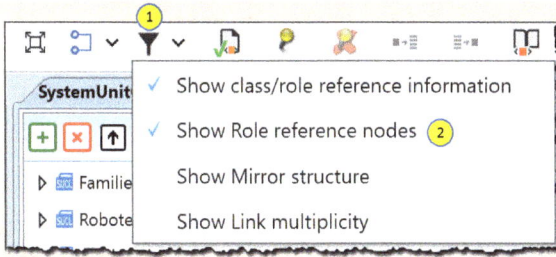

Abb. 3-53: Dialog für das Einblenden der Rollenreferenzen als eigene Knoten

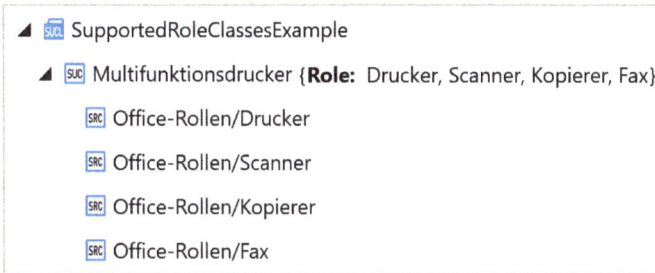

Abb. 3-54: Multifunktionsdrucker mit eingeblendeten Rollenreferenzen

3.8.10 Zusammenfassung der Modellierungsregeln für SystemUnit-Klassen

Allgemeine Modellierungsregeln für die Verwendung von SystemUnit-Klassen sind:

– Eine *SystemUnitClass* kann eine beliebige Anzahl von *RoleClasses* unterstützen.
– Für jede unterstützte *RoleClass* kann ein Mapping-Objekt definiert werden, das die Definition des Mappings zwischen den Namen der Attribute und den IDs der Schnittstellen ermöglicht.
– Die Hierarchie der SystemUnit-Klassen hat keine Semantik; es ist nur für organisatorische Zwecke gedacht.
– Gewünschte Vererbung muss explizit durch das Referenzieren der Elternklasse modelliert werden.

3.9 Modellieren von Instanzen in einer Instanzhierarchie

3.9.1 Einführung

Instanzhierarchien dienen zur hierarchischen Modellierung von individuellen und projektbezogenen Engineering-Informationen. Sie bilden das Zentrum des Objektmodells. Das CAEX-Element *InstanceHierarchy* ist der Wurzelknoten eines konkreten Projekts und enthält alle Hierarchieebenen und Objekte. Sie enthält beliebig viele verschachtelte Unterobjekte des Typen *InternalElement*. Alle Instanzen sind durch einen Global Unique Identifier (GUID) eindeutig identifizierbar und können Attribute, Schnittstellen, Beziehungen und Referenzen besitzen. Ein CAEX Dokument kann mehrere Hierarchien enthalten. In der Praxis bildet die Instanzhierarchie die technische Objektstruktur (Topologie) einer konkreten Anlage, Teilanlage oder Sichten auf diese inklusive interner Beziehungen ab. Abb. 3-55 zeigt dies am Beispiel der Instanzhierarchie einer Fertigungszelle.

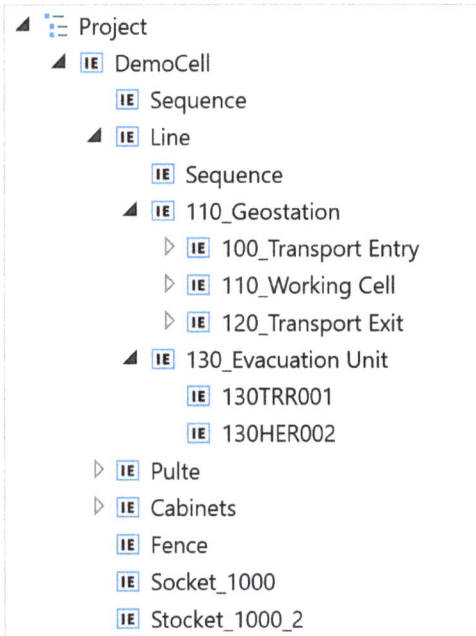

Abb. 3-55: Beispiel: die Instanzhierarchie einer Fertigungszelle

3.9.2 Drei Möglichkeiten zur Modellierung einer Instanzenhierarchie

Die Modellierung von Instanzenhierarchien kann auf drei verschiedenen Weisen erfolgen, die für unterschiedliche Workflows nützlich sind: ohne Klassen, nur mit Klassen und eine Mischung aus beiden.

- **Modellierung ohne Klassen:** Hierbei werden Instanzen direkt in der Instanzhierarchie in Form von verschachtelten CAEX *InternalElements* als Objektbaum modelliert. Für jedes einzelne Objekt werden alle benötigten Attribute, Schnittstellen und Verknüpfungen usw. unmittelbar auf der Instanzebene definiert. Das ist für didaktische Zwecke oder Unikate sinnvoll oder wird verwendet, wenn vorhandene Bibliotheken im Datenaustausches nicht mitgeliefert werden sollen, sondern nur die Projekt-Rohdaten. In der Praxis ist diese Vorgehensweise aber nicht empfehlenswert, denn ohne Klasseninformationen ist die automatische Verarbeitung und Interpretation der Daten schwierig.
- **Modellierung nur mit Klassen:** Die gewünschte Anlagenhierarchie wird durch ein einziges CAEX *InternalElement* in einer *InstanceHierarchy* definiert. Dieses *InternalElement* instanziiert eine *SystemUnitClass*, die die gesamte Anlagenhierarchie modelliert. Dies ist sinnvoll, wenn eine technische Struktur, z.B. eine Anlage, mehrfach errichtet werden soll und daher vollständig in einer Klasse (im Sinne einer Modellvorlage) modelliert wird. Solche umfassenden Klassen fungieren dann als Musterlösungen, die für die Wiederverwendung gedacht sind. Auf diese Weise können komplexe Lösungsbibliotheken modelliert und Standardisierungsprozesse in einer Firma unterstützt werden.
- **Gemischter Workflow:** Dies ist der typische Workflow für den praktischen Einsatz. In Vorbereitung der Modellierung identifiziert man geeignete Bibliotheken, z.B. AutomationML-Produktkataloge von Herstellern, Rollenbibliotheken oder Attributtyp-Bibliotheken. Alternativ definiert man selbst typische Komponenten als *SystemUnitClass* einschließlich ihrer Unterstrukturen. Attribute können vordefiniert werden und dabei typische Standard-Attributwerte festgelegt werden. Die Modellierung des Projektes erfolgt dann in drei Schritten. Schritt 1 erfordert eine *InstanceHierarchy* für die Definition der Anlagentopologie. Hier werden für jede erforderliche Komponente je ein *InternalElement* erzeugt. In Schritt 2 wird jedes InternalElement mit einer Rollenklasse verknüpft, um die Bedeutung festzulegen. Jetzt können schrittweise Anforderungen an dieses Objekt modelliert werden. Im letzten Schritt 3 werden aus den Herstellerkatalogen passende konkrete Geräte ausgewählt und den InternalElements zugeordnet, dazu werden sie mit der zugehörigen *SystemUnitClass* assoziiert. Damit ist die technische Implementierung des Objekts modelliert.

Eine wichtige Besonderheit der Vererbung in CAEX ist, dass Änderungen in einer Klasse nicht automatisch an alle Instanzen weitergegeben werden. In CAEX fungiert eine Klasse als „Kopiervorlage"; bei der Instanziierung wird sie mit ihrer gesamten internen Struktur unter Auflösung aller Vererbungsbeziehungen in die Instanzen-hierarchie kopiert. Die Instanz kann dann frei modifiziert, parametrisiert, ergänzt oder angepasst werden. Dennoch referenziert die Instanz ihre Klasse; diese Referenz ermöglicht es einem Werkzeug oder Benutzer, die Herkunft der Instanz zurückzu-verfolgen, gegebenenfalls Änderungen festzustellen und eine automatische Aktua-lisierung durchzuführen.

3.9.3 Die Architektur eines CAEX InternalElement

Der CAEX Bauplan des CAEX *InternalElement* (siehe Abb. 3-56) erbt seine Architek-tur von der *SystemUnitClass*. Nur zwei zusätzliche Elemente kommen hinzu:
- Der Pfad zur referenzierten *SystemUnitClass* wird über ein Element *RefBaseSys-temUnitPath* angegeben.
- Die Rollenanforderungen an das InternalElement werden separat im Element *RoleRequirements* gespeichert, so dass die tatsächlichen Eigenschaften und die Anforderungen an das InternalElement getrennt modelliert sind.

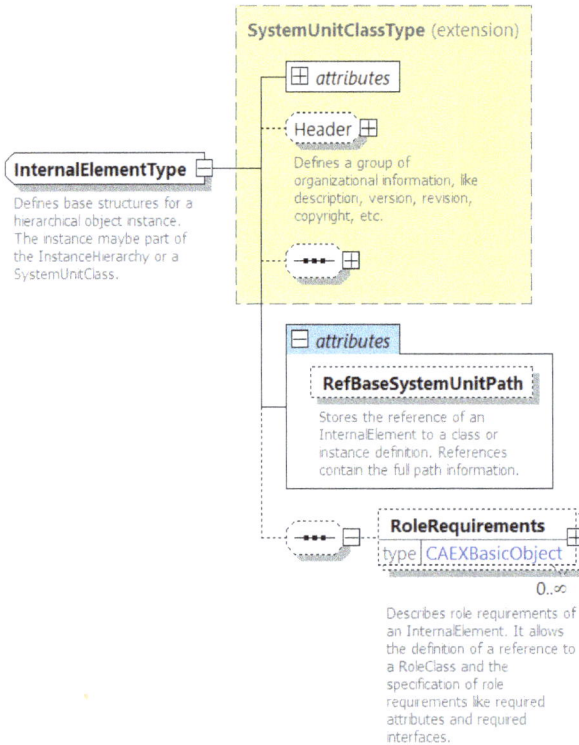

Abb. 3-56: Bauplan des CAEX *InternalElementType*

3.9.4 Praxisbeispiel

In den folgenden Abschnitten modellieren Sie ein kleines Tanksystem wie in Abb. 3-57 gezeigt. Hierbei sollen vier Anforderungen explizit modelliert werden:

Anforderungen A1-A4:
- A1: Beide Tanks sollen ein Mindestvolumen von 12m^3 besitzen.
- A2: Beide Tanks sollen über mindestens einen Stutzen verfügen.
- A3: Für beide Tanks soll eine konkrete Produktauswahl getroffen und zugeordnet sein.
- A4: Das Modell soll maschinenverständlich modelliert und vollständig typisiert sein, d.h. alle verwendeten Elemente sind Instanzen eines Typs.

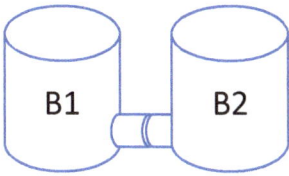

Abb. 3-57: Ein Tanksystem bestehend aus zwei Tanks, je einem Stutzen und einer Verbindung

Um den Modellierungsprozess im iterativen Engineering zu illustrieren, betrachten Sie nacheinander verschiedene Modellierungsphasen. Das angestrebte Ergebnis-Modell ist in Abb. 3-58 dargestellt.

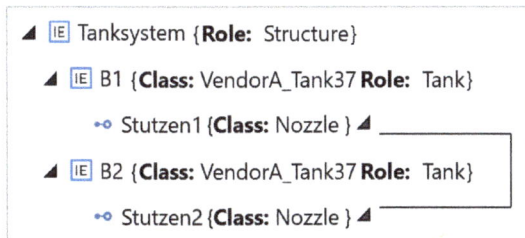

Abb. 3-58: CAEX Objektmodell für das Tanksystem

3.9.5 Schritt 1: Modellieren eines InternalElements

Abb. 3-59 illustriert das Modellierungsprinzip: Der Tank wird durch ein *InternalElement* (1) modelliert. Dieser kann einerseits eine Rolle referenzieren (2), die angibt, welche Funktion das Objekt hat, und andererseits eine *SystemUnitClass* (3) referenzieren, die angibt, welcher Tanktyp dieses Element konkret umsetzen soll. Ein *InternalElement* ohne Referenz zu einer Rolle oder einer *SystemUnitClass* ist quasi leer und dient nur als Platzhalter. Erst durch die Rollenreferenz erhält sie eine maschinenlesbare Bedeutung. Die Referenz auf eine *SystemUnitClass* modelliert dann die Geräteauswahl.

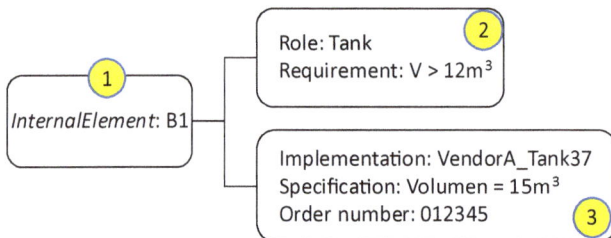

Abb. 3-59: Beispiel für ein *InternalElement* B1 mit Rolle Tank und Klasse VendorA_Tank37

Um Tank *B1* zu modellieren, wiederholen Sie zunächst die Architektur des Datenmodells eines *InternalElement*. Diese umfasst die folgenden Bestandteile:

– *Attribute* ermöglichen die Festlegung von Objektattributen,
– *ExternalInterface* ermöglichen die Spezifikation von Objektschnittstellen,
– *InternalElement* ermöglicht die Spezifikation von verschachtelten Elementen,
– *SupportedRoleClass* ermöglicht das Festlegen unterstützter Rollenklassen,
– *RoleRequirements* ermöglicht die Festlegung der tatsächlichen Rolle der Instanz in seinem Umfeld (ausgewählt aus der Menge der unterstützten Rollen) sowie Modellieren von Anforderungen
– *InternalLink* erlaubt die Spezifikation von Beziehungen zwischen Schnittstellen

Um eine vollständige Typisierung zu erreichen, müssen Sie zunächst erforderliche Klassen definieren. Sie benötigen:

– eine Klasse *VendorA-Tank37* für den konkreten Tank.
– einen Attributtyp zur Modellierung der Eigenschaft *Volumen*.
– einen Schnittstellentyp für den Stutzen.
– eine Rollenklasse für den *Tank*, damit dieser maschineninterpretierbar wird.

---

i **Übungsaufgabe:** Modellieren Sie die erforderlichen Klassen bzw. Typen.

Lösungsweg (siehe Abb. 3-60)
– (1) Zunächst erzeugen Sie einen Attributtyp *Volumen* gemäß Abschnitt 3.5.
– (2) Sie verwenden den bereits modellierten Schnittstellentyp *Nozzle* aus Abschnitt 3.6.
– (3) Anschließend modellieren Sie eine Rolle *Tank* 3.7
– (4) Dann modellieren Sie die Klasse *VendorA_Tank37*. Sie erhält eine Instanz des Attributes Volumen, eine Referenz zur Rolle *Tank* und einen Stutzen *S*.

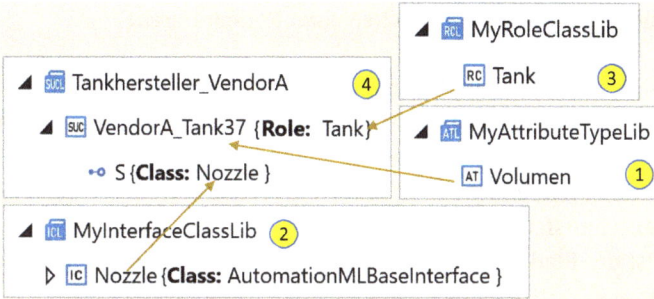

Abb. 3-60: Modellieren aller erforderlichen Klassen/Typen

Nach der Modellierung der erforderlichen Klassen kann das Tanksystem nun leicht modelliert werden.

Übungsaufgabe: Ausgehend von den soeben modellierten Klassen/Typen: Modellieren Sie das Tanksystem in der Instanzhierarchie.

Lösungsweg:
– Im ersten Schritt definieren Sie eine Instanzhierarchie und benennen sie *Anlagenhierarchie*.
– Das Tanksystem wird durch ein *InternalElement* modelliert (hier mit der Rolle *Structure*).
– Dann instanziieren Sie die beiden Tanks und benennen sie *B1* und *B2*.
– Die Modelle enthalten alle vormodellierten Inhalte: das Attribut *Volumen* und die *Stutzen*.
– Verbinden Sie die Stutzen miteinander, indem Sie ein Interface via Drag&Drop auf das andere Interface ziehen. Es entsteht ein *InternalLink* (siehe auch 3.6.9).

Das Zweitanksystem ist damit modelliert, vollständig typisiert und durch die Rollenzuordnungen maschinenverständlich.

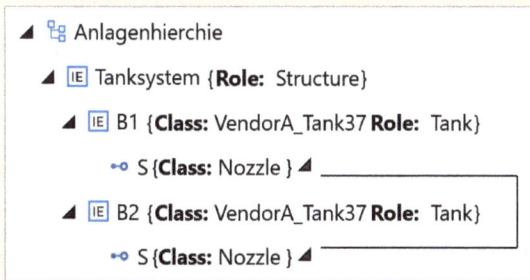

Abb. 3-61: CAEX Modell des Zweitanksystems

3.9.6 Schritt 2: Modellieren, Ändern oder Löschen einer Rollenreferenz

Im AML Editor lassen sich Referenzen zu Rollen leicht editieren oder löschen.

- Blenden Sie dazu die Rollenreferenzen wie in Abschnitt 3.8.9 beschrieben in der Baumstruktur des AutomationML Editors ein.
- Selektieren Sie die Rollenreferenz (*RR* oder *SRC*).
- Öffnen Sie das Eigenschaftsfenster (Reiter *Header*).
- Im Feld *Relations* ist der Pfad zur Rollenklasse sichtbar: Hier kann er händisch modifiziert werden.
- Das Löschen einer Rollenreferenz gelingt, indem man den Knoten durch einen Klick auf den Knopf ⊠ löscht.

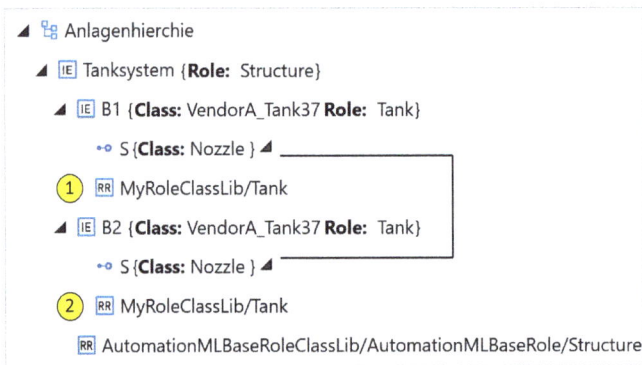

Abb. 3-62: Rollenreferenzen (1) und (2) im AutomationML Editor

3.9.7 Schritt 3: Modellieren von Attributen und Schnittstellen

Attribute und Schnittstellen können im *InternalElement* wie in den Abschnitten 3.5 und 3.6 beschrieben hinzugefügt, modifiziert oder gelöscht werden.

3.9.8 Schritt 4: Modellieren von Anforderungen

Die Modellierung von Anforderungen ist eine Spezialität von CAEX. Der Tank *B1* sollte ein Mindestvolumen von 12m³ besitzen und mindestens einen Stutzen besitzen. Um diese Anforderungen unabhängig von den tatsächlichen Eigenschaften des konkreten Tanks zu modellieren, werden diese separat modelliert.

Übungsaufgabe: Modellieren Sie die o.g. Anforderungen an den Instanzen von B1 und B2.

Lösungsweg:

– Selektieren Sie im AutomationML Editor den Knoten *RoleRequirements* (RR) für *B1*.
– Wählen Sie im Kontextmenü (siehe Abb. 3-63) *Add/Attribute* (1-2-3) zum Hinzufügen eines Rollenattributes. Benennen Sie es *Vol*. Legen Sie hier den *Constraint* „maxValue=12m^3" fest (siehe 3.5.8).
– Wählen Sie im Kontextmenü (siehe Abb. 3-63) *Add/ExternalInterface* (1-2-4) zum Hinzufügen einer Rollenschnittstelle. Benennen Sie die Schnittstellen *Stutzen*.
– Wiederholen Sie die Schritte für Tank *B2*. Abb. 3-64 zeigt das Ergebnis der Anforderungsmodelierung.

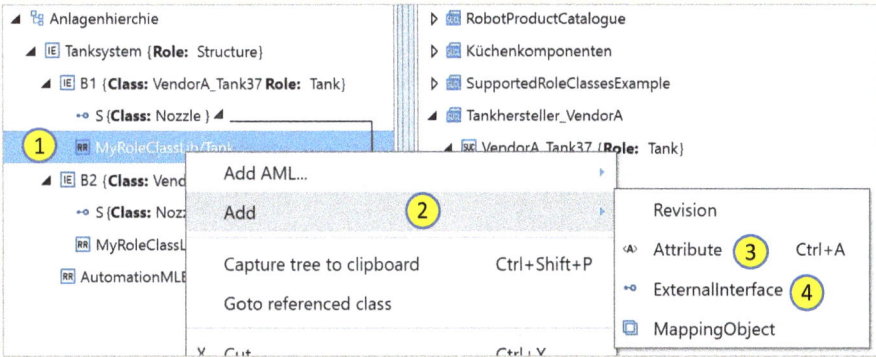

Abb. 3-63: Hinzufügen von Rollenanforderungen: Attribute und Schnittstellen

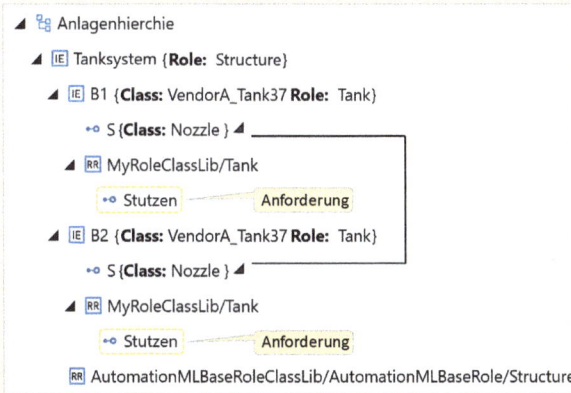

Abb. 3-64: Hinzufügen von Rollenanforderungen: Schnittstellen und Attribute (hier nicht sichtbar)

Fassen wir zusammen:

- Anforderung A1 (das Volumen soll mindestens 12m³ betragen) wurde durch ein Anforderungsattribut *Vol* erfüllt, das ein Constraint definiert und dort den Mindestwert festlegt.
- Anforderung A2 (jeder Tank soll mindestens einen Stutzen haben) wurde unter dem Element *RoleRequirements* mittels einer Schnittstelle *Stutzen* modelliert.
- Anforderung A3 (es wurde eine konkrete Geräteauswahl getroffen) wurde durch eine Referenz auf eine *SystemUnitClass* bzw. durch konkrete Instanziierung dieser Klasse erfüllt.
- Anforderung A4 (Maschinenverständlichkeit) wurde durch eine Rollenreferenz und vollständige Typisierung erfüllt.

3.9.9 Schritt 6: Modellieren von Mapping-Objekten

Anforderungen an und *Eigenschaften von* einem Objekt werden im täglichen Leben gelegentlich verwechselt, vermischt, oder synonym behandelt, doch es sind wichtige und grundverschiedene Konzepte.

---

i   **Ein Beispiel:** Für einen Kinofilm lautet die Rollenanforderung an die Hauptdarstellerin „die Haarfarbe muss blond sein". Es bewerben sich Schauspielerinnen unterschiedlicher Haarfarbe. Falls der Regisseur sich für eine schwarzhaarige Schauspielerin entscheidet, wird die Schauspielerin aber davon nicht automatisch blond, sondern es besteht eine Diskrepanz zwischen der Rollenanforderung und der Realität. In der Industrie ist es genau so: Wenn ein Roboter eine Traglast von 500kg besitzen soll, kann es vorkommen, dass ein Roboter mit einer maximalen Traglast von 300kg ausgewählt wird. Solche Diskrepanzen können gewollt sein, stellen aber oft Fehler dar. Sie können nur dann automatisch gefunden werden, wenn die Anforderungen und tatsächlichen Eigenschaften separat modelliert sind.

Die getrennte Modellierung von Anforderungen und tatsächlichen Eigenschaften ermöglicht eine automatisierte Prüfung, ob das ausgewählte Gerät tatsächlich die Anforderungen erfüllen kann, oder kann die Geräteauswahl softwareseitig assistieren oder sogar vollständig automatisieren. All dies sind *Software*funktionen außerhalb von AutomationML. Jetzt fehlt allerdings noch ein Mapping zwischen den Anforderungsmodellen und den tatsächlichen Eigenschaften.

- Das Anforderungsattribut *Vol* muss auf das Instanzattribut *Volumen* gemappt werden.
- Die geforderte Schnittstelle *Stutzen* muss auf die Instanzschnittstelle *S* gemappt werden.

Dafür hat der Bauplan von CAEX das *MappingObject* vorgesehen. Jedem Rollenmodell können beliebig viele Mapping-Objekte hinzugefügt werden. Das probieren wir gleich mal aus.

Übungsaufgabe Teil 1: Mappen Sie die Attribute des Anforderungsmodells mit der Instanz.

Lösungsweg:
- Selektieren Sie im AutomationML Editor den Knoten *RoleRequirements* (RR) für *B1*.
- Wählen Sie im Kontextmenü (siehe Abb. 3-65) *Add/MappingObject* (1-2-3).
- Wiederholen Sie die Schritte für Tank *B2*.
- Abb. 3-65 zeigt das Ergebnis der Anforderungsmodellierung.

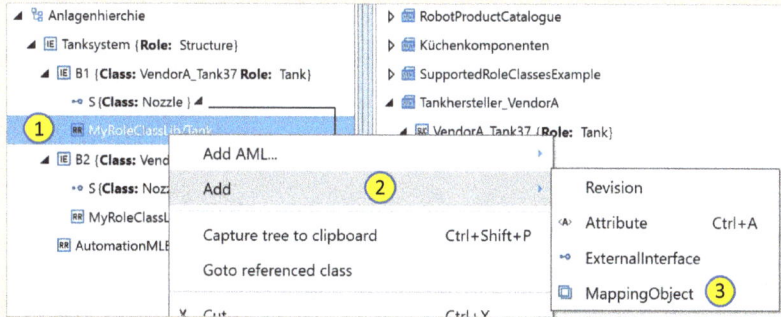

Abb. 3-65: Hinzufügen eines CAEX *MappingObject*

- Wählen Sie nun im Kontextmenü *Add/AttributeNameMapping*. Es erscheint ein neuer Knoten.
- Selektieren Sie diesen Knoten und öffnen das Eigenschaftsfenster. Im Reiter *Header* wählen Sie unter dem Punkt Relations die zu mappenden Attribute aus. Über eine Popup-Auswahl können nur tatsächlich vorhandene Attribute ausgewählt werden.

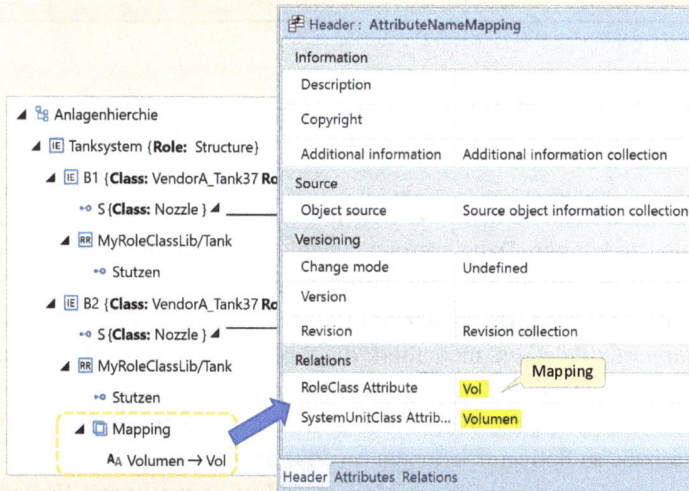

Abb. 3-66: Mapping zwischen Anforderungsattribut und dem zugehörigen Attribut der Instanz

---

> ℹ️ **Übungsbeispiel Teil 2:** Mappen Sie die Schnittstellen des Anforderungsmodells mit der Instanz.
>
> **Lösungsweg:**
> - Selektieren Sie im AutomationML Editor den Knoten *MappingObject* (RR) für *B1*.
> - Wählen Sie nun im Kontextmenü *Add/InterfaceIDMapping*. Es erscheint ein neuer Knoten.
> - Selektieren Sie diesen Knoten und öffnen das Eigenschaftsfenster. Im Reiter *Header* wählen Sie unter dem Punkt Relations die zu mappenden Schnittstellen aus. Über eine Popup-Auswahl können nur tatsächlich vorhandene Schnittstellen ausgewählt werden.
> - Abb. 3-67 zeigt das resultierenden Objektmodell im AutomationML Editor.

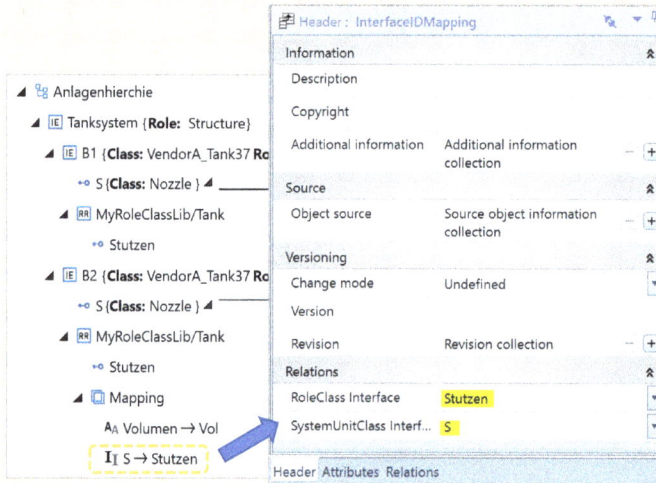

Abb. 3-67: Mappen einer geforderten Schnittstelle mit der Schnittstelle der Instanz

---

3.9.10   Schritt 7: Zuordnung von RoleRequirements oder SupportedRoleClass zu einem InternalElement

CAEX unterstützt das Referenzieren mehrerer Rollen, um Objekten zu ermöglichen, mehrere Rollen spielen zu können. Dabei werden diejenigen Rollen, die ein Element spielen *könnte*, getrennt modelliert von den Rollen, die ein Element im Kontext seines Umfeldes *tatsächlich* spielt. Die möglichen Rollen werden im CAEX Bauplan in einem Element *SupportedRoleClass* modelliert, die tatsächlichen Rollen in einem Element *RoleRequirements*. Für das Mapping enthält jedes dieser Elemente wiederum ein optionales CAEX <MappingObject>, das definiert, welches Attribut oder Interface der entsprechenden Rolle mit welchem Attribut oder Interface des zugehörigen *InternalElements* verknüpft ist. Die im *MappingObject* angegebenen Namen der Rollenattribute sind relativ zur referenzierten Rollenklasse, so dass jede *RoleRequirements* ihren eigenen Kontext bildet.

3.9.10.1 Hinzufügen einer potenziellen Rolle: die SupportedRoleClass

Angenommen, Tank *B1* soll eventuell in der Anlage die Funktion eines Mischbehälters übernehmen, aber das steht im Planungsprozess noch nicht sicher fest. In diesem Fall modelliert man für die Instanz eine zusätzliche *SupportedRoleClass*. Probieren wir es aus:

Übungsaufgabe: Ergänzen Sie für Tank *B1* die potenzielle Rolle *Mischbehälter*.

Lösungsweg:
– Zuerst definieren Sie eine neue Rolle Mischbehälter.
– Via Drag&Drop ziehen Sie dann diese Rolle auf *B1*.
– Ein Dialog erscheint (siehe Abb. 3-68), der erfragt, ob diese Rolle ein *RoleRequirement* oder eine *SupportedRoleClass* sein soll. Sie entscheiden uns für die *SupportedRoleClass*.
– Das Ergebnis zeigt Abb. 3-69.

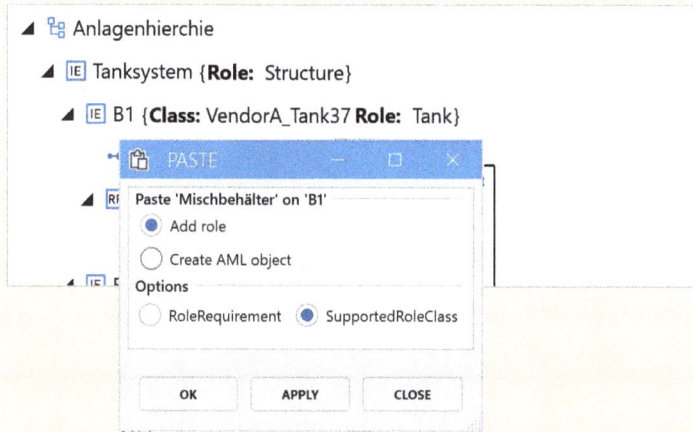

Abb. 3-68: Hinzufügen weiterer Rollen zu einer Instanz

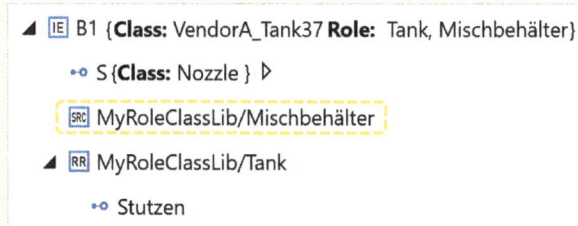

Abb. 3-69: Eine neue *SupportedRoleClass* am InternalElement *B1*

3.9.10.2 Hinzufügen der tatsächlichen Rolle: die RoleRequirements

Angenommen, Tank *B2* soll im in der Anlage nun tatsächlich die Funktion eines Mischbehälters übernehmen. Dies modelliert man in AutomationML durch Ergänzung eines *RoleRequirements*.

Übungsaufgabe: Ergänzen Sie für Tank B2 die tatsächliche Rolle *Mischbehälter*.

Lösungsweg:
– Zuerst definieren Sie eine neue Rolle *Mischbehälter*.
– Via Drag&Drop ziehen Sie dann diese Rolle auf B2.
– Ein Dialog erscheint (siehe Abb. 3-68), der erfragt, ob diese Rolle ein *RoleRequirement* oder eine *SupportedRoleClass* sein soll. Sie entscheiden uns für die *RoleRequirements*.
– Das Ergebnis zeigt Abb. 3-70.

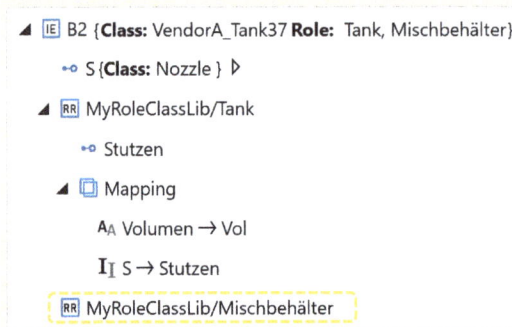

Abb. 3-70: Eine neue *RoleRequirement* am InternalElement *B2*

3.9.11 Zusammenfassung der Modellierungsregeln

3.9.11.1 Modellierungsregeln für Instanzhierarchien

Allgemeine Modellierungsregeln für Instanzenhierarchien sind:
– Die Hierarchietiefe ist unbeschränkt.
– CAEX definiert keine Architekturregeln bzgl. dem Aufbau von Hierarchien.
– CAEX definiert keine Namenskonventionen für die Hierarchien fest.

3.9.11.2 Modellierungsregeln für InternalElements

Allgemeine Modellierungsregeln für die Verwendung von InternalElements sind:
– Ein *InternalElement* kann eine beliebige Zahl von Rollenklassen referenzieren.

- Für jede unterstützte *Rollenklasse* kann ein *MappingObject* definiert werden, das die Definition des Mappings zwischen entsprechenden Attributnamen und Schnittstellen ermöglicht.
- Die Hierarchie der InternalElements modelliert die Aggregation, d.h. eine besteht-aus-Beziehung.
- Die Referenz zu einer *SystemUnitClass* gibt an, welchen Ursprung eine Instanz hat: Diese ist jedoch nur informativ und hat keinerlei Auswirkung auf das Modell. Instanzen können jederzeit modifiziert werden und gewünschte Abweichungen von der Klasse erhalten. Das automatische Nachziehen von Änderungen der Klasse in der Instanz ist eine mögliche Softwarefunktion außerhalb von AutomationML, das Datenmodell stellt alle dafür erforderlichen Informationen bereit.
- Instanzen werden durch ihre *ID* identifiziert, die Namen sind wahlfrei.

3.9.11.3 Modellierungsregeln für Mapping-Objekte

Die Modellierungsregeln für Mapping-Objekte sind:
- Wenn die Namen der zugehörigen Attribute (oder Pfade bei verschachtelten Attributen) identisch sind, wird kein MappingObject benötigt.
- Wenn die Namen unterschiedlich sind, fügen Sie dem *InternalElement* ein CAEX-*MappingObject* hinzu.
- Für jede Namenszuordnung fügen Sie dem *MappingObject* ein CAEX-Element *AttributeNameMapping* hinzu. Definieren Sie dort Namen des Rollenattributs in sowie des zugehörigen Attributs des *InternalElements* (oder der *SystemUnitClass*).
- Fügen Sie für jedes Interface-Mapping ein CAEX-Element *InterfaceIDMapping* zum *MappingObject* hinzu. Legen Sie dort die zu mappenden Schnittstellen fest.

3.10 Modellieren von Pfaden

Pfade sind die Grundlage für das Referenzieren von Klassen oder Attributtypen und erfordern die Definition von Trennzeichen zwischen den Pfadelementen. CAEX unterscheidet zwischen zwei Arten von Trennzeichen. Tab. 3-4 zeigt Modellierungsregeln und Beispiele für verschiedene Anwendungsfälle.

- Alias-Trennzeichen (wird nach einem Alias verwendet): "@"
- Objekttrennzeichen (wird zwischen Objekthierarchien verwendet): "/"

Tab. 3-4: Modellierungsregeln für Pfade und Beispiele

Pfad zu	Modellierungsregel	Beispiel
Class	\<Bibliotheksname\> + separator "/" + \<Namen aller Eltern-Elemente separiert durch den Objektseparator "/"\> + \<Klassenname\>	MySystemUnitLib/RobotClass [DemoLib]/[Tank/@01] Kurzpfad zur Klasse der nächsthöheren Ebene in der Bibliothekshierarchie: "RobotClass"
Klasse mit Alias	\<alias name\> + alias separator "@"	ExternalLibAlias@ClassLib/PipeClass
Klassenattribut	Pfad zur Klasse +"/" + \<Attributname\>	ProcessEngineeringClassLib/Tank/height
Attribut-Typ	\< Bibliotheksname\> + separator "/" + \< Namen aller Eltern-Elemente separiert durch den Objektseparator "/"\> + \<Name des Attributtyps\>	MyAttributeTypeLib/IndustrialAttributes/LevelType
geschachtelte Attribute	\<Pfad der Klasse\> +"/" + \< Attributname \> +"/" + \<Subattribut-Name\> + etc.	MySystemUnitLib/RobotClass/Position/X
Elternklasse Eltern-Attributtyp Elternattribut	Wenn die referenzierte Klasse oder das referenzierte Attribut in der nächsthöheren Hierarchieebene des referenzierenden Elements positioniert ist: \<Name der Klasse oder Name des Typs oder Name des Attributs\>	RobotClass Point Speed
Instanz	\<ID der Instanz\>	d2c79ecb-0d84-4632-8e93-10f16d64fd9f
Attribut einer Instanz	\< ID der Instanz \> + "/" + \<Attributpfad\>	d2c79ecb-0d84-4632-8e93-10f16d64fd9f/Level d2c79ecb-0d84-4632-8e93-10f16d64fd9f/Pos/X alias@ d2c79ecb-0d84-4632-8e93-10f16d64fd9f/Pos/X

3.11 Modellieren von Versionsinformationen

3.11.1 Überblick

Neben den eigentlichen Rohdaten benötigt iteratives Engineering eine Reihe von Wissen *über* die Daten. Sie sind dringend für einen nachvollziehbaren und transparenten Datenaustausch sowie für die Verfolgung des Informationsflusses und die Navigation innerhalb verschiedener Versionen von Informationen erforderlich. Sobald Bibliotheken, Klassen oder Instanzen Änderungen unterworfen sind, sind Versionsinformationen entscheidend, um alte und neue Daten zu unterscheiden, Änderungen zu ermitteln, zu bewerten und mit ihnen umzugehen. CAEX unterstützt vielfältige Versionsinformationen, die für eine Vielzahl von versionsbezogenen Aspekten nützlich sind (siehe Tabelle 2-4). Diese sind tief in CAEX integriert. Diese Aspekte werden in den folgenden Abschnitten ausführlicher behandelt.

Tab. 3-5: CAEX unterstützt mehrere Arten von Versionsinformationen

Versionsart	Beschreibung
AutomationML Edition	Der AML Standard legt erlaubte Subdatenformate und Bibliotheken fest.
AutomationML Version	Jedes CAEX-Dokument gibt Auskunft darüber, zu welchem übergeordneten Standard es gehört.
CAEX Schema Version	Jedes CAEX-Dokument gibt an, welcher CAEX-Schema-Version es folgt.
SourceDocument-Information	Jedes CAEX-Dokument verfügt über Felder zur Speicherung von Informationen, die das/die Quellwerkzeug(e) identifizieren.
Versionsinformation für Bibliotheken, Klassen und Instanzen	Jedes CAEX-Objekt (Bibliothek, Klasse, Instanz, Attribut, Schnittstelle) hat spezielle Elemente zur Speicherung von Versionsinformationen. Beispiele sind Versionsnummer, Beschreibung, Revision, Autor, Datum usw.
SourceObject-Information	Jedes CAEX-Objekt (Bibliothek, Klasse, Instanz, Attribut, Schnittstelle) hat spezielle Elemente zur Speicherung von Informationen über sein Ursprungsobjekt im Quellwerkzeug.

3.11.2 AutomationML Edition 2

Der aktuelle AutomationML Standard gemäß IEC 62714 Ed. 2 vereinbart normativ die Verwendung folgender Subformate und Bibliotheken:
- CAEX 3.0 aus der IEC62424:2016
- PLCopenXML 2.0 und 2.0.1
- COLLADA 1.5.0 nach ISO/PAS 17506 sowie COLLADA 1.4.1
- Standardbibliotheken wie in der IEC62714 definiert

3.11.3 AutomationML Version, CAEX SchemaVersion, Filename

Der Bauplan von CAEX sieht grundlegende Felder zur Selbstauskunft des Dokumentes vor. Diese sind:

– **Filename**: Eine CAEX-Datei hat einen Dateinamen, dieser Name wird innerhalb der CAEX-Datei gespeichert, so dass das Objektmodell explizite Kenntnis über ihre lokale Persistenz besitzt.

– **AutomationML Version**: Eine CAEX Datei gibt Auskunft darüber, welchem übergeordneten Standard sie folgt. AutomationML Edition 2 schreibt vor, dass dieses Feld mit dem String „AutomationML 2.10" zu versehen ist. Auf diese Weise kann eine Software automatisch erkennen, dass die Regeln der IEC62714:Ed2 für das vorliegende Dokument anzuwenden sind. Fehlt diese Versionsangabe oder stimmt der Text mit keinem AutomationML Standard überein, kann das Dokument nicht verarbeitet werden.

– **SchemaVersion**: CAEX folgt einem Bauplan, der ebenfalls Versionen unterliegt. CAEX 3.0 unterliegt der IEC62424 aus 2016. Die SchemaVersion ist mit „3.0" festgelegt. Stimmt der Text mit keinem CAEX Standard überein, kann das Dokument nicht verarbeitet werden.

Im AutomationML Editor sind diese drei Felder im Reiter *AMLFile* abgebildet, siehe Abb. 3-71. Diese Felder werden vom AML Editor automatisch verwaltet.

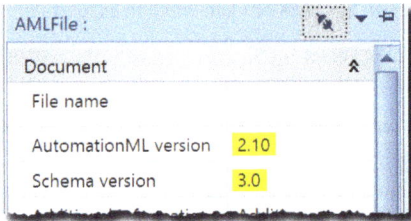

Abb. 3-71: Filename, AutomationML und CAEX SchemaVersion im AutomationML Editor

3.11.4 SourceDocumentInformation: der Absender eines AML Dokuments

Um Informationen in einem AML-Dokument interpretieren zu können, ist Kenntnis über den Erzeuger des Dokuments nützlich: der Absender. Dies unterstützt Datenaustausch zwischen Engineering-Werkzeugen unterschiedlicher Hersteller in einer heterogenen Werkzeuglandschaft. Ob ein AutomationML Dokument aus dem TIA Portal von Siemens, der 800xA von ABB, den Werkzeugen EPLAN oder COMOS etc. stammt, hilft bei der Interpretation der von diesen Werkzeugen vereinbarten Informationen, Bibliotheken oder Semantiken.

Zu diesem Zweck verfügt jedes AML-Dokument über eine Datenstruktur zur Speicherung der Identifizierung des Quellwerkzeugs: die CAEX *SourceDocumentInformation*. Abb. 3-72 veranschaulicht dies an einem Beispiel: Ein Planungswerkzeug *EngineeringTool_X* exportiert ein AML Dokument. Um den Absender/Eigentümer der Daten zu identifizieren, notiert die AML-Datei seine Quelle in einem Feld *SourceDocumentInformation*. Damit kennt die AML-Datei seinen Absender und jedes Werkzeug, das die AML-Datei öffnet, kann seine Interpretation auf die Quelle einstellen. Tab. 3-6 erläutert die einzelnen Bestandteile von SourceDocumentInformation.

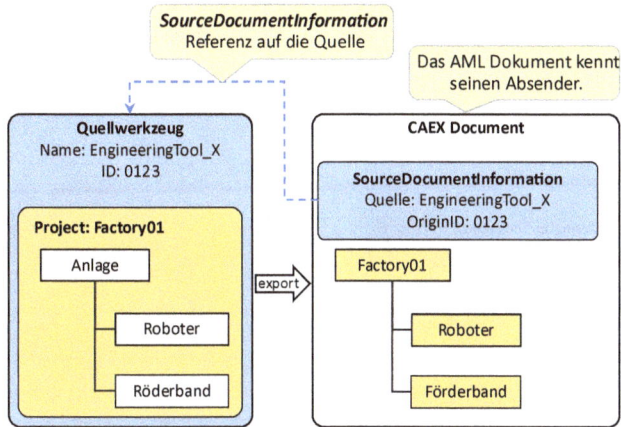

Abb. 3-72: *SourceDocumentInformation* identifiziert den Absender einer AML Datei

Tab. 3-6: Attribute des CAEX Elements <SourceDocumentInformation>

Name	Verwendung	Description
OriginName	verpflichtend	Der Name des Ursprungswerkzeugs. Dieser ist änderbar.
OriginID	verpflichtend	Eine ID für das Ursprungswerkzeug. Diese ID sollte sich während der Lebensdauer des Ursprungs nicht ändern.
OriginVendor	optional	Hersteller/Eigentümer des Quellwerkzeuges
OriginVendorURL	optional	eine Hersteller-URL
OriginVersion	verpflichtend	die Version des Quellwerkzeuges
OriginRelease	optional	Releaseinformationen über das Quellwerkzeug
LastWritingDateTime	verpflichtend	Zeit und Datum des CAEX Exports.
OriginProjectTitle	optional	der Projekttitel der Quelle
OriginProjectID	optional	Eine Quellprojekt-ID. Diese ID sollte sich in der Lebensdauer der Quelle nicht ändern.

Übungsaufgabe: Öffnen Sie den AutomationML Editor. Klicken Sie links auf den Reiter *AMLFile*. Es öffnet sich ein Eigenschaftsfenster für das AutomationML Dokument. In der Zeile *Source* (1) könne Sie durch Klicke auf den Button „+" eine neue *SourceDocumentInformation* hinzufügen. Für jedes schreibende Quellwerkzeug wird ein neuer Eintrag gespeichert, so dass mehrere Absender unterschieden werden können.

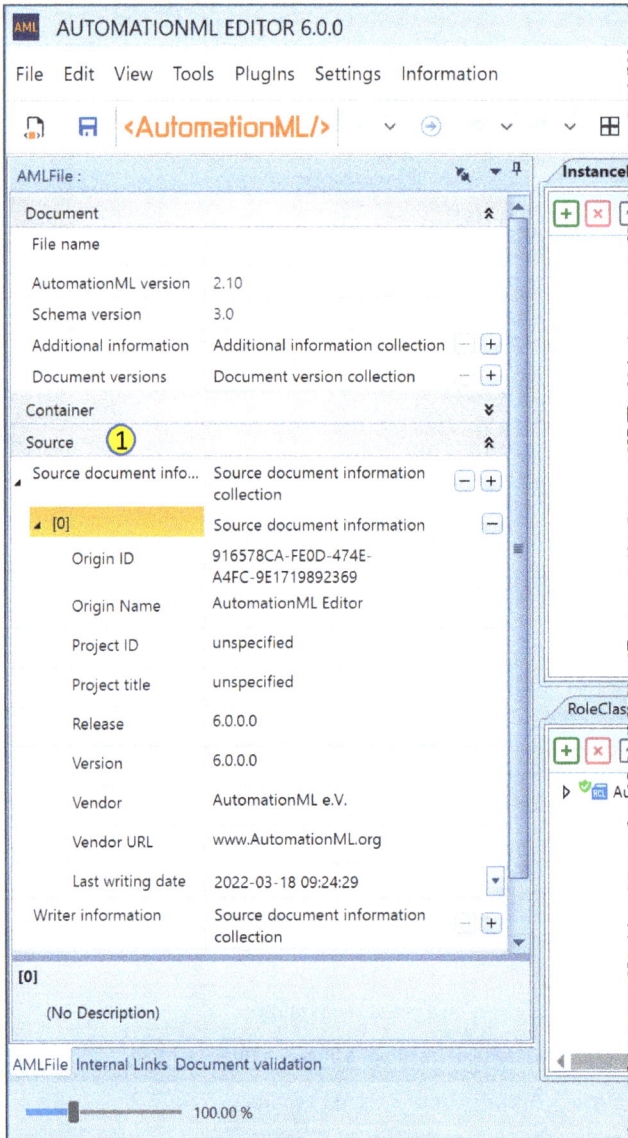

Abb. 3-73: *SourceDocumentInformation* im AutomationML Editor

Allgemeine Modellierungsregeln für Informationen zu Quellendokumenten sind:
- Jedes CAEX-Dokument muss Informationen über seine Quelle(n) enthalten. Diese Information ist vergleichbar mit einer Visitenkarte; sie identifiziert die Herkunft der Daten.
- Die Werte der Herkunftsinformation müssen von dem Werkzeug, das das CAEX-Dokument erstellt, eingebettet werden und müssen vom Typ xs:string sein.
- Ein CAEX-Dokument kann eine beliebige Anzahl von Quellkennungen enthalten. In einer Kette von Datenaustauschwerkzeugen müssen alle beteiligten Werkzeuge ihre Herkunftsinformationen in das CAEX-Dokument einfügen. Infolgedessen kann ein CAEX-Dokument Informationen über mehrere Quellwerkzeuge einer Datenaustauschkette enthalten.
- Ein Werkzeug kann die Ursprungsinformationen anderer Werkzeuge entfernen. Dies kann den iterativen Datenaustausch mit den anderen Werkzeugen behindern; daher wird das Entfernen der Herkunftsinformationen anderer Werkzeuge nicht empfohlen.
- Die Herkunftsinformationen müssen mit Hilfe des CAEX-Elements *SourceDocumentInformation* gespeichert werden.

3.11.5 Versionsinformationen für Bibliotheken, Klassen, Instanzen, Attribute

Alle CAEX-Bibliotheken, Klassen, Instanzen, Attribute usw. können mit vielfältigen Versionsinformationen versehen werden. Damit dies einheitlich gelingt, sind alle CAEX Datentypen von einer Oberklasse *CAEXObject* abgeleitet, der über ein Element vom Datentyp *Header* verfügt. Somit besitzen sämtliche CAEX Datentypen im CAEX Bauplan dieselben Versionsfelder. Diese sind:
- **Description, Copyright:** Hiermit können Anwender oder Werkzeuge einen nutzerdefinierte Beschreibungstext sowie einen Copyright-Vermerk hinterlassen. Diese Attribute sind Strings, ihre Syntax ist nicht Teil des AutomationML Standards
- **AdditionalInformationen**: Dieses Attribut erlaubt die Speicherung beliebiger zusätzlicher Informationen beliebigen Typs.
- **SourceObjectInformation: OriginID** und **SourceObjID**: Diese CAEX-Elemente ermöglichen die Speicherung von organisatorischen Informationen über den Ursprung jedes CAEX-Objekts. Dieses Konzept wird im nachfolgenden Abschnitt 3.11.6 vertieft.
- **Revision:** Dieses Feld ermöglicht die Abbildung detaillierter Versionsinformationen.
- **ChangeMode:** Dieses Feld erlaubt, Änderungsinformationen für ein Objekt zu modellieren. Dies ist hilfreich, wenn bei wiederholtem Datenaustausch nur die Änderungen versandt werden sollen. Unveränderte Objekte werden dann einfach weggelassen. Die Art der Änderungen werden mittels *ChangeMode* defi-

niert. Erlaubte Werte sind *state*, *create*, *delete* und *change*, ist der *ChangeMode* nicht vorhanden, gilt er als undefiniert. Der Wert *state* wird für Objekte verwendet, die sich seit dem letzten Datenaustausch nicht geändert haben – das wird z.B. benötigt, wenn sich ein Unterobjekt geändert hat. Der Wert *create* wird für neue Objekte verwendet, die angelegt worden sind. Der Wert *delete* wird verwendet, wenn ein Objekt gelöscht werden soll. Das Objekt wird also nicht physisch aus der CAEX-Datei entfernt, sondern als zu löschen gekennzeichnet. Der Wert *change* wird verwendet, wenn sich das Objekt geändert hat. Der Change-Mode gilt nur für das Objekt selbst; wenn z.B. ein Attribut seinen Wert geändert hat, wird nur sein ChangeMode mit dem Wert *change* markiert, nicht der des Elternobjektes.

– **Version:** Hier wird die Versionsnummer des Objektes oder der Klasse eingetragen. Die Syntax der Versionsnummer ist nicht Teil des AutomationML Standards

Allgemeine Modellierungsregeln für versionsbezogene Informationen für Bibliotheken, Klassen, Instanzen oder Attribute sind:

– CAEX definiert keine Syntax oder Semantik für eine Versionsnummer, die einen String-Datentyp hat.

– Die Versionierung von Bibliotheken ist obligatorisch, und jede CAEX-Bibliothek muss ihre Versionsnummer mit Hilfe des CAEX-Elements Version definieren. Setzen Sie den Wert dieses Elements auf eine geeignete Zeichenkette, zum Beispiel „1.0".

– CAEX-Bibliotheken werden nur durch ihren Namen identifiziert, und daher ist es verboten, Bibliotheken mit demselben Namen, aber unterschiedlichen Versionsnummern in derselben AML-Datei zu speichern.

– Die Versionierung von Klassen, Instanzen oder Attributen ist optional. Falls erforderlich, müssen CAEX-Klassen ihre Versionsnummer unter Verwendung des CAEX-Elements Version definieren, zum Beispiel „3.0".

– Eine neue Version einer Klasse sollte als eine neue Klasse mit einem anderen Namen modelliert werden. Innerhalb der neuen Klasse sollte der vollständige Pfad der alten Version der Klasse in dem CAEX-Tag *OldVersion* des CAEX-Elements *Revision* gespeichert werden. Innerhalb der alten Klasse sollte der vollständige Pfad der neuen Version der Klasse in dem CAEX-Tag *NewVersion* des CAEX-Elements *Revision* gespeichert werden. Diese Bestimmung unterstützt die Verfolgung von Änderungen über verschiedene Versionen einer Klasse hinweg.

– Der Ersteller eines CAEX-Dokuments muss sicherstellen, dass nur versionskompatible Klassen und externe Dokumente referenziert werden.

Übungsbeispiel: Modellieren Sie eine Bibliothek „Versionsdaten" mit zwei Klassen „Auto1.0" und „Auto2.0". Experimentieren Sie mit den Versionsinformationen im AutomationML Editor.

Musterlösung:

- Modellieren Sie zuerst eine neue Klasse *Auto1.0* und erzeugen davon eine Kopie *Auto2.0*.
- Ändern Sie dann die Eigenschaftsfelder wie in Abb. 3-74 gezeigt.
- Alternative: Ziehen Sie die Elternklasse via Drag&Drop auf die Bibliothek *Versionsdaten* und wählen Sie im Menü den Punkt *Create new version*. Der Editor trägt dann die Eigenschaftsfelder selbständig ein, das Ergebnis ist dasselbe.

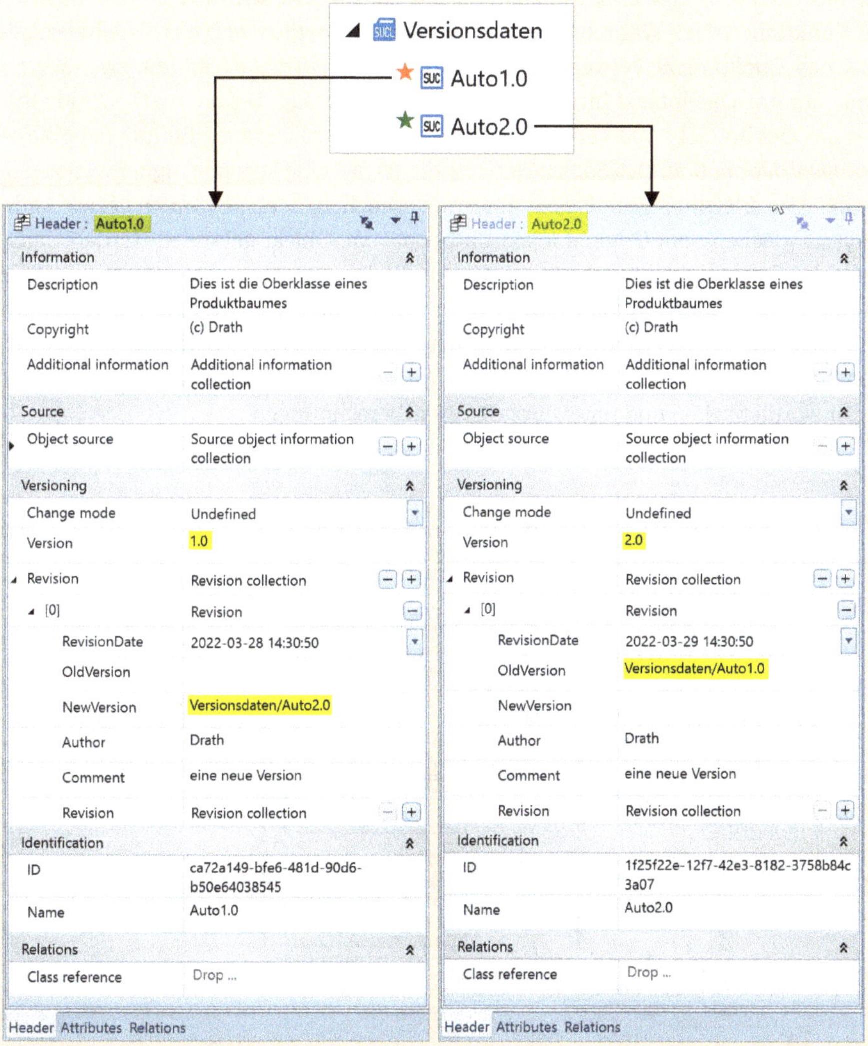

Abb. 3-74: Versionsinformationen einer Klasse mit Referenzen auf alte und neue Versionen

3.11.6 SourceObjectInformation: Referenzieren von Quellobjekten

AML-Objekte stellen in der Regel Engineering-Objekte dar, die in ursprünglichen Werkzeugen erstellt wurden. Besonders im iterativen Engineering, wenn der Prozess des Exports der Daten nach CAEX stattfindet, ist es nützlich, dass jedes CAEX-Objekt seine Herkunft kennt. Gemäß IEC62424 kann jedes CAEX-Dokument über das Feld *SourceDocumentInformation* Auskunft über das Software-Quellwerkzeug geben.

Das Element *SourceObjectInformation* ist ebenfalls Bestandteils des CAEX Datentyps *Header* und geht einen Schritt weiter, es referenziert für jedes CAEX Objekt nicht nur das Quellprojekt/Werkzeug, sondern das Quellobjekt selbst. Abb. 3-75 illustriert die Funktionsweise: Während *SourceDocumentInformation* auf das Quellwerkzeug bzw. das Quellprojekt verweist, zeigt *SourceObjectInformation* mittels zwei Werten direkt auf das Quellobjekt im proprietären Quellwerkzeug. Die *SourceToolID* identifiziert das Quellprojekt und verweist damit auf einen vorhandenen Eintrag der *SourceDocumentInformation*. Das *SourceObjID* ist die *ID* des Objektes im Originalwerkzeug/-projekt. Das erleichtert iteratives Engineering erheblich, denn so können gezielt Änderungen zwischen dem Originalobjekt und dem AML-Objekt gefunden werden, selbst wenn das Originalobjekt umbenannt oder im Projekt verschoben wurde. Dies gelingt für alle Objekte und Teilobjekte: also auch für Schnittstellen und Attribute. Stammt ein Objekt aus *ToolA*, ein Attribut desselben Objektes aber aus *ToolB,* kann dies exakt modelliert werden. Das ist hilfreich für die Nachvollziehbarkeit von Änderungen und Verantwortlichkeiten und unterstützt Differenzberechnungen.

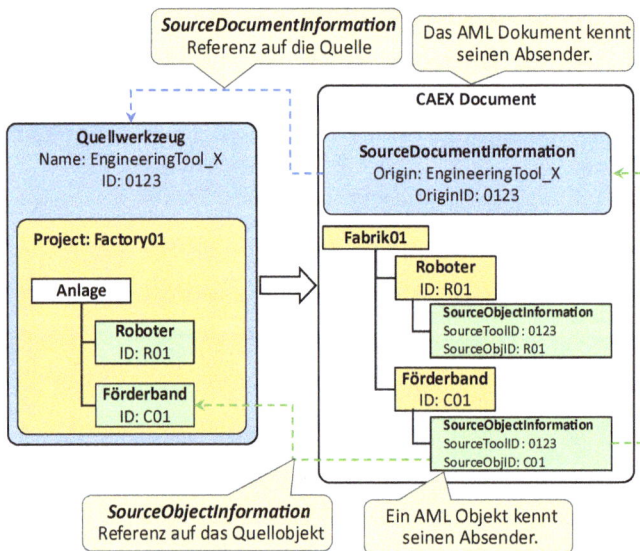

Abb. 3-75: *SourceObjectInformation* identifiziert den Absender eines AML Objektes

Übungsbeispiel: Fügen Sie dem CAEX Objekt *Auto01* eine Quellinformation hinzu.

Lösungsweg:
- Markieren Sie die Klasse *Auto01*.
- Wählen Sie im Eigenschaftsfenster den Reiter *Header*.
- Selektieren Sie im Feld *Source* (1) den + Button (2).
- Tragen Sie die *OriginalID* und *SourceID* ein (3) und (4).
- Abb. 3-76 zeigt das Ergebnis im AutomationML Editor.

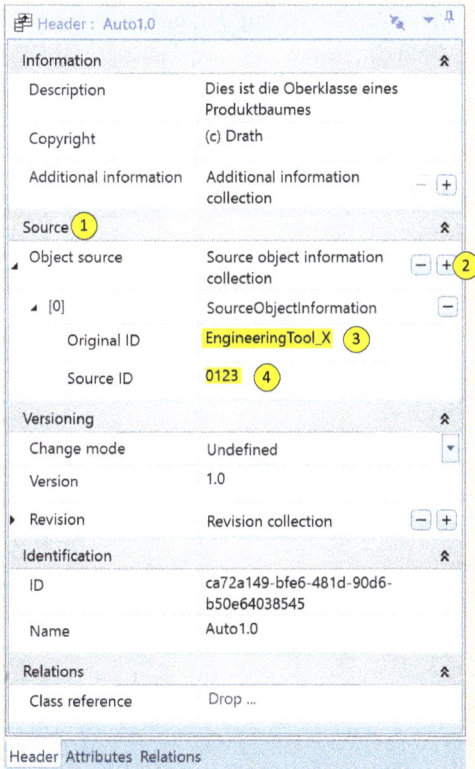

📰 Header : Auto1.0		
Information		⋩
Description	Dies ist die Oberklasse eines Produktbaumes	
Copyright	(c) Drath	
Additional information	Additional information collection	− ⊞
Source (1)		⋩
Object source	Source object information collection	− ⊞ (2)
[0]	SourceObjectInformation	−
Original ID	EngineeringTool_X (3)	
Source ID	0123 (4)	
Versioning		⋩
Change mode	Undefined	▾
Version	1.0	
Revision	Revision collection	− ⊞
Identification		⋩
ID	ca72a149-bfe6-481d-90d6-b50e64038545	
Name	Auto1.0	
Relations		⋩
Class reference	Drop …	
Header Attributes Relations		

Abb. 3-76: Beispiel: Das Objekt *Auto01* identifiziert sein Quellwerkzeug und seine Quell-ID

Allgemeine Modellierungsregeln für *SourceObjectInformation* sind:
- CAEX empfiehlt die Verwendung des optionalen CAEX-Elements *SourceObject-Information* mit seinen Attributen *OriginID* und *SourceObjID* zur Identifizierung des Quellwerkzeugs jedes CAEX-Objekts, zum Beispiel Bibliotheken, Klassen, Instanzen, Attribute.
- Die *OriginID* ist Teil der in 3.11.4 beschriebenen *SourceDocumentInformation*.
- Die *SourceObjID* entspricht dem proprietären Identifikator im Source-Tool.

3.12 Überschreiben vererbter Informationen

3.12.1 Übersicht

Ein Grundprinzip der Vererbung besteht darin, gemeinsame Daten in der höchstmöglichen Klasse zu modellieren und die individuellen Eigenschaften in den abgeleiteten Kindklassen zu ergänzen. Das Überschreiben von bereits geerbten Informationen wird bei der Anlagenplanung benötigt, von CAEX erlaubt und im AML Editor unterstützt: Hier können geerbte Inhalte erweitert, entfernt oder geändert werden. Ein praktisches Beispiel zur Vorbereitung der Übung: Modellieren Sie ein Einrad.

– zunächst modellieren Sie eine Rollenbibliothek mit den erforderlichen Rollen *Fahrrad*, *Rad*, *Lenker* und *Sattel*.
– Danach modellieren Sie eine Attributtypbibliothek mit dem Attributtyp *Gewicht*.
– Abschließend erfolgt die Modellierung des Einrades.
– Abb. 3-77 zeigt das AML Modell, Startpunkt der nachfolgenden Übungsaufgaben.

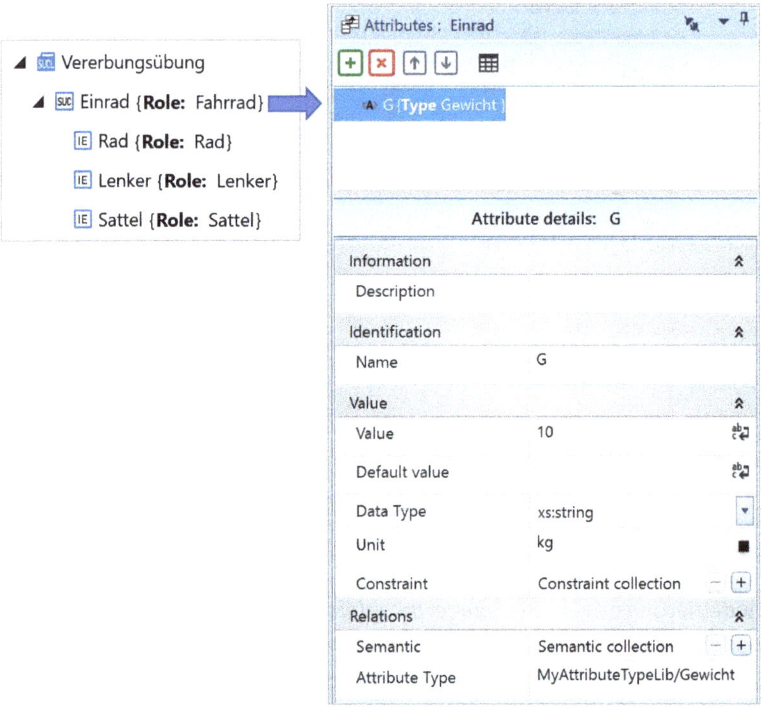

Abb. 3-77: Klassenmodell des Einrades

3.12.2 Überschreiben von Attributen

Ergänzen Sie zunächst eine Ableitung des Einrades und fügen eine *SystemUnitClass Fahrrad* hinzu. Abb. 3-78 zeigt den Zwischenstand.

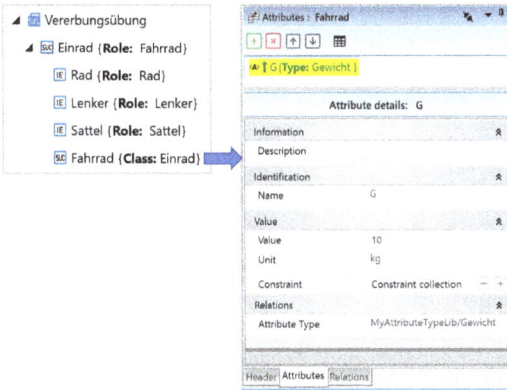

Abb. 3-78: Ein geerbtes Attribut

Das Überschreiben des CAEX Attributs erfolgt, indem das geerbte Attribut im Eigenschaftsfenster des AutomationML Editors mit der rechten Maustaste selektiert wird. Es erscheint ein Kontextmenü, siehe Abb. 3-79.

– Mit dem Menüpunkt *Override* kopiert der AML Editor das geerbte Attribut von der Elternklasse physisch in die Kindklasse. Danach können die kopierten Daten frei verändert werden.

– Mit dem Menüpunkt *Exclude* kopiert der AutomationML Editor das geerbte Attribut ebenso physisch in die Kindklasse und setzt den *ChangeMode* auf *Delete*.

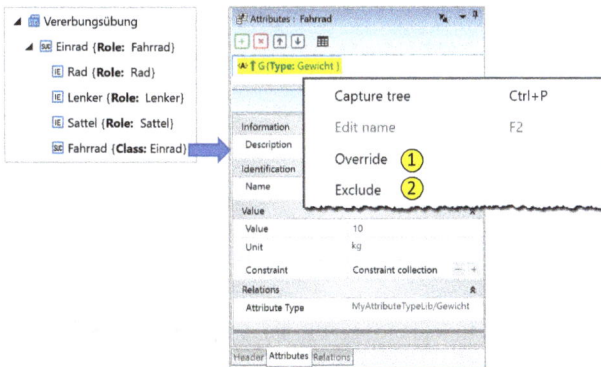

Abb. 3-79: Überschreiben (1) und Ausschließen (2) eines geerbten Attributs

Der Identifikator zwischen einem geerbten und einem überschriebenen oder ausgeschlossenen Attribut ist sein *Name*, der anschließend nicht geändert werden darf. Wenn in der übergeordneten Klasse Attributbeschränkungen definiert sind, müssen die überschriebenen Daten diese Anforderungen ebenfalls erfüllen, da die Beschränkungen ebenfalls vererbt werden. Diese *Constraints* können jedoch ebenfalls modifiziert werden. Dieses allgemeine Konzept des Überschreibens von Attributen gilt für alle CAEX-Klassentypen.

Übungsaufgabe Teil 1:
Ausgehend von der SystemUnitClass *Fahrrad*, modifizieren Sie das Gewicht zu 18kg.

Musterlösung:
Um ein geerbtes Attribut zu modifizieren, muss es überschrieben werden.
– Wählen Sie im Kontextmenü des Attributes *Override*. Intern wird der Inhalt des Elternattributes in die Kindklasse kopiert und kann frei editiert werden.
– Um das Überschreiben rückgängig zu machen, ist der Menüpunkt *Undo override* vorgesehen.
– Um ein geerbtes Attribut auszuschließen, ist der Menüpunkt *Exclude* vorgesehen. Das Objekt wird dann physisch in die Klasse kopiert und der ChangeMode wird auf "delete" gesetzt. Das Attribut wird noch angezeigt, ist aber markiert, um den Vorgang explizit sichtbar zu machen.
– Abb. 3-80 zeigt das Zwischenergebnis mit einem auf 18kg überschriebenen Attribut.

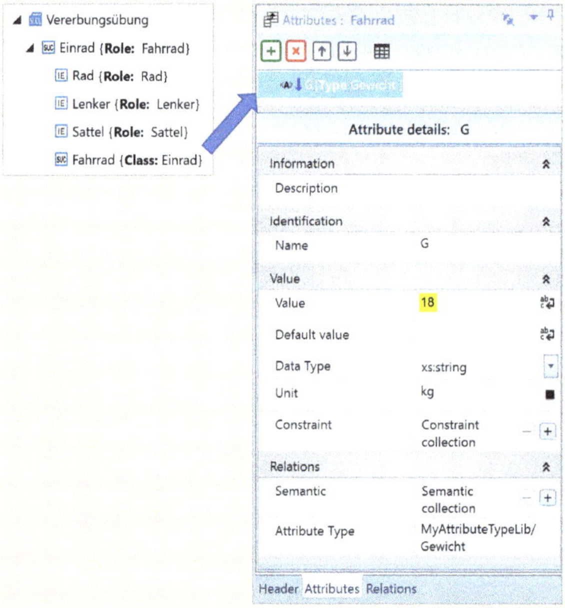

Abb. 3-80: Klassenmodell des Zweirades: das Attribut *G* ist geerbt, überschrieben und modifiziert

3.12.3 Überschreiben und Ausschließen von InternalElements/ExternalInterfaces

Das Überschreiben von *InternalElements* oder *ExternalInterfaces* erfolgt genau wie bei Attributen: indem die innere Struktur der geerbten Modelle in die Kindklasse kopiert werden. Dort können die Elemente frei editiert werden.

Übungsaufgabe Teil 2:
– Ergänzen Sie am Fahrrad ein weiteres Rad *Rad2*.
– Ersetzen Sie den Sattel durch einen Sportsattel.

Musterlösung:
– Um geerbte Elemente sichtbar zu machen, selektieren Sie die SystemUnitClass *Fahrrad* und wählen im Kontextmenü *Show inherited elements*. Die geerbten Objekte werden dadurch im AutomationML Editor visualisiert und farblich markiert. Aktuell zeigt der AutomationML Editor die erste Ebene des Erbgutes an.
– Soll ein Attribut oder ein Element einer tieferen Strukturebene modifiziert werden, muss der gesamte Zweig überschrieben werden.
– Jetzt ergänzen Sie das neue Element *Rad2*.
– Um den *Sattel* auszuschließen, selektieren Sie den *Sattel* und wählen im Kontextmenü den Punkt *Exclude*.
– Anschließend könne Sie den neuen *Sportsattel* ergänzen.
– Abb. 3-81 zeigt das Ergebnis.

Abb. 3-81: Überschreiben, Ergänzen und Exkludieren von geerbten Inhalten

---

3.13 Empfehlungen zum Modellieren mit CAEX

3.13.1 Zwischenfazit

Jetzt haben Sie die grundlegenden Sprachelemente von AML und CAEX kennengelernt. Mit diesem Rüstzeug ist das Erstellen von Objektmodellen erstaunlich einfach und mächtig. Zur Erinnerung: In der Praxis kommt es fast nie vor, dass AML Objektmodelle händisch erstellt werden, weil AML für den Austausch von Engineering-Informationen zwischen Software-Werkzeugen gedacht ist und im Geschäftsverkehr kaum noch in Berührung zum Menschen kommt. AML-Dokumente werden von Exportern automatisch generiert und von Importern gelesen und interpretiert.

Aber für das Erlernen von AML, für das Programmieren und Testen von AML Schnittstellen und für das Erstellen von Domänenmodellen ist händisches Modellieren jedoch wichtig. Aber auch hier gilt: Sobald die grundlegenden Sprachelemente erlernt sind, verbringen Sie die wesentliche Zeit nicht mit AutomationML, sondern mit der objektorientierten Analyse der Aufgabenstellung oder dem Suchen und Erschließen der Engineering-Daten und Objektmodelle im Quell- oder Zielwerkzeug.

3.13.2 Empfehlungen für das Analysieren von Objektmodellen

Für das Denken in Objektmodellen hier einige konkrete Empfehlungen für ein schrittweises Vorgehen:
- Schritt 1: Identifizieren Sie die **Funktionen** der Akteure → definieren oder identifizieren Sie dafür **Rollenklassen**,
- Schritt 2: Identifizieren Sie **Eigenschaften** der Akteure (Attribute in der Aufgabenstellung) → definieren oder identifizieren Sie dafür **AttributeTypes**,
- Schritt 3: Identifizieren Sie **Schnittstellen** zwischen Akteuren → definieren oder identifizieren Sie dafür **Schnittstellenklassen**,
- Schritt 4: Identifizieren Sie **Klassen der Akteure** und ihre innere Struktur → abstrahieren Sie und definieren oder identifizieren Sie dafür System-Unit-Klassen mit ihrer inneren Struktur einschließlich der inneren Relationen. Erstellen Sie Klassenbäume bzw. Klassenhierarchien mit geeigneten Vererbungsrelationen.
- Schritt 5: Identifizieren Sie **konkrete Akteure** (Substantive in der Aufgabenstellung) → instanziieren Sie pro Akteur ein **InternalElement**. Bilden Sie geeignete Hierarchien.
- Schritt 6: Identifizieren Sie die **Anforderungen** an die Akteure → modellieren Sie ggf. die **Requirements** direkt an den InternalElements,
- Schritt 7: Modellieren und Verfeinern Sie die Problemstellung mit Hilfe Ihrer Klassen, Rollen, Schnittstellen, und Attribute in der Instanzhierarchie.
- Schritt 8: Gehen Sie schrittweise vor und lassen Sie unbekannte Dinge offen.
- Schritt 9: Lassen Sie Ihren Kunden prüfen, ob Sie die Problemstellung richtig erfasst und in seinem Sinne verstanden haben

3.13.3 Überblick über die wichtigsten Sprachelemente von CAEX

Abb. 3-82 fasst die wichtigsten Sprachelemente von CAEX zusammen.

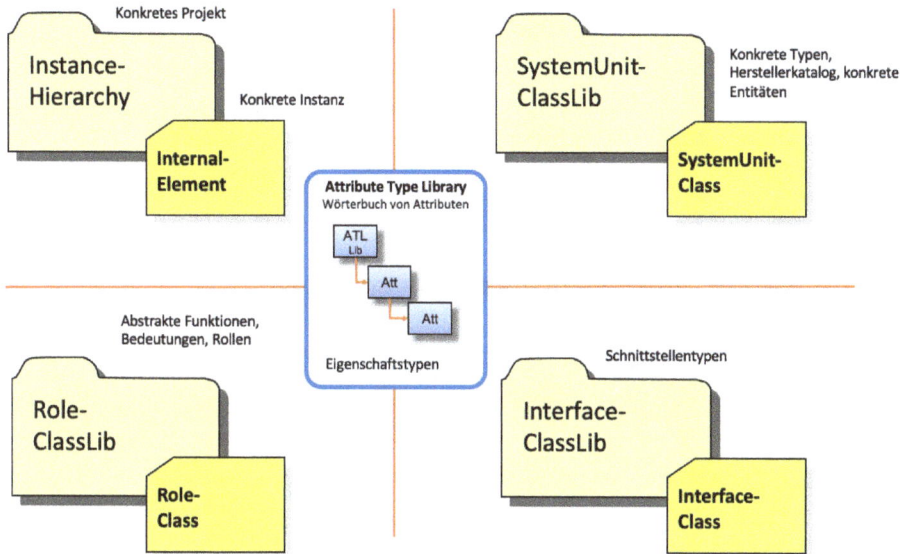

Abb. 3-82: Die wichtigsten Sprachelemente von CAEX im Überblick

3.14 Komplexaufgaben

3.14.1 Aufgabe 1: Modellierung einer Fertigungszelle

3.14.1.1 Funktionsbeschreibung einer Roboter-Palettierstation

Die Fertigungszelle (siehe Abb. 3-83) besteht aus zwei Förderbändern, einem Robo-ter, einer Euro-Palette (800 x 1200mm) und einem Rahmen. Das linke Förderband ist ein Infeeder, er besitzt je eine Lichtschranke am Anfang und Ende des Förder-bandes. Der rechte Förderer ist ein Transportband, es besitzt einen Stopper. Die Funktion des Palettierers besteht darin, dass Kartons über den Infeeder zur Bearbei-tungsstation gelangen, der in Greifposition des Roboters vom Stopper angehalten wird. Der Roboter greift den Karton und positioniert ihn auf der Palette. Auf dem Transportband darf sich jeweils nur ein Karton befinden. Der Infeeder fungiert inso-fern als Vereinzeler, indem er jeweils nur einen Karton auf das Transportband lässt. Sobald der Roboter seinen Palettiervorgang beendet hat, darf der nächste Karton auf das Transportband gelangen.

3.14.1.2 Aufgabenstellung

Modellieren Sie die Fertigungszelle mit dem AML-Editor. Berücksichtigen Sie dabei alle Datentypen von CAEX.

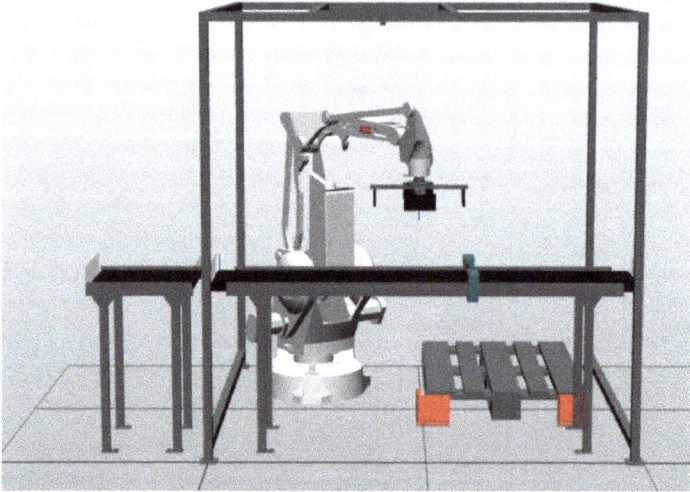

Abb. 3-83: Roboter-Palettierstation

3.14.1.3 Lösungsweg

Für die Bearbeitung orientieren wir uns an der Schrittfolge aus Abschnitt 3.13.

Schritt 1: Identifizieren Sie die **Funktionen** der Akteure → definieren oder identifizieren Sie dafür **Rollenklassen**:

- Die Aufgabenstellung benennt nur wenige Komponenten: einen *Roboter*, zwei *Förderbänder*, einen *Rahmen*, eine *Palette*, einen *Stopper* und eine *Lichtschranke*. Dafür benötigen wir passende Rollen.
- In der Praxis würden wir verfügbare Bibliotheken suchen, in unserer Übung erstellen wir die Rollenklassenbibliothek selbst.
- Abb. 3-84 zeigt das Ergebnis. Beachten Sie: Hier geht es nicht um die konkreten Exemplare, sondern um benötigte Funktionen bzw. abstrakte Objekttypen.

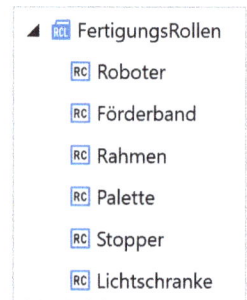

Abb. 3-84: Rollen- und Attributtyp-Bibliothek für die Palettierstation

Schritt 2: Identifizieren Sie **Eigenschaften** der Akteure (Attribute in der Aufgaben-stellung) → definieren oder identifizieren Sie dafür **AttributeTypes**.

– Die Aufgabenstellung benennt keine konkreten Eigenschaften, aber sie sind doch verborgen vorhanden: Die Palette ist eine Euro-Palette, die ist mit einer Größe von 800 x 1200 mm standardisiert. Dafür identifizieren wir zwei Attributtypen Länge und Breite, die wir in Abschnitt 3.5 bereits modelliert haben. Abb. 3-85 zeigt die-se Bibliothek.

Abb. 3-85: Attributtyp-Bibliothek für die Palettierstation

Schritt 3: Identifizieren Sie **Schnittstellen** zwischen Akteuren → definieren oder identifizieren Sie dafür **Schnittstellenklassen**

– Die Aufgabenstellung nennt keine konkreten Schnittstellen, aber erwähnt Bi-närsensoren. Hierfür benötigen wir Digitale Aus- und Eingangssignale.
– Die dafür erforderlichen Klassen haben wir bereits in Abschnitt 3.6 modelliert, diese Bibliothek verwenden wir wieder, siehe Abb. 3-86.

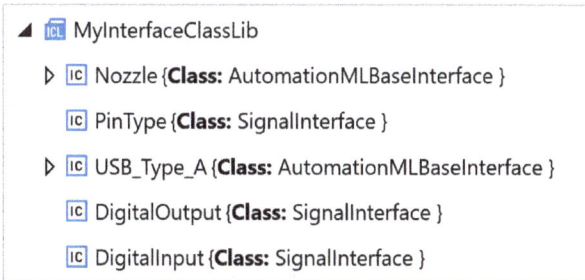

Abb. 3-86: Schnittstellenklassen mit den Schnittstellenklassen *DigitalInput* und *DigitalOutput*

Schritt 4: Identifizieren Sie **Klassen der Akteure** und ihre innere Struktur → ab-strahieren Sie und definieren oder identifizieren Sie dafür System-Unit-Klassen mit ihrer inneren Struktur einschließlich der inneren Relationen. Erstellen Sie Klassen-bäume bzw. Klassenhierarchien mit geeigneten Vererbungsrelationen.

– Um die Roboterzelle zu planen, muss eine konkrete Geräteauswahl erfolgen. Dies ist in der Praxis ein aufwändiger Prozess, den wir im Sinne der Übung überspringen. Wir erstellen eine Produkt-Bibliothek fiktiver Hersteller.

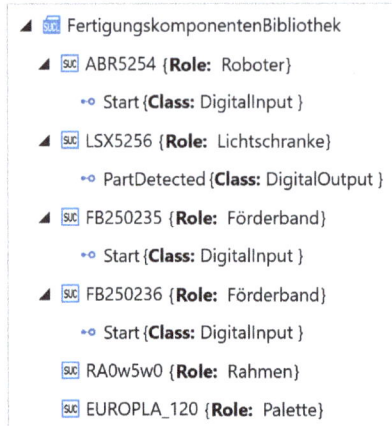

▲ 🗗 FertigungskomponentenBibliothek
  ▲ 🗐 ABR5254 **{Role:** Roboter**}**
      •○ Start **{Class:** DigitalInput **}**
  ▲ 🗐 LSX5256 **{Role:** Lichtschranke**}**
      •○ PartDetected **{Class:** DigitalOutput **}**
  ▲ 🗐 FB250235 **{Role:** Förderband**}**
      •○ Start **{Class:** DigitalInput **}**
  ▲ 🗐 FB250236 **{Role:** Förderband**}**
      •○ Start **{Class:** DigitalInput **}**
    🗐 RA0w5w0 **{Role:** Rahmen**}**
    🗐 EUROPLA_120 **{Role:** Palette**}**

Abb. 3-87: Ein fiktiver Produktkatalog für die Palettierstation als SystemUnit-Klassenbibliothek

Schritt 5: Identifizieren Sie **konkrete Akteure** (Substantive in der Aufgabenstellung) → instanziieren Sie pro Akteur ein **InternalElement**. Bilden Sie geeignete Hierarchien.

– Die Palettierstation wird nun aus Instanzen der Produkttypen zusammengesetzt. Beide Förderbänder aggregieren die jeweilige Ein- und Ausgangssensoren. Abb. 3-88 zeigt eine Lösung.

– Das Modell ist durchgängig typisiert, allen Objekten sind abstrakte Rollen und konkrete Produkttypen zugeordnet, so dass das Modell nicht nur maschinenlesbar, sondern auch maschinenverständlich ist.

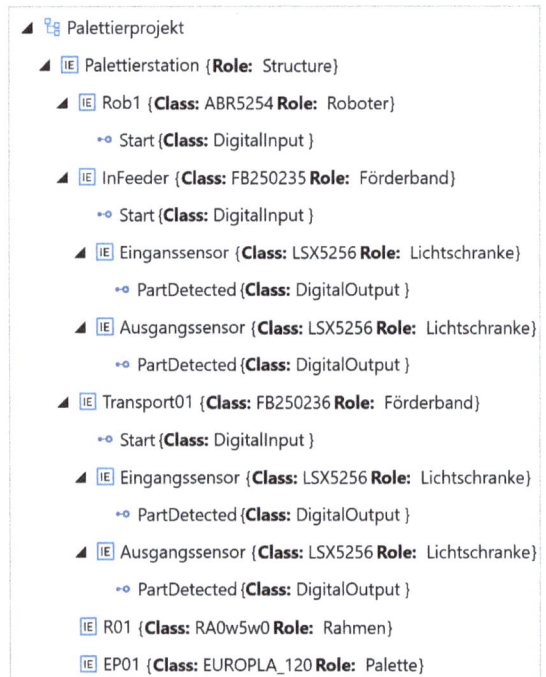

Die Schritte 6-9 werden hier nicht weiter betrachtet.

▲ 🖧 Palettierprojekt
  ▲ 🗔 Palettierstation **{Role:** Structure**}**
    ▲ 🗔 Rob1 **{Class:** ABR5254 **Role:** Roboter**}**
        •○ Start **{Class:** DigitalInput **}**
    ▲ 🗔 InFeeder **{Class:** FB250235 **Role:** Förderband**}**
        •○ Start **{Class:** DigitalInput **}**
      ▲ 🗔 Eingangssensor **{Class:** LSX5256 **Role:** Lichtschranke**}**
          •○ PartDetected **{Class:** DigitalOutput **}**
      ▲ 🗔 Ausgangssensor **{Class:** LSX5256 **Role:** Lichtschranke**}**
          •○ PartDetected **{Class:** DigitalOutput **}**
    ▲ 🗔 Transport01 **{Class:** FB250236 **Role:** Förderband**}**
        •○ Start **{Class:** DigitalInput **}**
      ▲ 🗔 Eingangssensor **{Class:** LSX5256 **Role:** Lichtschranke**}**
          •○ PartDetected **{Class:** DigitalOutput **}**
      ▲ 🗔 Ausgangssensor **{Class:** LSX5256 **Role:** Lichtschranke**}**
          •○ PartDetected **{Class:** DigitalOutput **}**
      🗔 R01 **{Class:** RA0w5w0 **Role:** Rahmen**}**
      🗔 EP01 **{Class:** EUROPLA_120 **Role:** Palette**}**

Abb. 3-88: Eine Musterlösung für das CAEX-Datenmodell der Palettierstation

3.14.2 Aufgabe 2: Modellieren eines Motoren-Produktkataloges

3.14.2.1 Aufgabenstellung

Modellieren Sie das in Abb. 3-89 dargestellte UML-Klassenmodell für eine Motoren-bibliothek mit AutomationML.

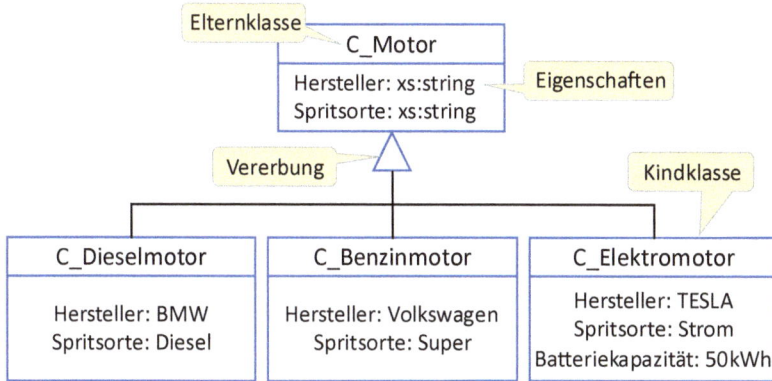

Abb. 3-89: UML-Klassenmodell für eine Motorenbibliothek

3.14.2.2 Lösungsweg

Auch in dieser Aufgabenstellung orientieren wir uns an der empfohlenen Schrittfolge aus Abschnitt 3.13.

– Im ersten Schritt erstellen Sie eine Attributtyp-Bibliothek mit den Attributen *Hersteller*, *Spritsorte* und *Batteriekapazität*.

– Anschließend identifizieren Sie die benötigten Rollen *Motor* sowie davon spezialisierte herstellerunabhängige Rollen *Dieselmotor*, *Benzinmotor* und *Elektromotor*.

– Zuletzt erstellen Sie einen Produktkatalog gemäß dem UML Diagramm

– Die Klasse *C_Motor* erhält die Attribute *Hersteller* und *Spritsorte*. Der Typ xs:string dieser Attribute wird vom AutomationML Editor als Standardwert voreingestellt, das ist damit erledigt.

– In den abgeleiteten Klassen *C_Dieselmotor*, *C_Benzinmotor* und *C_Elektromotor* werden die geerbten Attribute mit den angegebenen individuellen Werten überschrieben.

– Die Klasse *C_Elektromotor* erhält darüber hinaus ein spezielles Attribut für die Batteriegröße.

Abb. 3-90 zeigt die resultierenden Klassenbibliotheken für ein vollständig typisiertes Klassenmodell. Die modellierten Rollen waren im UML-Modell der Aufgabenstellung nicht explizit enthalten, aber implizit trotzdem vorhanden, weil die menschliche Interpretation die Bedeutung der Klassen spontan ergänzt. Sollen die Daten aber ohne menschliches Beisein maschinenverständlich bleiben, muss das spontane Verständnis über die Bedeutung der UML-Klassen explizit mitmodelliert werden. Die Rollen der einzelnen Motortypen geben maschinenlesbare Auskunft, dass es sich generell um Motoren handelt, aber auch ob eine Klasse konkret ein Diesel/Benzin- oder Elektromotor ist.

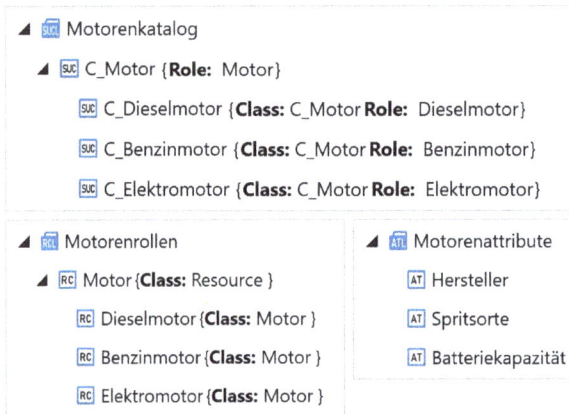

Abb. 3-90: Fiktives AutomationML-Klassenmodell eines Motorenproduktkataloges

3.15 Was Sie jetzt können sollten

Wenn Sie sich die Abschnitte 3.1 bis 3.14 schrittweise erarbeitet haben, sollten Sie folgendes können:
– Sie können Attributtypen definieren und Attributbibliotheken anlegen,
– Sie können Interfaceklassen definieren und Interfacebibliotheken anlegen,
– Sie können Rollenklassen definieren und Rollenbibliotheken anlegen,
– Sie können Rollenklassen zuweisen und verstehen,
– Sie können Schnittstelleninstanzen erzeugen und verbinden,
– Sie können SystemUnit-Klassen definieren und Bibliotheken anlegen,
– Sie können einen kleinen Produktkatalog modellieren,
– Sie können Vererbungshierarchien modellieren,
– Sie können Vererbungen überschreiben, ausschließen und ergänzen,
– Sie können Instanzhierarchien anlegen und Modellhierarchien anlegen,
– Sie können die Welt objektorientiert analysieren und in einfachen AML Modellen abbilden.

4 AutomationML Standardbibliotheken

4.1 Einleitung

AutomationML definiert drei Basisbibliotheken, die für die Modellierung der Kernkonzepte von AutomationML benötigt werden. Die Klassen dieser Standardbibliotheken und ihre Verfügbarkeit werden in diesem Abschnitt vorgestellt, ihre konkrete Anwendung wird anschließend vertieft.

4.2 Die AutomationML Standardklassen im Überblick

Abb. 4-1 zeigt die AutomationML-Basisrollenklassenbibliothek *AutomationMLBaseRoleClassLib*.

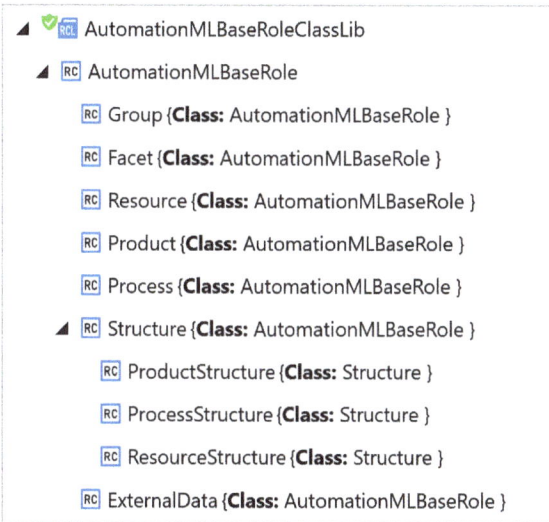

Abb. 4-1: Klassen der *AutomationMLBaseRoleClassLib*

https://doi.org/10.1515/9783110782998-004

Abb. 4-2 zeigt die Klassen der *AutomationMLInterfaceClassLib*.

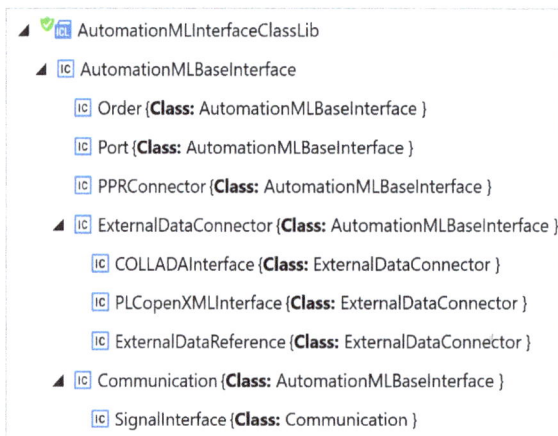

Abb. 4-2: Klassen der *AutomationMLInterfaceClassLib*

Abb. 4-3 zeigt die Klassen der *AutomationMLBaseAttributeTypeLib*.

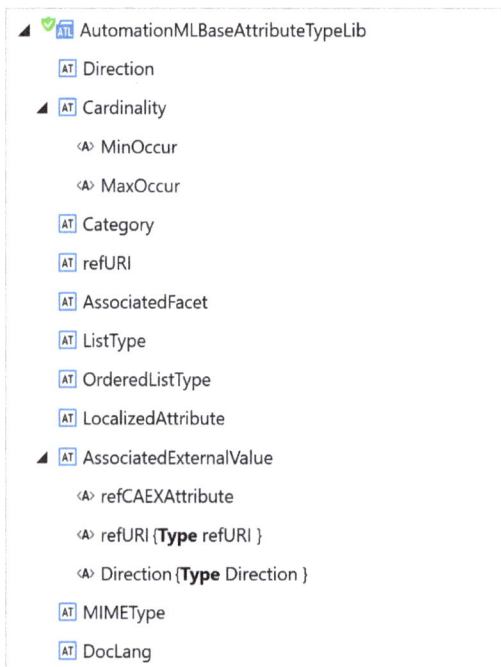

Abb. 4-3: Attributtypen der *AutomationMLBaseAttributeTypeLib*

4.3 Download der Standardbibliotheken mit dem AML Editor

Die Bibliotheken des AutomationML Standards lassen sich mit dem AutomationML Editor direkt aus dem Internet herunterladen. Öffnen Sie dazu wie in Abb. 4-4 gezeigt den Menüpunkt *File/Import/from AutomationML* (1-3). Daraufhin erscheint ein Dialog mit einer Auswahl von Kategorien von Bibliotheken. Diese Kategorien werden nach Drucklegung des Buches ggf. ergänzt und entwickeln sich im Laufe der Zeit weiter. Aktuell werden vier Kategorien unterschieden, siehe Abschnitt 1.10:

1. Die Kategorie **White Paper** umfasst alle Bibliotheken der vom AutomationML e.V. veröffentlichten White Paper.
2. Die Kategorie **Best Practice Recommendation** umfasst alle Bibliotheken der vom AutomationML e.V. veröffentlichten Best Practice Recommendations (BPR).
3. Die Kategorie **Application Recommendation** umfasst alle Bibliotheken der vom AutomationML e.V. veröffentlichten Application Recommendations (APR).
4. Die Kategorie **Experimental and Work in Progress** umfasst experimentelle Bibliotheken, beispielsweise eine Lehrbibliothek des Autors für seine Vorlesungen oder Vorabversionen von in Arbeit befindlichen Bibliotheken.

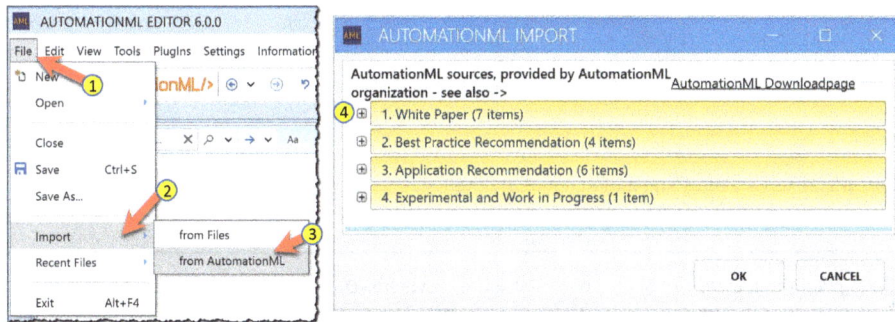

Abb. 4-4: Import von Bibliotheken mit dem AutomationML Editor

Die hier beschriebenen Basisbibliotheken sind in der Kategorie *White Paper* im *WP AutomationML Edition 2.10* enthalten. Mit einem Klick auf das + Zeichen links der Kategorien (4) öffnet sich eine Liste.

Abb. 4-5 zeigt den Dialog nach dem Öffnen der Liste. Wählen Sie das Whitepaper (1) aus. Mit Hilfe der Checkboxen (2) können Sie gezielt diejenigen Bibliotheken auswählen, die Sie benötigen. Wählen Sie abschließend OK (3) und beenden den Dialog. Dies fügt die selektierten Bibliotheken dem aktuellen AutomationML Dokument hinzu.

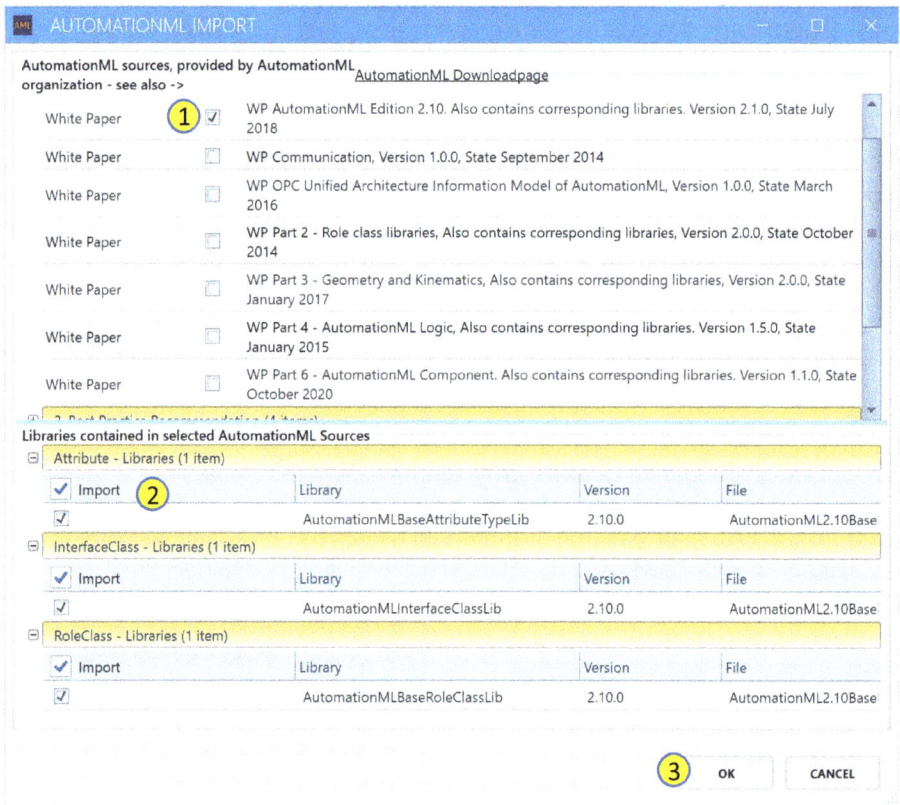

Abb. 4-5: Auswahldialog zum Import von Bibliotheken

? **Übungsaufgabe:** Erzeugen Sie mit dem AML Editor ein leeres Dokument und ergänzen Ihr Dokument anschließend schrittweise um die drei Basis-Bibliotheken.

4.4 Download von ergänzenden Inhalten zu diesem Buch

Neben den Standard-Bibliotheken stehen im AutomationML Editor weitere Inhalte zum Download zur Verfügung. Über den Menüpunkt *View/Browse Models and News* gelangen Sie zu einem Dialog zum Download von Inhalten, siehe Abb. 4-6.

– unter (1) finden Sie die kürzlich geöffneten Dokumente,
– unter (2) erscheint eine Popup-Liste mit Kategorien von Informationen (hier *Experimental Libraries and Work in Progress*) sowie
– unter (3) finden Sie eine Lehrbibliothek des Autors.

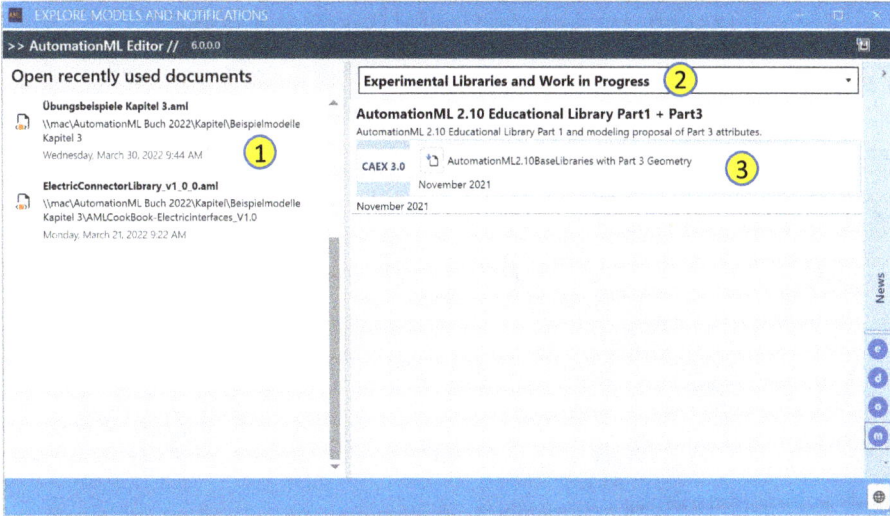

Abb. 4-6: Auswahldialog zum Import von Bibliotheken und weiteren Inhalten

Abb. 4-7 zeigt das Popup-Menü, wenn (2) ausgewählt wurde: Hier lassen sich beispielsweise Beispieldateien zu diesem Buch finden und herunterladen.

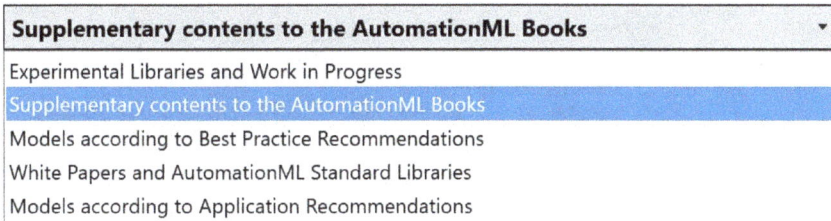

Abb. 4-7: Popup-Menü zur Auswahl weiterer Datenkategorien

4.5 Modellierungsregeln für Standardbibliotheken

Allgemeine Modellierungsregeln zur Verwendung der AML Basisbibliotheken sind:

- Alle *InternalElements* und *SystemUnitClasses* müssen direkt oder indirekt mit der Standard-Rollenklasse *AutomationMLBaseRoleClass* verknüpft sein.
- Alle AML-Schnittstellen müssen direkt oder indirekt mit der Standard-Schnittstellenklasse *AutomationMLBaseInterface* verknüpft sein.
- Attribute aus der AML *AutomationMLBaseAttributeTypeLib* müssen, wenn sie benötigt werden, aus dieser instanziiert werden.
- Nicht benötigte Attribute dürfen nach der Instanziierung entfernt werden.

4.6 Rollenklassen der AutomationMLBaseRoleClassLib

4.6.1 Rollenklasse AutomationMLBaseRole

Tab. 4-1: Rollenklasse AutomationMLBaseRole

Klassenname	AutomationMLBaseRole
Beschreibung	Die Rollenklasse *AutomationMLBaseRole* ist ein grundlegender abstrakter Rollentyp und die Basisklasse für alle Standard- oder benutzerdefinierten Rollenklassen.
Elternklasse	Keine
Pfad zur Referenzierung	AutomationMLBaseRoleClassLib/AutomationMLBaseRole
Attribute	Keine

4.6.2 Rollenklasse Group

Tab. 4-2: Rollenklasse Group

Klassenname	Group
Beschreibung	Die Rollenklasse *Group* ist ein Rollentyp für Objekte, die zur Gruppierung von Spiegelobjekten dienen, die aus einer bestimmten technischen Sicht zusammengehören. AML-Gruppenobjekte referenzieren diese Rolle.
Elternklasse	AutomationMLBaseRoleClassLib/AutomationMLBaseRole
Pfad zur Referenzierung	AutomationMLBaseRoleClassLib/AutomationMLBaseRole/Group
Attribute	**Name:** AssociatedFacet **RefAttributeType:** AutomationMLBaseAttributeTypeLib/AssociatedFacet

4.6.3 Rollenklasse Facet

Tab. 4-3: Rollenklasse Facet

Klassenname	Facet
Beschreibung	Die Rollenklasse *Facet* ist ein Rollentyp für Objekte, die als Untersicht auf Attribute oder Interfaces eines AML-Objekts dienen. AML-Facettenobjekte referenzieren diese Rolle.
Elternklasse	AutomationMLBaseRoleClassLib/AutomationMLBaseRole
Pfad zur Referenzierung	AutomationMLBaseRoleClassLib/AutomationMLBaseRole/Facet
Attribute	Keine

4.6.4 Rollenklasse Resource

Tab. 4-4: Rollenklasse Resource

Klassenname	Resource
Beschreibung	Die Rollenklasse *Resource* ist ein grundlegender abstrakter Rollentyp und die Basisklasse für alle AML-Ressourcenrollen. Sie beschreibt Produktionsressourcen wie z.B. Förderbänder, Roboter, Maschinen, Anlagen oder Geräte. AML-Ressourcenobjekte müssen direkt oder indirekt auf diese Rolle verweisen. AML-Ressourcenobjekte modellieren bei Bedarf Beziehungen zu Produkten und Prozessen über eine externe CAEX-Schnittstelle des Typen *PPRConnector*. Diese Rolle wird im PPR-Konzept verwendet.
Elternklasse	AutomationMLBaseRoleClassLib/AutomationMLBaseRole
Pfad zur Referenzierung	AutomationMLBaseRoleClassLib/AutomationMLBaseRole/Resource
Attribute	Keine

4.6.5 Rollenklasse Product

Tab. 4-5: Rollenklasse Product

Klassenname	Product
Beschreibung	Die Rollenklasse *Product* ist ein grundlegender abstrakter Rollentyp und die Basisklasse für alle AML-Produktrollen. Sie beschreibt Produkte, Produktteile oder produktbezogene Materialien, die in der beschriebenen Anlage verarbeitet werden. AML-Produktobjekte müssen direkt oder indirekt auf diese Rolle verweisen. Falls erforderlich, müssen AML-Produktobjekte Beziehungen zu Ressourcen und Prozessen mittels einer externen CAEX-Schnittstelle des Typen *PPRConnector* modellieren. Diese Rolle wird im PPR-Konzept verwendet.
Elternklasse	AutomationMLBaseRoleClassLib/AutomationMLBaseRole
Pfad zur Referenzierung	AutomationMLBaseRoleClassLib/AutomationMLBaseRole/Product
Attribute	Keine

4.6.6 Rollenklasse Process

Tab. 4-6: Rollenklasse Process

Klassenname	Process
Beschreibung	Die Rollenklasse *Process* ist ein grundlegender abstrakter Rollentyp und die Basisklasse für alle AML-Prozessrollen. Sie beschreibt produktionsbezogene Prozesse. AML-Prozessobjekte müssen direkt oder indirekt auf diese Rolle verweisen. Falls erforderlich, müssen AML-Prozessobjekte Beziehungen zu Produkten und Prozessen durch eine externe CAEX-Schnittstelle des Typen *PPRConnector* modellieren. Diese Rolle wird im PPR-Konzept verwendet.
Elternklasse	AutomationMLBaseRoleClassLib/AutomationMLBaseRole
Pfad zur Referenzierung	AutomationMLBaseRoleClassLib/AutomationMLBaseRole/Process
Attribute	Keine

4.6.7 Rollenklasse Structure

Tab. 4-7: Rollenklasse Structure

Klassenname	Structure
Beschreibung	Die Rollenklasse *Structure* ist ein grundlegender abstrakter Rollentyp für Objekte, die als Strukturelemente in der Werkshierarchie dienen, z.B. eine Abteilung, eine Fertigungszelle, ein Ordner, ein Standort oder eine Fertigungslinie. AML-Strukturobjekte verweisen direkt oder indirekt auf diese Rolle.
Elternklasse	AutomationMLBaseRoleClassLib/AutomationMLBaseRole
Pfad zur Referenzierung	AutomationMLBaseRoleClassLib/AutomationMLBaseRole/Structure
Attribute	Keine

4.6.8 Rollenklasse ProductStructure

Tab. 4-8: Rollenklasse ProductStructure

Klassenname	ProductStructure
Beschreibung	Die Rollenklasse *ProductStructure* ist ein abstrakter Rollentyp für eine produktorientierte Objekthierarchie. AML-Produktstrukturobjekte referenzieren direkt oder indirekt auf diese Rolle. Diese Rolle wird im PPR-Konzept verwendet.
Elternklasse	AutomationMLBaseRoleClassLib/AutomationMLBaseRole/Structure
Pfad zur Referenzierung	AutomationMLBaseRoleClassLib/AutomationMLBaseRole/Structure/ProductStructure
Attribute	Keine

4.6.9 Rollenklasse ProcessStructure

Tab. 4-9: Rollenklasse ProcessStructure

Klassenname	ProcessStructure
Beschreibung	Die Rollenklasse *ProcessStructure* ist ein abstrakter Rollentyp für eine prozessorientierte Objekthierarchie. AML-Prozessstrukturobjekte referenzieren direkt oder indirekt auf diese Rolle. Diese Rolle wird im PPR-Konzept verwendet.
Elternklasse	AutomationMLBaseRoleClassLib/AutomationMLBaseRole/Structure
Pfad zur Referenzierung	AutomationMLBaseRoleClassLib/AutomationMLBaseRole/Structure/ProcessStructure
Attribute	Keine

4.6.10 Rollenklasse ResourceStructure

Tab. 4-10: Rollenklasse ResourceStructure

Klassenname	ResourceStructure
Beschreibung	Die Rollenklasse *ResourceStructure* ist ein abstrakter Rollentyp für eine ressourcenorientierte Objekthierarchie. AML-Ressourcenstruktur-Objekte referenzieren direkt oder indirekt diese Rolle. Diese Rolle wird im PPR-Konzept verwendet.
Elternklasse	AutomationMLBaseRoleClassLib/AutomationMLBaseRole/Structure
Pfad zur Referenzierung	AutomationMLBaseRoleClassLib/AutomationMLBaseRole/Structure/ResourceStructure
Attribute	Keine

4.6.11 Rollenklasse ExternalData

Tab. 4-11: Rollenklasse ExternalData

Klassenname	ExternalData
Beschreibung	Die Rollenklasse *ExternalData* ist ein abstrakter Rollentyp für einen Dokumententyp und die Basisklasse für alle Dokumententyprollen. Sie beschreibt verschiedene Dokumenttypen. AML-Dokumentenobjekte referenzieren direkt oder indirekt diese Rolle.
Elternklasse	AutomationMLBaseRoleClassLib/AutomationMLBaseRole
Pfad zur Referenzierung	AutomationMLBaseRoleClassLib/AutomationMLBaseRole/ExternalData
Attribute	Keine

4.7 Klassen der AutomationMLInterfaceClassLib

4.7.1 Schnittstellenklasse AutomationMLBaseInterface

Tab. 4-12: Schnittstellenklasse AutomationMLBaseInterface

Klassenname	AutomationMLBaseInterface
Beschreibung	Die Schnittstellenklasse *AutomationMLBaseInterface* ist ein grundlegender abstrakter Schnittstellentyp und soll als übergeordnete Klasse für die Beschreibung aller AML-Schnittstellenklassen verwendet werden.
Elternklasse	Keine
Pfad zur Referenzierung	AutomationMLInterfaceClassLib/AutomationMLBaseInterface
Attribute	Keine

4.7.2 Schnittstellenklasse Order

Tab. 4-13: Schnittstellenklasse Order

Klassenname	Order
Beschreibung	Die Schnittstellenklasse *Order* ist eine abstrakte Klasse, die für die Beschreibung von Aufträgen, z.B. eines Nachfolgers oder eines Vorgängers, verwendet werden soll.
Elternklasse	AutomationMLInterfaceClassLib/AutomationMLBaseInterface
Pfad zur Referenzierung	AutomationMLInterfaceClassLib/AutomationMLBaseInterface/ Order
Attribute	**Name:** Direction **RefAttributeType:** AutomationMLBaseAttributeTypeLib/Direction

4.7.3 Schnittstellenklasse Port

Tab. 4-14: Schnittstellenklasse Port

Klassenname	Port
Beschreibung	Die Schnittstellenklasse *Port* ist ein Schnittstellentyp für Schnittstellen, die mehrere verschachtelte Schnittstellen enthalten können. Sie erlaubt die Beschreibung komplexer Schnittstellen. AML *Port* Schnittstellen referenzieren diese Schnittstellenklasse. Sie ist Grundlage des AML-Port-Konzeptes.
Elternklasse	AutomationMLInterfaceClassLib/AutomationMLBaseInterface
Pfad zur Referenzierung	AutomationMLInterfaceClassLib/AutomationMLBaseInterface/Port
Attribute	**Name:** Direction **RefAttributeType:** AutomationMLBaseAttributeTypeLib/Direction

	Name: Cardinality
	RefAttributeType: AutomationMLBaseAttributeTypeLib/Cardinality
	Name: Category
	RefAttributeType: AutomationMLBaseAttributeTypeLib/Category

4.7.4 Schnittstellenklasse PPRConnector

Tab. 4-15: Schnittstellenklasse PPRConnector

Klassenname	PPRConnector
Beschreibung	Die Schnittstellenklasse *PPRConnector* soll verwendet werden, um eine Beziehung zwischen Ressourcen, Produkten und Prozessen herzustellen. Diese Schnittstelle wird im AML PPR-Konzept verwendet.
Elternklasse	AutomationMLInterfaceClassLib/AutomationMLBaseInterface
Pfad zur Referenzierung	AutomationMLInterfaceClassLib/AutomationMLBaseInterface/PPRInterface
Attribute	Keine

4.7.5 Schnittstellenklasse ExternalDataConnector

Tab. 4-16: Schnittstellenklasse ExternalDataConnector

Klassenname	ExternalDataConnector
Beschreibung	Die Schnittstellenklasse *ExternalDataConnector* ist ein grundlegender abstrakter Schnittstellentyp und soll für die Beschreibung von Schnittstellen verwendet werden, die auf externe Dokumente verweisen. Die Klassen *COLLADAInterface* und *PLCopenXMLInterface* sind von dieser Klasse abgeleitet. Alle bestehenden und zukünftigen Schnittstellen zur Referenzierung externer Daten sollen direkt oder indirekt von dieser Klasse abgeleitet werden.
Elternklasse	AutomationMLInterfaceClassLib/AutomationMLBaseInterface
Pfad zur Referenzierung	AutomationMLInterfaceClassLib/AutomationMLBaseInterface/ExternalDataConnector
Attribute	**Name:** refURI **RefAttributeType:** AutomationMLBaseAttributeTypeLib/refURI

4.7.6 Schnittstellenklasse COLLADAInterface

Tab. 4-17: Schnittstellenklasse COLLADAInterface

Klassenname	COLLADAInterface
Beschreibung	Die Schnittstellenklasse COLLADAInterface wird verwendet, um auf externe COLLADA-Dokumente zu verweisen und um Schnittstellen zu veröffentlichen, die in einem externen COLLADA-Dokument definiert sind.
Elternklasse	AutomationMLInterfaceClassLib/AutomationMLBaseInterface/ExternalDataConnector
Pfad zur Referenzierung	AutomationMLInterfaceClassLib/AutomationMLBaseInterface/COLLADAInterface
Attribute	**Name:** refURI **RefAttributeType:** AutomationMLBaseAttributeTypeLib/refURI
	Name: refType
	Name: target

4.7.7 Schnittstellenklasse PLCopenXMLInterface

Tab. 4-18: Schnittstellenklasse PLCopenXMLInterface

Klassenname	PLCopenXMLInterface
Beschreibung	Die Schnittstellenklasse *PLCopenXMLInterface* wird verwendet, um externe PLCopenXML-Dokumente zu referenzieren oder um Signale oder Variablen zu veröffentlichen, die innerhalb einer PLCopenXML-Logikbeschreibung definiert sind.
Elternklasse	AutomationMLBaseInterface/ExternalDataConnector
Pfad zur Referenzierung	AutomationMLInterfaceClassLib/AutomationMLBaseInterface/PLCopenXMLInterface
Attribute	**Name:** refURI **RefAttributeType:** AutomationMLBaseAttributeTypeLib/refURI

4.7.8 Schnittstellenklasse ExternalDataReference

Tab. 4-19: Schnittstellenklasse ExternalDataReference

Klassenname	ExternalDataReference
Beschreibung	Die Schnittstellenklasse *ExternalDataReference* wird verwendet, um auf externe Dokumente außerhalb des Anwendungsbereichs von AutomationML zu verweisen.
Elternklasse	AutomationMLInterfaceClassLib/AutomationMLBaseInterface/ExternalDataConnector
Pfad zur Referenzierung	AutomationMLInterfaceClassLib/AutomationMLBaseInterface/ExternalDataReference
Attribute	**Name:** MIMEType **RefAttributeType:** AutomationMLBaseAttributeTypeLib/MIMEType

4.7.9 Schnittstellenklasse Communication

Tab. 4-20: Schnittstellenklasse Communication

Klassenname	Communication
Beschreibung	Die Schnittstellenklasse *Communication* ist ein abstrakter Schnittstellentyp und soll für die Beschreibung von kommunikationsbezogenen Schnittstellen verwendet werden. Weitere kommunikationsbezogene Klassen sollen direkt oder indirekt von dieser Klasse abgeleitet werden.
Elternklasse	AutomationMLInterfaceClassLib/AutomationMLBaseInterface
Pfad zur Referenzierung	AutomationMLInterfaceClassLib/AutomationMLBaseInterface/Communication
Attribute	Keine

4.7.10 Schnittstellenklasse SignalInterface

Tab. 4-21: Schnittstellenklasse SignalInterface

Klassenname	SignalInterface
Beschreibung	Für die Modellierung von Signalen soll die Schnittstellenklasse *SignalInterface* verwendet werden. Dieser Schnittstellentyp ist konfigurierbar und erlaubt die Beschreibung von digitalen und analogen Ein- und Ausgängen sowie von konfigurierbaren Ein- und Ausgängen.
Elternklasse	AutomationMLInterfaceClassLib/AutomationMLBaseInterface/Communication
Pfad zur Referenzierung	AutomationMLInterfaceClassLib/AutomationMLBaseInterface/SignalInterface
Attribute	Keine

4.8 Die AutomationMLBaseAttributeTypeLib

Tab. 4-22 listet die Basis-Attributtypen der *AutomationMLBaseAttributeTypeLib* auf und erläutert ihre Bedeutung und Anwendung.

Tab. 4-22: Attributtypen der AML-Basisbibliotheken

Attribute Name	Bedeutung
Associated-ExternalValue	Dieser Attributtyp ermöglicht mit seinen Unterattributen, ein CAEX-Attribut mit einer Position in einem externen Dokument zu verknüpfen. Die Unterattribute sind in Tab. 4-23 beschrieben. Das Attribut *AssociatedExternalValue* selbst hat keinen Wert. **AttributeDataType:** leer **Pfad:** AutomationMLBaseAttributeTypeLib/AssociatedExternalValue
Associated-Facet	Dieser Attributtyp wird für die Definition des Namens einer zugehörigen Facette verwendet. Beispiel: AssociatedFacet = „PLCFacet". **AttributeDataType:** „xs:string" **Pfad:** AutomationMLBaseAttributeTypeLib/AssociatedFacet
Cardinality	Dieser Attributtyp gehört zu einem CAEX *ExternalInterface* und wird verwendet, um die zulässige Höchst- und Mindestzahl der Verbindungen von/zu diesem Interface zu beschreiben. Das Attribut *Cardinality* selbst ist ein komplexes Attribut und darf keinen Wert haben. **AttributeDataType:** leer **Pfad:** AutomationMLBaseAttributeTypeLib/Category **Unterattribute:** minOccur und maxOccur
Category	Dieser Attributtyp gehört zu einem CAEX *ExternalInterface* und beschreibt die Kategorie dieses Interfaces. Der Wert dieses Attributs ist benutzerdefiniert. Es dürfen nur Schnittstellenklassen mit dem gleichen *Category* Wert verbunden werden. DER AML Standard definiert nicht die Syntax des Wertes. Beispiel: Category = „MaterialFlow" **AttributeDataType:** xs:string **Pfad:** AutomationMLBaseAttributeTypeLib/Category
Direction	Dieser Attributtyp wird verwendet, um die Richtung einer CAEX-Schnittstelle zu beschreiben, zum Beispiel eines Signals oder einer Schnittstelle. Erlaubte Werte: *In*, *Out* oder *InOut*. Für CAEX-Schnittstellen, die dieses Attribut verwenden, gelten die folgenden Regeln: – Schnittstellen mit der Richtung *In* dürfen nur mit Schnittstellen mit der Richtung *Out* oder *InOut* verbunden werden. – Schnittstellen mit der Richtung *Out* dürfen nur mit Schnittstellen mit der Richtung *In* oder *InOut* verbunden werden. – Diese Information kann z. B. verwendet werden, um die Gültigkeit einer Verbindung nachzuweisen. Beispiele: Richtung = „Out" (zum Beispiel ein Stecker), Richtung = „In" (zum Beispiel eine Steckdose), Richtung = „InOut" **AttributeDataType:** xs:string **Pfad:** AutomationMLBaseAttributeTypeLib/Direction

DocLang	Der Attributtyp *DocLang* beschreibt die Sprache eines referenzierten Dokuments. Das Attribut muss einen Wert gemäß dem RFC5646-Standard haben. Beispiele: DocLang = „de", ein deutschsprachiges Dokument DocLang = „fr-CA", ein kanadisch-französisches Dokument **AttributeDataType:** xs:string **Pfad:** AutomationMLBaseAttributeTypeLib/DocLang
Frame	Dieser Attributtyp beschreibt die geometrische Position des zugehörigen Internal-Elements relativ zu seinem Elternobjekt. Er definiert die folgenden verschachtelten Attribute: – x: Verschiebung entlang der x-Achse des übergeordneten Koordinatensystems in Metern – y: Verschiebung entlang der y-Achse des übergeordneten Koordinatensystems in Metern – z: Verschiebung entlang der z-Achse des übergeordneten Koordinatensystems in Metern – rx: Drehung um die x-Achse des verschobenen Koordinatensystems in Grad (°) – ry: Drehung um die y-Achse des verschobenen Koordinatensystems in Grad (°) – rz: Drehung um die z-Achse des verschobenen Koordinatensystems in Grad (°) Alle verschachtelten Attribute sind vom AttributeDataType: xs:string.
ListType	Dieser Attributtyp wird für Attribute verwendet, die eine unsortierte Liste von Attributen repräsentieren. **AttributeDataType:** leer **Pfad:** AutomationMLBaseAttributeTypeLib/ListType
Localized-Attribute	Dieser Attributtyp wird zur Modellierung von Sprachvarianten eines Attributes verwendet, diese werden als untergeordnete Attribut modelliert. **AttributeDataType:** xs:string **Pfad:** AutomationMLBaseAttributeTypeLib/LocalizedAttribute
MIMEType	Dieses Attribut beschreibt die Dokumentenart eines referenzierten Dokuments, z.B. PDF, XLSX, bmp, jpg usw. Das Attribut muss Werte gemäß dem MIME-Standard (Multipurpose Internet Mail Extensions) haben. Beispiele: – MIMEType = „application/pdf" - ein Dokument des Dateityps pdf – MIMEType = „application/xml" - ein Dokument des Dateityps xml – MIMEType = „application/msword" - ein Dokument des Dateityps doc – MIMEType = „application/msexcel" - ein Dokument des Dateityps xls **AttributDataType:** xs:string **Pfad:** AutomationMLBaseAttributeTypeLib/MIMEType
OrderedList-Type	Der Attributtyp *OrderedListType* wird für Attribute verwendet, die eine sortierte Liste von Attributen enthalten. **AttributeDataType:** leer **Pfad:** AutomationMLBaseAttributeTypeLib/OrderedListType
refURI	Dies Attributtyp modelliert die URI zu einem externen Dokument. **AttributeDataType:** xs:anyURI **Pfad:** AutomationMLBaseAttributeTypeLib/refURI

Tab. 4-23: Unterattribute des Attributes *Cardinality*

Attribute	AttributeDataType	Beschreibung	Beispiel
MinOccur	xs:unsignedInt	Der Wert *MinOccur* beschreibt die kleinstmögliche Anzahl von Verbindungen zu oder von der entsprechenden Schnittstellenklasse. Das Attribut muss einen Wert größer oder gleich 0 haben.	MinOccur = 1 Dieser Port muss mit mindestens einem anderen Port verbunden sein.
MaxOccur	xs:unsignedInt	Das Attribut *MaxOccur* beschreibt die maximal mögliche Anzahl von Verbindungen zu oder von der entsprechenden Schnittstellenklasse. Das Attribut muss einen Wert größer oder gleich MinOccur oder 0 haben, was „unbegrenzt" bedeutet.	MaxOccur = 3 Dieser Port darf mit maximal drei anderen Ports verbunden werden kann.

4.9 Übungsaufgaben

Übungsaufgabe 1: Laden Sie die Beispieldateien zu diesem Buch herunter.

Übungsaufgabe 2: Öffnen Sie eine Beispieldatei und entfernen Sie eine Basis-Bibliothek. Ergänzen Sie die fehlende Bibliothek und stellen somit den Ursprungszustand wieder her.

Übungsaufgabe 3: Gehen Sie die Klassen der drei Basisbibliotheken einzeln durch und erklären mit eigenen Worten die Anwendung dieser Klassen.

4.10 Was Sie jetzt können sollten

Wenn Sie die Abschnitte 4.1-4.8 durchgearbeitet haben, sollten Sie nun Folgendes können:
- Sie kennen und Standardbibliotheken und können sie mit dem AML Editor downloaden,
- Sie können in den Klassenbeschreibungen navigieren und deren Bedeutung und Nutzen erklären können.

5 Referenzieren externer Dokumente

5.1 Einführung

AutomationML ist ausdrücklich ein Multi-Dokument-Format, in dem verschiedene Aspekte der Automatisierungsplanung in separaten Dateien modelliert werden können und bietet daher flexible Mechanismen an, um externe Dokumente zu referenzieren.

Merke: AutomationML ist ein verteiltes Dateiformat und erlaubt das Verknüpfen mehrerer Dateien unterschiedlicher Dateiformate. AutomationML wurde initial für die Automatisierungsplanung entwickelt, seine Konzepte sind allerdings so generisch, dass sie auch in anderen Domänen eingesetzt werden können, z.B. für Behörden, Vereinsdaten, Familienstammbäume, Finanzplanung, Adressbücher, Landwirtschaft, Raumfahrt, Zoologie und viele mehr.

Der AutomationML Standard definiert explizit das Referenzieren von
– Weiteren CAEX-Dokumenten oder externe Klassenbibliotheken,
– COLLADA-Dokumente für Geometriemodelle,
– IEC 61131-10 / PLCopenXML Dateien für Verhaltensbeschreibungen.
Dies sind Submodelle *innerhalb* des AutomationML Standards.

Darüber hinaus kann AML beliebige weitere Dokumente *außerhalb* des AutomationML Standards referenzieren, z.B.
– WORD- oder EXCEL-Dokumente,
– AutoCAD-Zeichnungen,
– JT-Dateien,
– Handbücher, Zertifikate (PDF),
– proprietäre Daten wie beispielsweise einen ABB Funktionsbaustein oder eine Siemens TIA-Portal-Projektdatei,
– Icons oder Produktbilder,
– Gerätebeschreibungsdateien und viele mehr.

Der Referenzmechanismus dafür ist flexibel und verwendet die Standard-AML-Schnittstelle *ExternalDataConnector* oder eine ihrer Ableitungen. Abb. 5-1 veranschaulicht die verteilte Architektur:
– Jedes AutomationML Dokument besitzt ein CAEX-Zentraldokument.
– Ein CAEX Dokument kann andere CAEX-Dokumente referenzieren, um beispielsweise Klassen-, Attribute-, Sprachbibliotheken, Objektteilmodelle, Komponentenmodelle oder Produktkataloge auszulagern.
– Jede referenzierte CAEX-Datei kann wiederum weitere CAEX-Dateien referenzieren und Inhalte auslagern.

https://doi.org/10.1515/9783110782998-005

– AML-Objekte können auf externe Dokumente für Geometrie, Verhaltensbeschreibung oder beliebige andere Dokumente referenzieren.
– AML Attribute können Werte innerhalb externer Dokumente referenzieren.

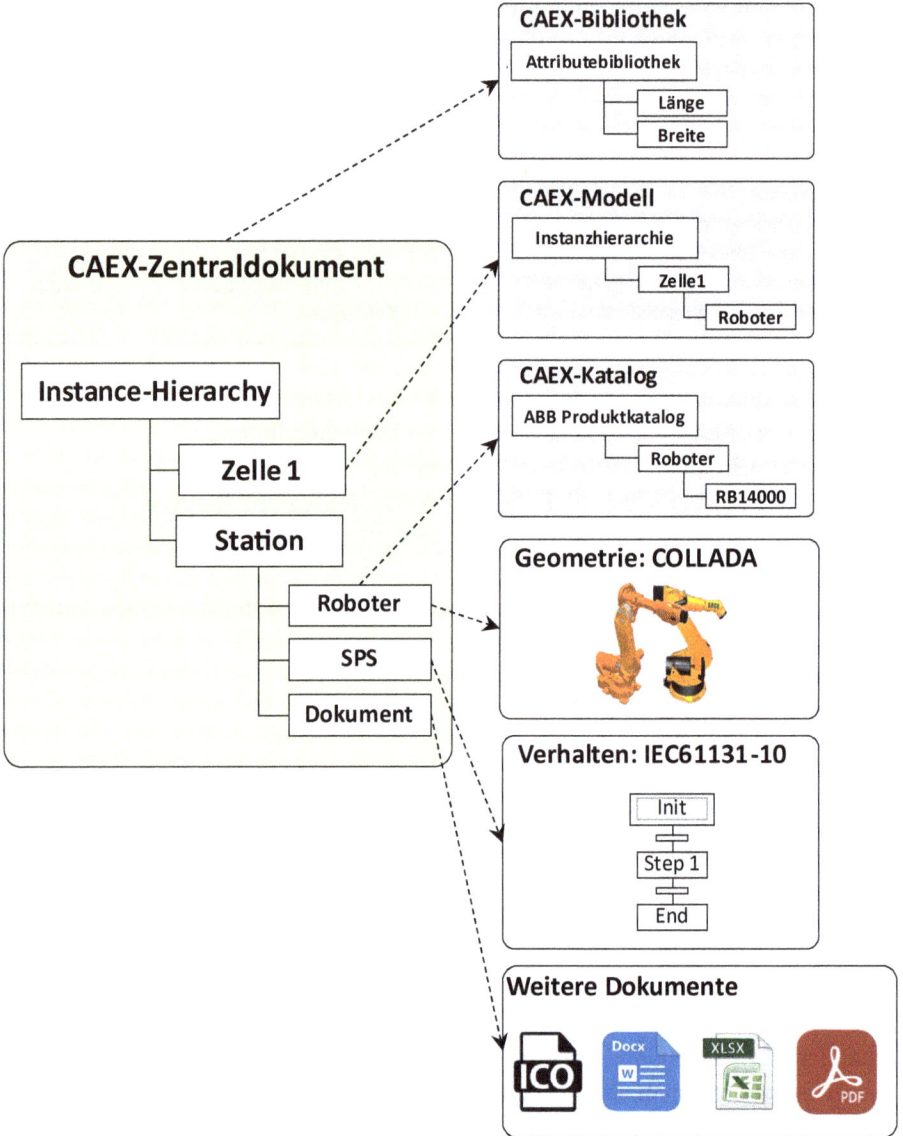

Abb. 5-1: AutomationML unterstützt das Verteilen von Informationen auf mehrere Dokumente

5.2 Referenzieren externer CAEX-Dokumente

Verteilte CAEX-Dokumente können virtuell als ein gemeinsames Objektmodell verstanden werden, das in mehreren CAEX-Dokumenten serialisiert ist. Dies ist für viele Anwendungsfälle nützlich, z.B.

- wenn ein Objektmodell zu groß geworden ist,
- für das Outsourcing von Bibliotheken/Produktkatalogen/Sprachdateien, oder
- für das Aufteilen des Objektmodells an verschiedene Unterauftragnehmer,
- für den Know-how-Schutz.

5.2.1 Manuelles Referenzieren einer externen CAEX-Datei mit dem AML Editor

Um mit dem AutomationML Editor eine Referenz auf ein externes CAEX-Dokument einzufügen, gehen Sie wie folgt vor (siehe Abb. 5-2):

- Öffnen Sie den Reiter *AMLFile* (1).
- Drücken Sie unter (2) auf den + Knopf, um eine neue Referenz hinzuzufügen.
- Tragen Sie unter (3) einen Alias (Alias = Kurzname) sowie den Pfad zur externen Datei ein. Die Syntax für Pfade wird in Abschnitt 3-10 vorgestellt.
- Wiederholen Sie den Vorgang für beliebig viele weitere Referenzen.

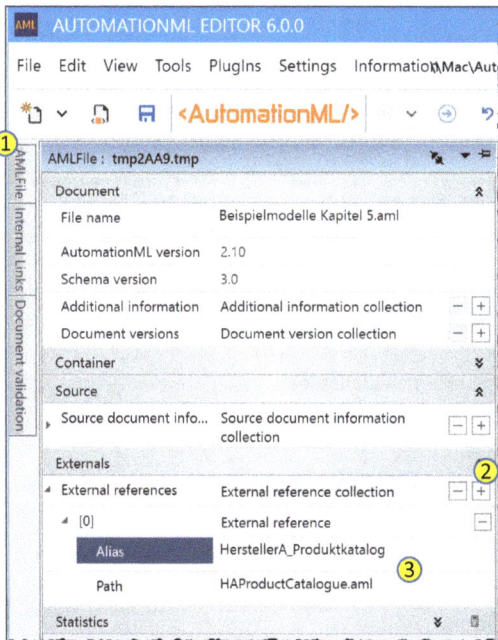

Abb. 5-2: Erzeugen einer Referenz auf ein externes CAEX Dokument

5.2.2 Manuelles Referenzieren einer Klasse aus einer externen CAEX-Bibliothek

Um eine Klasse aus einer externen CAEX-Bibliothek zu referenzieren, wird im CAEX Objektmodell ein *Alias* angelegt.

– Selektieren Sie dazu die gewünschte Instanz (1) und öffnen im Eigenschaftsfenster den Reiter *Header*.
– Dort editieren Sie den Pfad unter (2) beginnend mit dem Alias, gefolgt von einem Aliasseparator @, gefolgt vom vollständigen Pfad zur Klasse innerhalb der externen Datei.
– Prüfen Sie Ihre Referenz durch eine Dokumentvalidierung (siehe Abschnitt 2.4).

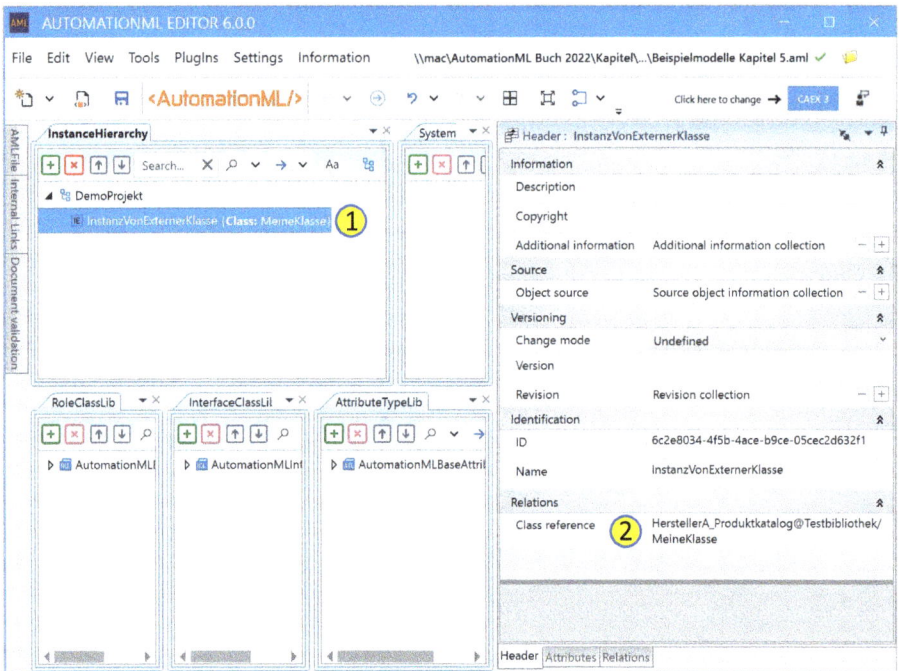

Abb. 5-3: Referenzieren einer Klasse aus einer externen Bibliothek

5.2.3 Splitten und Zusammenführen von CAEX-Dokumenten

Der AutomationML Editor unterstützt das Aufteilen (Splitten) von Modellinhalten in separate CAEX Dateien und führt sie auf Wunsch auch wieder zusammen. Abb. 5-4 zeigt die dafür vorgesehenen Funktionen.

– Mit der Funktion *set split point* wird auf dem selektierten Objekt eine Schnittposition markiert: Dies bedeutet, dass die gesamte Substruktur ab diesem Objekt zur Auslagerung vorgesehen ist. Um mehrere Substrukturen in eine gemeinsame Datei auszulagern, können mehrere Splitpunkte gesetzt werden. Diese Schnittpositionen sind nicht Teil des AML Datenmodells, sondern dienen nur im AutomationML Editor zur Konfiguration der Split-Bestandteile.

— Mit der Funktion *remove split points* wird die Schnittposition des ausgewählten Objektes wieder entfernt.

— Mit der Funktion *save split model parts* werden die markierten Elemente und ihre Substrukturen in eine gemeinsame separate CAEX-Datei ausgelagert.

— Mit der Funktion *merge all* führt der AutomationML Editor alle referenzierten externen CAEX-Dokumente zu einem einzigen CAEX Dokument zusammen.

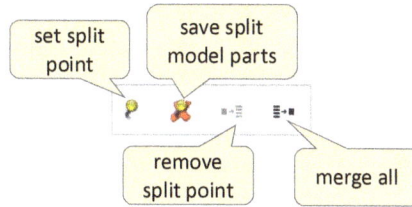

Abb. 5-4: Ausschnitt aus der Menüleiste des AutomationML Editors: Split- und Merge-Funktionen

5.2.4 Modellierungsregeln für das Referenzieren externer CAEX-Dokumente

Allgemeine Modellierungsregeln für die Aufteilung eines CAEX-Dokuments sind:
— Alle referenzierten CAEX-Dokumente müssen der gleichen CAEX-Schema-Version angehören.
— Die referenzierten externen CAEX-Dokumente müssen gültig und zugänglich sein.
— Jede Referenz muss eine gültige URI zu dem externen CAEX-Dokument und einen Alias enthalten, der innerhalb des CAEX-Dokuments eindeutig sein muss. Der Alias ist der interne Bezeichner für das externe Dokument.
— Der Alias wird beim manuellen Editieren des Pfades zu Klassen oder Instanzen verwendet. In diesem Fall beginnt das Referenz-Tag mit dem Alias-Namen, gefolgt vom Alias-Trennzeichen "@", gefolgt vom Pfad zur referenzierten Klasse oder der *ID* des referenzierten *InternalElements* oder *ExternalInterfaces*.
— CAEX *InternalLinks* oder *Mirrorobjekte* können auf Spiegelobjekte verweisen, die in einer anderen Datei gespeichert sind. In diesem Fall werden die externe(n) Datei(en) als *ExternalReference* referenziert.
— Über alle geteilten Dateien hinweg ist das mehrfache Auftreten von *ExternalReferences* auf dieselbe(n) Datei(en) erlaubt.
— Zirkuläre Verweise zwischen CAEX-Dateien sind erlaubt. Das bedeutet, dass eine CAEX-Datei auf eine andere CAEX-Datei verweisen darf, und dieses andere Split Dokument darf zurück auf die erste CAEX-Datei verweisen.

5.2.5 Übungsaufgabe

Übungsaufgabe: Erzeugen Sie ein neues leeres AML Dokument mit den drei Standardbibliotheken.
– Lagern Sie die Rollen- und Schnittstellenbibliothek in eine separate CAEX-Datei aus.
– Lagern Sie die Standard-Attributbibliothek in eine weitere separate CAEX-Datei aus.
– Führen Sie anschließend alle Dateien wieder zusammen.

Lösungsweg:
– Starten Sie den AML Editor und wählen den Menüpunkt *File/New/Document with libraries*.
– Speichern Sie die Datei unter einem beliebigen Namen, z.B. *master.aml*.
– Selektieren Sie nacheinander die *AutomationMLBaseRoleClassLib* und die *AutomationMLInterfaceClassLib* und wählen die Funktion *Set Split Point*. Dies ist in Abb. 5-5 dargestellt.
– Wählen Sie anschließend die Funktion save *split model parts*. Geben Sie der CAEX-Datei einen Namen, z.B. *split1.aml*.
– Im Ergebnis verschwinden die markierten Bibliotheken aus *master.aml* und wurden nach split1.aml ausgelagert.
– Wiederholen Sie den Vorgang mit der Bibliothek *AutomationMLBaseAttributeTypeLib*.
– Speichern Sie diese Split-Datei unter einen anderen Namen, z.B. *split2.aml*.

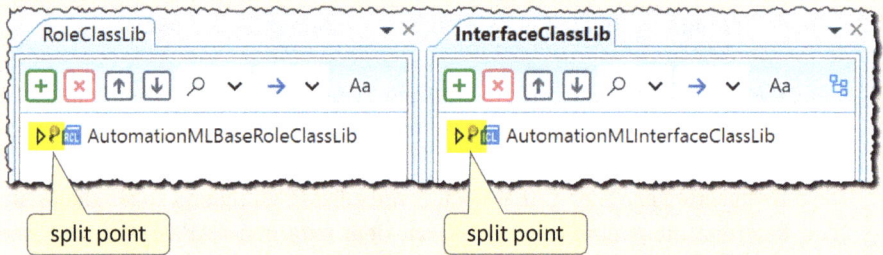

Abb. 5-5: Für das Auslagern markierte Bibliotheken

– Das Ergebnis ist eine verteilte Dateistruktur mit drei Dateien: *master.aml*, *split1.aml* und *split2.aml*, siehe Abb. 5-6.
– Führen Sie anschließend die Dateien mit der Funktion *merge all* wieder zusammen.

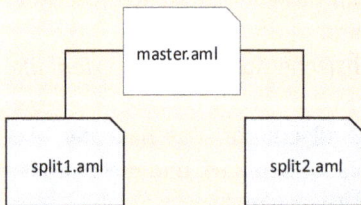

Abb. 5-6: Verteilte Architektur von CAEX-Dokumenten.

5.3 Referenzieren von Geometrie-Dateien

5.3.1 Download der benötigten Bibliotheken

Die Modellierung von Geometrie mit AutomationML wird im dritten Teil der IEC 62714 definiert. Sie benötigen zum Referenzieren von Geometrie-Daten daher Klassen aus diesem Teil. Zur Vereinfachung hat der Autor die benötigten Klassen in einer experimentellen Bibliothek für Bildungszwecke zusammengefasst, die sich direkt mit dem AML Editor herunterladen lässt. Gehen Sie dazu wie folgt vor:

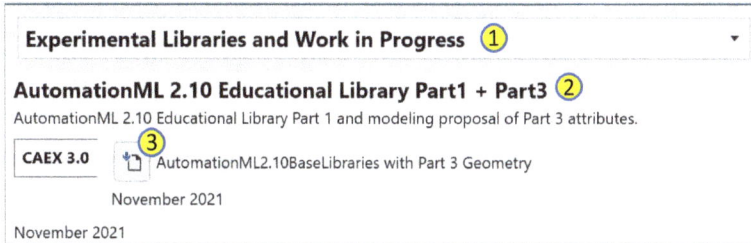

Experimental Libraries and Work in Progress ①

AutomationML 2.10 Educational Library Part1 + Part3 ②
AutomationML 2.10 Educational Library Part 1 and modeling proposal of Part 3 attributes.

CAEX 3.0 ③ AutomationML2.10BaseLibraries with Part 3 Geometry

November 2021

November 2021

Abb. 5-7: Download der Educational Library, die Klassen von Teil 1 und 3 der IEC 62714 vereint.

- Starten Sie den AutomationML Editor und legen Sie ein neues Projekt an oder öffnen Sie Ihr vorhandenes Projekt.
- Wählen Sie den Menüpunkt *View/Browse Models and Views*.
- Wählen Sie aus dem Popup-Menü (siehe Abb. 5-7) den Eintrag (1) *Experimental Libraries and Work in Progress*.
- Dort findet sich unter (2) die *AutomationML 2.1 Educational Library Part1 + Part3*. Diese enthält die Klassen von Teil 1 und Teil 3 der IEC 62714 in Kombination.
- Klicken Sie auf (3), um diese Bibliothek herunterzuladen.

Der AutomationML Editor untersucht die zu importierenden Klassen auf mögliche Konflikte mit vorhandenen Bibliotheken. Abb. 5-8 zeigt den Dialog, der auf die vorhandenen Standardbibliotheken in der vorliegenden AML Datei stößt.

- Zum Ersetzen der vorhandenen Bibliotheken selektieren Sie (1), (2) und (3) und drücken auf den OK Knopf (4). Anschließend schließt sich das Fenster.
- Schließen Sie nun das Fenster mit der Bibliotheksauswahl.
- Damit sind Sie vorbereitet auf das Referenzieren von Geometrie-Dateien.

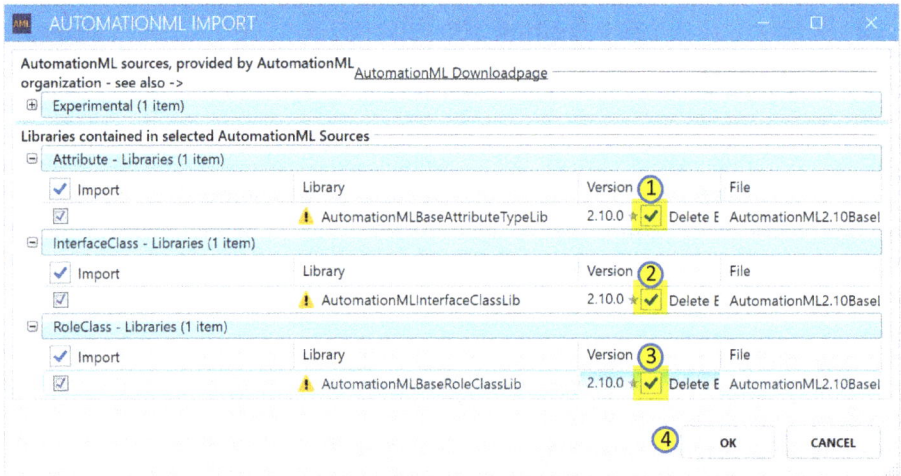

Abb. 5-8: Import-Dialog für Bibliotheken

5.3.2 Modellieren der Geometrie-Referenz

Um eine Geometriereferenz zu modellieren, wird dem betreffenden AML Objekt eine Instanz der AutomationML-Standardschnittstellenklasse *COLLADAInterface* oder einer ihrer Ableitungen hinzugefügt, siehe Abschnitt 4.7.6. Abb. 5-9 illustriert die Vorgehensweise mit dem AutomationML Editor, die Referenz wird mit wenigen Klicks modelliert.

– Zunächst benötigen Sie das Objekt, dessen Geometrie referenziert werden soll, es ist hier mit (1) gekennzeichnet und kann ein *InternalElement* oder eine *SystemUnitClass* sein.

– Optional kann dieses AML Objekt mit einem Attribut *Frame* versehen werden, das die Raumposition der Geometrie relativ zu seinem Elternobjekt modelliert.

– Die Referenz erfordert ein *ExternalInterface*, Sie erzeugen also eine Instanz der AML Standardklasse *COLLADAInterface* (3). Im AML Editor gelingt dies mittels Drag&Drop der Klasse *COLLADAInterface* auf das AML Objekt (2). Diese Schnittstelle enthält standardmäßig drei Attribute.

  – *refURI* modelliert die URI (den Pfad) zur COLLADA Datei, die die Geometrie und Kinematik des Objektes enthält.

  – refType bestimmt, wie die referenzierte Geometrie verwendet werden soll: Es kann die Werte „implicit" und „explicit" annehmen, wobei letzterer der Standardwert ist, falls kein Wert angegeben ist.

  – Target ermöglicht das Referenzieren von Elementen innerhalb der Geometrie-Datei, dies wird in diesem Lehrbuch nicht vertieft.

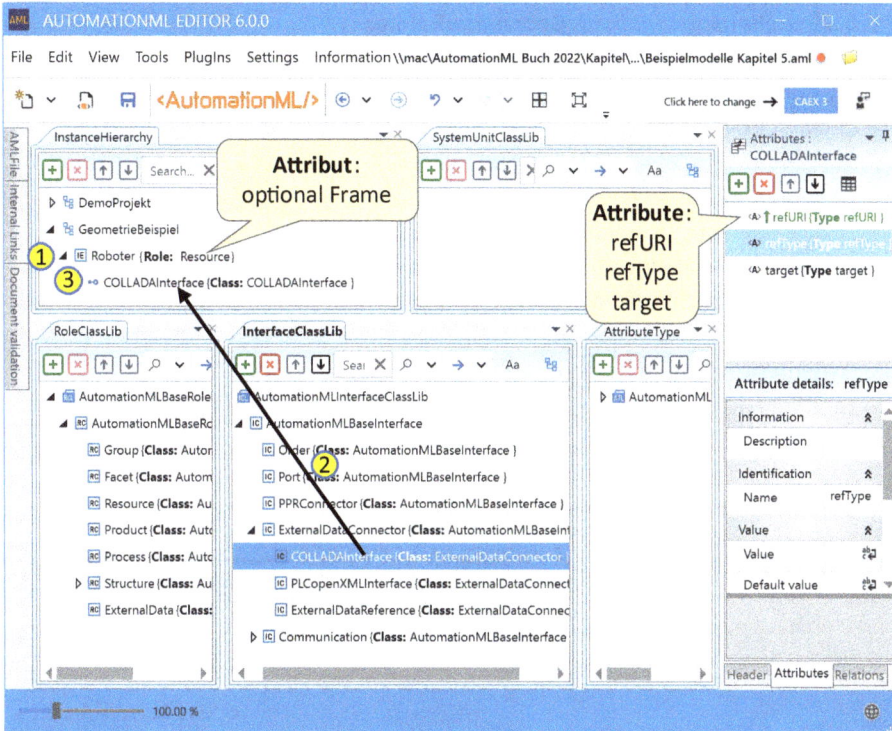

Abb. 5-9: Modellieren einer Geometrie-Referenz

5.3.3 Übungsaufgabe

Aufgabenstellung: Modellieren Sie eine Roboterstation mit einem Roboter und referenzieren Sie dessen Geometrie, die als Datei *Roboter.dae* vorliegt. Die Geometrie soll bei der Berechnung einer Geometrie-Gesamtszene berücksichtig werden. Die Position des Roboters soll mit x=1m, y=0m, z=0, rx=0°, rz=45°, rz=0° bestimmt sein.

Lösungsweg:

– Starten Sie den AutomationML Editor und laden Sie die Bibliothek *AutomationML 2.1 Educational Library Part1 + Part3* herunter.
– Erzeugen Sie eine Instanzhierarchie *Station*.
– Modellieren Sie ein InternalElement *Roboter* (Rolle *Resource*).
– Instanziieren Sie am Roboter den AttributeType *Frame* und setzen Sie die Werte entsprechend der Aufgabenstellung.
– Instanziieren Sie die Klasse *COLLADAInterface* unterhalb des Roboters.
– Tragen Sie im Attribut *refURI* den relativen Pfad *roboter.dae* ein.
– Tragen Sie im Attribut refType *explicit* ein.

5.3.4 Modellierungsregeln für Geometrie-Referenzen

Allgemeine Modellierungsregeln für das Referenzieren eines COLLADA-Dokuments aus einem AML-Objektmodell lauten:

– Ein Verweis von einem AML-Objekt auf ein COLLADA-Dokument wird durch ein CAEX *ExternalInterface* modelliert, das von der AML InterfaceClass *COLLADAInterface* oder einer Kindklasse davon abgeleitet ist.

– Ein AML-Objekt kann beliebig viele *COLLADAInterface*-Schnittstellen besitzen.

– Das COLLADA-Dokument wird durch seine URI innerhalb des Attributs *refURI* dieses CAEX *ExternalInterface* referenziert.

Die Modellierungsregeln für das Attribut *refURI* lauten:

– Der Wert des Attributes *refURI* enthält einen Uniform Resource Identifier (URI) des COLLADA-Dokuments, welches die Geometrie und Kinematik des Objektes enthalten.

– Relative und absolute Pfade sind erlaubt.

ℹ **Beispiele für relative Pfade:**
– robot.dae
– ./robot.dae
– ../roboter/robot.dae

Beispiele für absolute Pfade:
– file://localhost/roboter/robot.dae
– http://www.r-drath.de/download/robot.dae
– ftp://ftp.is.co.za/rfc/robot.dae
– file:///C:/Users/Benutzer/Desktop/robot.dae

Die Modellierungsregeln für das Attribut *refType* lauten:

– Der Wert des Attributs refType kann nur *explicit* oder *implicit* sein.

– Wird ein COLLADA-Dokument *explizit* referenziert, ist die Geometrie bei der Berechnung einer Gesamtszene zu berücksichtigen und Teil der Anlagentopologie. Dies ist der Standardwert und gilt, wenn das Attribut *refType* fehlt.

– Ein *impliziter* Verweis soll kenntlich machen, dass die referenzierte Geometrie bereits in einem übergeordneten Objekt bereits vorhanden ist. Diese Geometrie soll dann nicht erneut für eine Szenenberechnung verwendet werden, da es sonst doppelt in die Szene eingefügt würde. Implizite Referenzen verhindern so die doppelte Darstellung von Geometrien in einer Gesamtszene.

– Objekte im COLLADA-Dokument dürfen nur dann mit dem Wert *implicit* referenziert werden, wenn sie bereits Teil eines anderen COLLADA-Dokuments sind, die bereits mit dem Wert *explicit* referenziert wurde. Implizite AML-Objekte müssen als direkte oder indirekte Kinder von expliziten AML-Objekten modelliert werden.

Die Modellierungsregeln für das Attribut *Frame* lauten:

– Wenn ein *InternalElement* oder eine *SystemUnitClass* seine geometrische Position im Verhältnis zu anderen Objekten darstellen muss, wird dies durch ein Attribut vom Typ *Frame* modelliert. Ein Frame ist ein Geometrierahmen, der auf einem dreidimensionalen, orthogonalen, rechtshändigen Koordinatensystem beruht.

- Die relativen Translationen x, y und z sowie die Rotationen rx, ry und rz werden als Unterattribute im Attribut *Frame* angegeben.
- Die relativen Verschiebungen x,y,z sind in Bezug auf das übergeordnete *Internal-Element, InstanceHierarchy, SystemUnitClass* oder *SystemUnitClassLib* angegeben.
- Die Drehungen *rx, ry* und *rz* müssen in der Reihenfolge *rx, ry* und *rz* um feste Achsen des übergeordneten *InternalElements* ausgeführt werden.
- Das *Frame*-Attribut wirkt auf das zugehörige AML-Objekt und alle seine Kinder.
- Wenn das Attribut *Frame* nicht angegeben ist, werden die Standardwerte von *x, y, z, rx, ry* und *rz* als 0 interpretiert.
- Wird das Attribut *Frame* angegeben, müssen alle Unterattribute *x, y, z, rx, ry* und *rz* aufgeführt werden, nicht verwendete Attribute haben den Standardwert 0.
- Die Elemente *InstanceHierarchy* und *SystemUnitClassLib* spezifizieren ein dreidimensionales, orthogonales, rechtshändiges Koordinatensystem mit Standardbasis. Die positive z-Achse gilt als nach oben gerichtet, die positive x-Richtung definiert die rechte Achse und die negative y-Richtung definiert die Vorwärtsachse.
- Das Element *Unit* des *Frames*-Attributs muss „m" sein.
- Die Rotationen *rx, ry* und *rz* sind in Grad anzugeben.

5.4 Referenzieren von PLCopenXML Verhaltens-Beschreibungen

5.4.1 Modellieren einer PLCopenXML Referenz

Um eine Referenz auf ein PLCopenXML Dokument zu modellieren, wird dem betreffenden AML Objekt eine Instanz der AML-Standardschnittstellenklasse *PLCopenXMLInterface* oder einer ihrer Ableitungen hinzugefügt, siehe Abschnitt 4.7.7. Abb. 5-10 illustriert die Vorgehensweise mit dem AML Editor, die Referenz ist mit wenigen Klicks modelliert.

- Zunächst benötigen Sie ein AML-Objekt: Das ist das Objekt, dessen Verhalten referenziert werden soll, es ist hier mit (1) gekennzeichnet und kann ein *InternalElement* oder eine *SystemUnitClass* sein.
- Die Referenz selbst wird durch ein *ExternalInterface* des AML Objektes modelliert, eine Instanz der AML Standardklasse *PLCopenXMLInterface* (3). Im AML Editor wird die Instanz durch Drag&Drop der Klasse *PLCopenXMLInterface* auf das AML Objekt erzeugt (2).
- Diese Schnittstelle enthält standardmäßig das Attribut *refURI*, es modelliert die URI (den Pfad) zur PLCopenXML Datei.

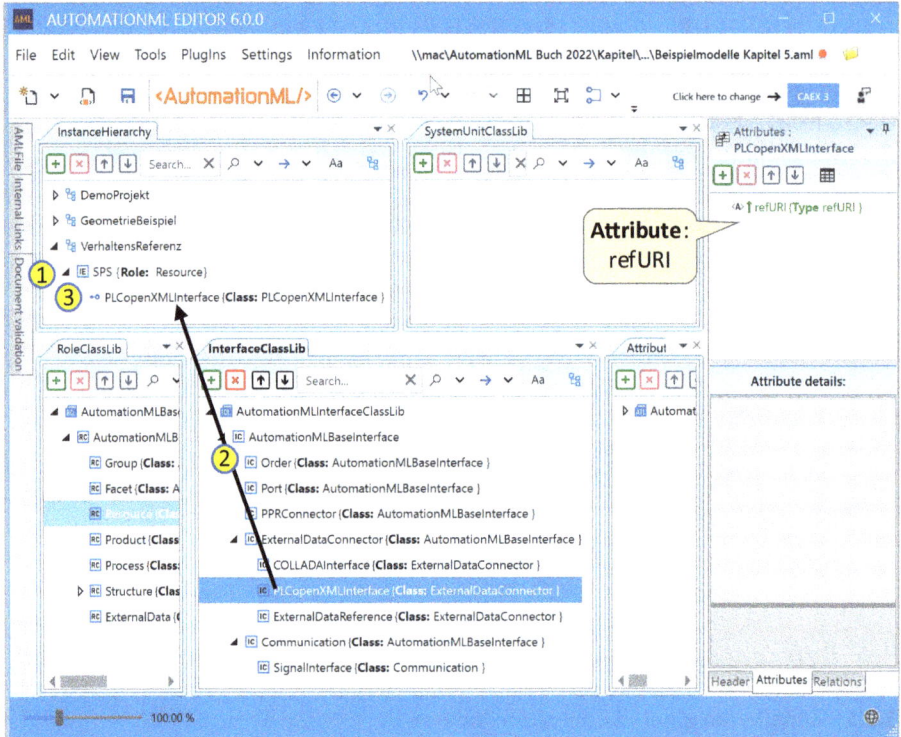

Abb. 5-10: Modellieren einer PLCopenXML Referenz

5.4.2 Übungsaufgabe

Aufgabenstellung: Modellieren Sie eine Roboterstation mit einem Roboter und einer Stations-SPS. Referenzieren Sie von der SPS auf eine Verhaltensbeschreibung, die als PLCopenXML Datei *logik.xml* vorliegt.

Lösungsweg:
- Erzeugen Sie eine Instanzhierarchie *Station*
- Modellieren Sie ein InternalElement *Roboter* (Rolle *Resource*).
- Modellieren Sie ein InternalElement *SPS* (Rolle *Resource*).
- Instanziieren Sie die Klasse *PLCopenXMLInterface* innerhalb des SPS.
- Tragen Sie im Attribut *refURI* den relativen Pfad *logik.xml* ein.

5.4.3 Modellierungsregeln für Verhaltens-Referenzen

Allgemeine Modellierungsregeln für das Referenzieren eines PLCopen XML Dokuments aus einem AML-Objektmodell lauten:

- Ein Verweis von einem AML-Objekt auf ein PLCopen XML-Dokument wird durch ein CAEX *ExternalInterface* modelliert, das von der AML InterfaceClass *PLCopenXMLInterface* oder einer Kindklasse davon abgeleitet ist.
- Ein AML-Objekt kann beliebig viele *PLCopenXMLInterface* Schnittstellen besitzen.
- Das Verhaltens-Dokument wird durch seine URI innerhalb des Attributs *refURI* dieses CAEX ExternalInterface referenziert.

Die Modellierungsregeln für das Attribut *refURI* lauten:

- Der Wert des Attributes *refURI* enthält einen Uniform Resource Identifier (URI) des PLCopen XML-Dokuments, welches das Verhalten des Objektes beschreibt.
- Relative und absolute Pfade sind erlaubt.

Beispiele für relative Pfade:
- logik.xml
- ./logik.xml
- ../Steuerung/logik.xml

Beispiele für absolute Pfade:
- file://localhost/logik/logik.dae
- http://www.r-drath.de/download/logik.dae
- ftp://ftp.is.co.za/rfc/logik.dae
- file:///C:/Users/Benutzer/Desktop/logik.dae

5.5 Referenzieren von weiteren Dokumenten

5.5.1 Motivation

Neben den Dokumentarten, die bereits im AML Standard definiert sind, sind viele weitere Dokumentarten von praktischem Nutzen, beispielsweise Anleitungen, Zertifikate, Funktionsbausteine, Simulationsmodelle, Bilder etc. Diese sind nicht im AML Standard definiert, können aber trotzdem mit Mitteln von AutomationML referenziert werden. Die Inhalte dieser Dateien sind dann vom Zielwerkzeug unabhängig von AML zu verarbeiten. Der Vorteil des in AML verfügbaren flexiblen Referenzmechanismus besteht darin, dass AML damit offen für jede heutige oder künftige Dokumentart ist.

5.5.2 Modellieren von Referenzen auf externe Dokumente - Übersicht

Die Schrittfolge zum Modellieren einer Referenz zu einem externen Dokument (außerhalb des AML Standard) ist in Abb. 5-11 dargestellt:

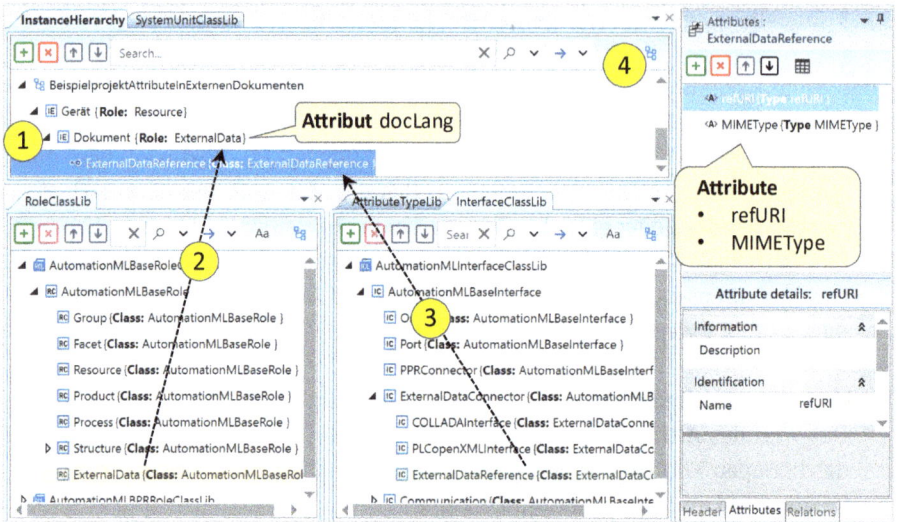

Abb. 5-11: Modellieren einer Referenz auf ein externes Dokument

– Erzeugen Sie für das externe Dokument ein CAEX *InternalElement* (1) und assoziieren Sie die Rolle *ExternalData* (2). Mit dieser Rolle ist definiert, dass es sich um ein Dokument handelt, dessen Inhalt in einer externen Datei gespeichert ist.

– Die Referenz selbst wird durch ein *ExternalInterface* des Dokuments modelliert, im AML Editor wird die Instanz durch Drag&Drop (3) der Klasse *ExternalDataReference* auf das AML Objekt erzeugt.

– Diese Schnittstelle enthält standardmäßig die Attribute *refURI* und *MIMEType* (4).

– das Attribut *refURI* modelliert die URI (den Pfad) zur externen Datei.

– das Attribut *MIMEType* modelliert den Dateityp des Dokumentes.

– Die Sprache des Dokumentes wird nicht am Interface, sondern am *InternalElement* (Rolle *ExternalData*) modelliert. Weisen Sie dem Dokument ein Attribut vom Typ *DocLang* zu und definieren Sie die Sprache.

– Soll ein Objekt mehrere Dokumente referenzieren, muss für jedes Dokument je ein *InternalElement* modelliert werden mit einer eigenen Referenz.

5.5.3 Modellieren der Dokumentart – das Attribut MIMEType

Die Dokumentenart wie EXCEL, PDF oder XML wird durch den sogenannten MIME-Type definiert (MIME = Multipurpose Internet Mail Extensions) und dient der Identifizierung von Dokumentarten im Datenaustausch unabhängig vom Betriebssystem. So steht das Kürzel „application/pdf" für ein PDF-Dokument. Abb. 5-12 zeigt einen Ausschnitt von Kürzeln.

Eine Übersicht über verfügbare Kürzel ist auf folgenden Webseiten verfügbar: https://wiki.selfhtml.org/wiki/MIME-Type/Übersicht.

```
application/msexcel

application/mshelp

application/mspowerpoint

application/msword

application/octet-stream

application/oda

application/pdf

application/postscript

application/rtc

application/rtf

application/studiom

application/toolbook

application/vocaltec-media-desc

application/vocaltec-media-file

application/
vnd.openxmlformats-officedocument.
spreadsheetml.sheet

application/
vnd.openxmlformats-officedocument.
wordprocessingml.document

application/xhtml+xml

application/xml
```

be	Belorussisch	беларуская
bg	Bulgarisch	български
bh	Biharisch	भोजपुरी
bi	Bislamisch	Bislama
bn	Bengalisch	বাংলা
bo	Tibetanisch	བོད་ཡིག
br	Bretonisch	brezhoneg
ca	Katalanisch	català
co	Korsisch	corsu
cs	Tschechisch	čeština
cy	Walisisch	Cymraeg
da	Dänisch	dansk
de	Deutsch	Deutsch
dz	Dzongkha, Bhutani	རྫོང་ཁ
el	Griechisch	Ελληνικά
en	Englisch	English
eo	Esperanto	Esperanto
es	Spanisch	español
et	Estnisch	eesti
eu	Baskisch	euskara
fa	Persisch	فارسی
fi	Finnisch	suomi
fj	Na Vosa Vakaviti	Fiji
fo	Färöisch	føroyskt
fr	Französisch	français

Abb. 5-12: Dokumentarten   **Abb. 5-13:** Sprachkürzel nach RFC5646

5.5.4 Modellieren der Dokumentsprache – das Attribut DocLang

Die Sprache eines Dokumentes wird durch ein Attribut vom Typ *DocLang* angegeben, das Sprachkürzel ist in nach RFC5646 definiert. Besitzt das Dokument mehrere Sprachen, sind diese als unsortierte Liste von Attributen vom Typ DocLang anzugeben. So steht das Kürzel „en" für Englisch, „de" für Deutsch und „fr" für Französisch. Abb. 5-13 zeigt einen Ausschnitt einer langen Liste verfügbarer Sprachen.
Eine Übersicht über verfügbare Kürzel gibt die Webseite *https://wiki.selfhtml.org/wiki/Sprachkürzel.*

5.5.5 Übungsbeispiel

Übungsaufgabe: Modellieren Sie mit dem AutomationML Editor in der Instanzhierarchie einen *Motor* und eine Referenz auf ein deutsches Handbuch *handbuch.pdf*.

Lösungsweg (siehe Abb. 5-14)
– Starten Sie den AutomationML Editor
– Erzeugen Sie eine Instanzhierarchie, z.B. *Beispielprojekt*.
– Modellieren Sie ein InternalElement *Motor* (Rolle *Resource*) – siehe (1).
– Modellieren Sie innerhalb des Motors ein *Handbuch* (Rolle *ExternalData*) – *siehe (2)*.
– Instanziieren Sie im Objekt Handbuch ein Attribut vom Typ D*ocLang*. Geben Sie den Wert *de* ein.
– Instanziieren Sie innerhalb des Handbuches ein *ExternalInterface* vom Typ *ExternalDataReference*.
– Tragen Sie im Attribut *refURI* den Pfad zur Datei ein, hier z.B. *Handbuch.pdf* – siehe (4).
– Tragen Sie im Attribut *MIMEType* den Wert *application/pdf* ein - siehe (5).

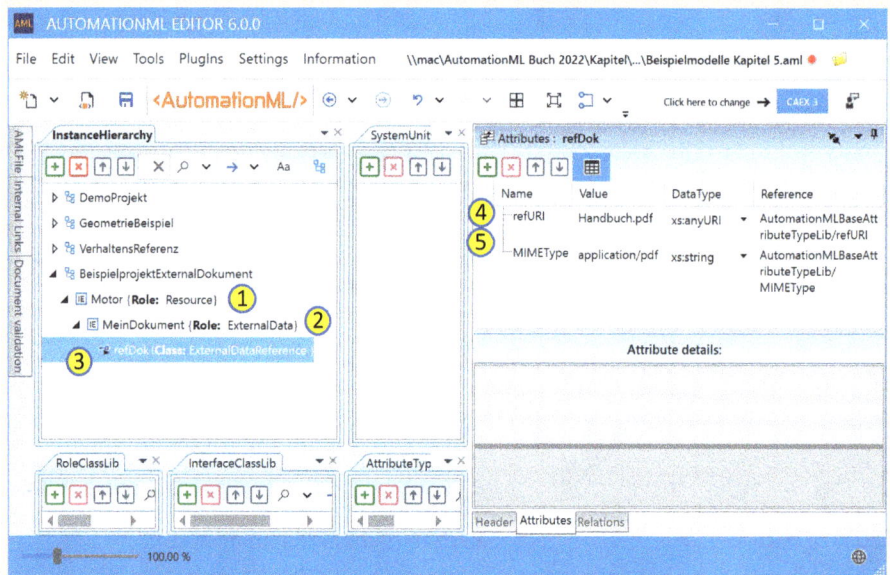

Abb. 5-14: Modellieren einer Referenz auf ein deutsches PDF-Handbuch

5.5.6 Referenzieren mehrerer Dokumente

Im folgenden Beispiel soll ein AML-Objekt für einen *Hammer* modelliert werden, einschließlich Referenzen auf drei verschiedene Dokumente: eine deutsche Bedienungsanleitung als PDF, eine deutsche Stückliste als PDF und eine englische Stückliste als MS Word-Dokument. Abb. 5-15 veranschaulicht das Zielmodell.

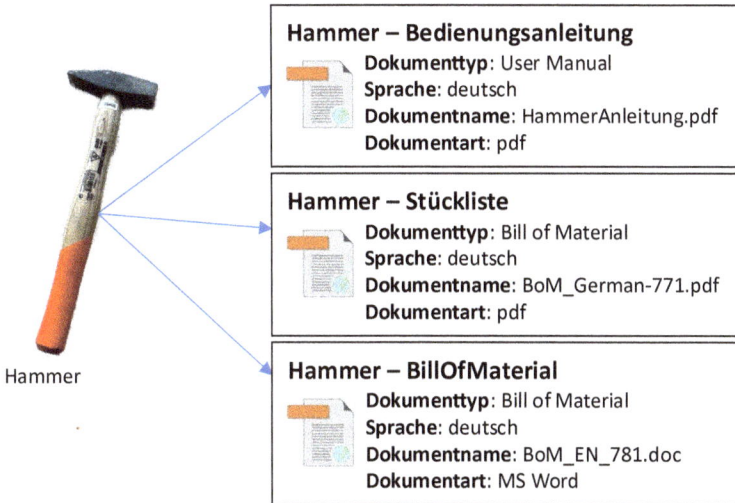

Hammer – Bedienungsanleitung
Dokumenttyp: User Manual
Sprache: deutsch
Dokumentname: HammerAnleitung.pdf
Dokumentart: pdf

Hammer – Stückliste
Dokumenttyp: Bill of Material
Sprache: deutsch
Dokumentname: BoM_German-771.pdf
Dokumentart: pdf

Hammer – BillOfMaterial
Dokumenttyp: Bill of Material
Sprache: deutsch
Dokumentname: BoM_EN_781.doc
Dokumentart: MS Word

Hammer

Abb. 5-15: Beispiel für den Verweis auf mehrere externe Dokumente

Die Modellierungsschritte sind:
- **Schritt 1:** Sie definieren eine neue Rollenklassenbibliothek für die Dokumenttypen *UserManual*, *BillOfMaterial*, *Construction* sowie *ProductInformation* und leiten sie von der AML-Standardrolle *ExternalData* ab. Weitere Dokumenttypen können bei Bedarf flexibel ergänzt werden (siehe Abb. 5-16).

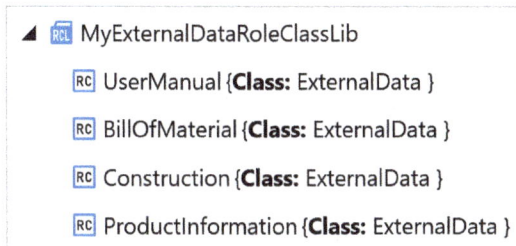

Abb. 5-16: Verfeinerung von Dokumentenrollen auf der Grundlage von *ExternalData*

- **Schritt 2:** Sie modellieren den Hammer als CAEX *InternalElement* in der InstanceHierarchy, siehe Abb. 5-17.
- **Schritt 3:** Sie fügen drei untergeordnete *InternalElements* hinzu, die jeweils die gewünschte Dokument*rolle* aus der o.g. Rollenbibliothek spielen. Jedes Dokument erhält ein Attribut *DocLang*, das die erforderliche Sprache modelliert.
- **Schritt 4:** Jeder Dokumentverweis erhält die Attribute *refURI* und *MIMEType*.

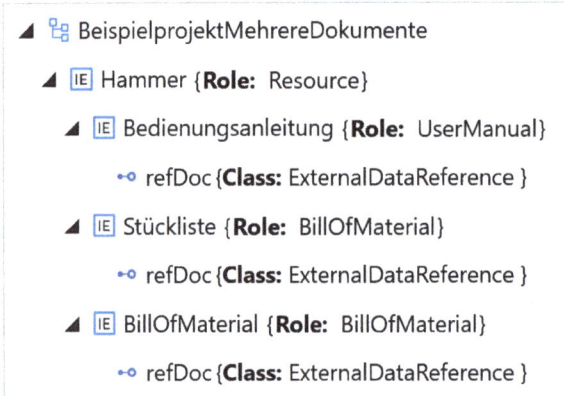

Abb. 5-17: AML-Modell des Hammers mit drei Dokumentverweisen

5.5.7 Referenzieren von Attributen in externen Dokumenten

Wenn der Wert eines Attributes in einem externen Dokument gespeichert ist, z.B. einem externen Excel-Dokument, dann kann ein CAEX Attribut mit diesem externen Attribut verknüpft werden. Dazu bietet die AutomationML Standardbibliothek den Attributtyp *AssociatedExternalValue* an.

Übungsaufgabe: Der Preis eines Gerätes ist in einem EXCEL-Sheet gespeichert und dort mit dem Alias *Endkundenpreis* gekennzeichnet. Verknüpfen Sie den Preis des Gerätes in einem AutomationML mit dem Preis des externen Excel-Sheets so, dass der Preis im Excel-Sheet führend ist.

Lösungsweg (siehe Abb. 5-18):
- Modellieren Sie mit dem AML Editor ein InternalElement *Gerät* und sein Attribut *Preis* (1).
- Modellieren Sie eine Referenz auf das externe EXCEL-Dokument wie in 5.5.2 beschrieben.
- Fügen Sie der Dokumentreferenz ein Attribut des Typen *AssociatedExternalValue* hinzu (2).
- Tragen Sie den Pfad zum Preis im AutomationML Dokument, in diesem Beispiel *6c0d1f2d-913b-4c9a-929a-ba078f659792/Preis* in den Wert Attributs *refCAEXAttribute* ein (3).
- Tragen Sie den Pfad des Attributes innerhalb des Excel-Sheets, hier *Specification.xls#Endkundenpreis*, in den Wert des Attributs *refURI* (4) ein. Die Syntax des Links ist toolabhängig.
- Setzen Sie den Wert des Attributs *Direction* auf *In* (5).

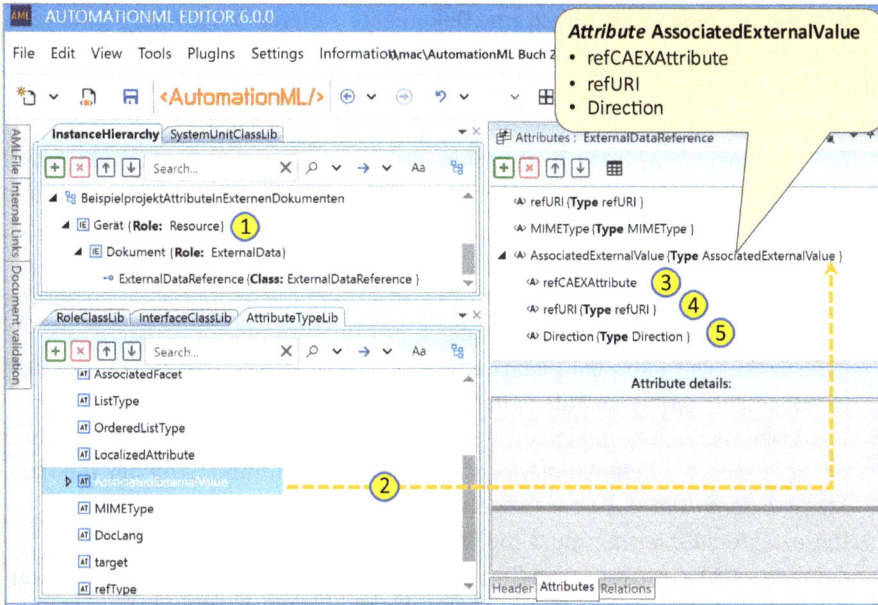

Abb. 5-18: Referenzieren eines Attributes in einem EXCEL-Dokument

Die Attribute der Dokumentreferenz sind in Abb. 5-19 dargestellt.

Abb. 5-19: Attribute der Dokumentreferenz im Überblick

5.5.8 Modellierungsregeln für externe Dokumente außerhalb des AML Standards

Allgemeine Modellierungsregeln für das Referenzieren externer Dokumente außerhalb des AML Standards sind:

- Ein Dokument, das nicht in den Standardisierungsbereich der IEC 62714 fällt, muss durch ein CAEX *InternalElement* modelliert werden. Dieses *InternalElement* muss direkt oder indirekt mit der Rolle *ExternalData* haben assoziiert sein. Einem Dokument können mehrere Rollen mit unterschiedlichen Inhaltstypen zugeordnet werden, z. B. wenn das Dokument Inhalte mehrerer Typen enthält, z. B. *Stückliste* und *Benutzerhandbuch*.
- Jedes Dokument kann bei Bedarf auf mehrere Dateien verweisen, z.B. wenn es in verschiedene Dateien aufgeteilt ist.
- Das Dokumentobjekt modelliert den Verweis auf das externe Dokument durch ein oder mehrere *ExternalInterfaces*, die direkt oder indirekt von der Interface-Klasse *ExternalDataReference* abgeleitet sein müssen.
- Dieses *ExternalInterface* muss die URI zum externen Dokument durch das vordefinierte CAEX-Attribut vom Typ *refURI* modellieren, das von der AML-Standard-Schnittstellenklasse *ExternalDataConnector* abgeleitet ist, und es muss zusätzlich den Typ des Dokuments durch das vordefinierte CAEX-Attribut vom Typ *MIMEType* modellieren, das von der AML-Standard-Schnittstellenklasse *ExternalDataReference* geerbt wird.
- Die Sprache eines Dokuments modelliert ein Attribut vom Typ *DocLang*.

Die Modellierungsregeln für das Referenzieren von Attributen in einem externen Dokument sind:

- Für jede Referenz zwischen einem CAEX-Attribut und einem Element in einem externen Dokument ist im zugehörigen Interface ein Attribut vom Typ *AssociatedExternalValue* zu instanziieren.
- *RefCAEXAttribute*: Dieses Attribut verweist auf das CAEX-Attribut. Das bedeutet, dass die ID des übergeordneten Objekts des Attributs, getrennt durch "/", und der Name des Attributs als Wert in diesem Attribut modelliert wird. Der Name dieses Attributs muss eindeutig unter seinen Geschwistern sein.
- *refURI*: Dieses Attribut vom Typ *refURI* verweist auf das Element im externen Dokument. Dieser Verweis muss auf das gleiche Dokument oder ein Unterdokument des externen Dokuments verweisen, auf das im übergeordneten *InternalElement* verwiesen wird. Die Syntax dieser Referenz liegt außerhalb des Anwendungsbereichs von AutomationML und erfordert ein referenzierbares externes Dokumentenelement, z. B. einen EXCEL-Alias.
- *Direction*: Das dritte verschachtelte Attribut vom Typ *Direction* modelliert die Richtung des Informationsflusses. Der Attributwert ist *In*, wenn das externe Attribut führend ist, oder der Attributwert ist *Out*, wenn das CAEX-Attribut führend ist und das externe Element den Wert des CAEX-Attributs konsumiert.

5.6 Übungsbeispiel: Referenzieren eines Produktbildes

5.6.1 Motivation

Eine kleine, aber sehr nützliche Anwendung zum Referenzieren externer Dokumente sind Produktbilder. Wird eine Klasse eines Produktkataloges mit einem Produktbild versehen, so wird dieses Bild im AutomationML Editor angezeigt. Die Modellierung erfolgt sehr schnell mit den bis hierher gelernten Mitteln.

5.6.2 Übungsbeispiel

Übungsaufgabe: Modellieren Sie ein InternalElement *Hammer* mit Referenz auf ein Produktbild.

Lösungsweg (siehe Abb. 5-20)
– Starten Sie den AutomationML Editor
– Erzeugen Sie eine SystemUnitClassLib, z.B. *Produktkatalog*.
– Modellieren Sie eine SystemUnitClass *HammerType* (Rolle *Produkt*).
– Modellieren Sie innerhalb des Hammers ein *Produktbild* (Rolle *ExternalData*).
– Tragen Sie im Attribut *refURI* den Pfad zur Datei ein, hier z.B. *Hammer.jpg* (1)(2).
– Tragen Sie im Attribut *MIMEType* den Wert *image/jpeg* ein (3).
– Der AutomationML Editor zeigt das Produktbild beim Selektieren des Objektes an (4).

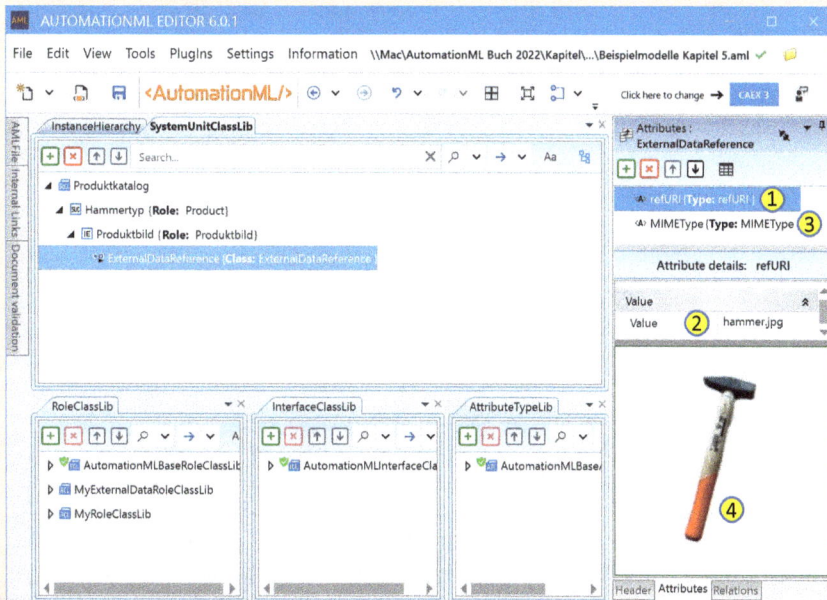

Abb. 5-20: Referenzieren eines Produktbildes

5.7 Was Sie jetzt können sollten

Wenn Sie sich die Abschnitte 5.1 bis 5.6 schrittweise erarbeitet haben, sollten Sie nun Folgendes können:

- Sie können mit dem AutomationML Editor ein AML Objektmodell splitten und in ein oder mehrerer Teile aufteilen,
- Sie können externe CAEX Dokumente referenzieren,
- Sie können Geometriedateien referenzieren,
- Sie können Verhaltensbeschreibungen referenzieren,
- Sie können beliebige weitere Dokumente außerhalb des AML Standards referenzieren,
- Sie können verschiedene Dokumentarten und Dokumentsprachen modellieren,
- Sie können Attribute in externen Dokumenten referenzieren,
- Sie können für eine Produktklasse oder eine Instanz ein Produktbild modellieren.

6 Erweiterte AutomationML-Konzepte

6.1 Übersicht

Mithilfe der Basis-Sprachelemente von CAEX definiert der AutomationML Standard erweiterte Konzepte, um konkrete Anforderungen aus dem Ingenieursalltag modellieren zu können. Dieses Kapitel führt in wichtige erweiterte Konzepte ein, erläutert ihren Nutzen und übt das Vorgehen bei der Modellierung.

6.2 Internationalisierung, mehrsprachige Attribute

6.2.1 Motivation

Engineering-Daten werden oft in mehreren Sprachen geplant. Die Möglichkeit zum Wechsel zwischen Sprachen ist in internationalen Teams für die globale Zusammenarbeit sehr hilfreich, erfordert aber eine mehrsprachige Unterstützung bei der Modellierung und dem Austausch von Daten. Das Konzept der Internationalisierung zielt deshalb darauf ab, mehrsprachige Informationen in derselben AML-Datei zu speichern.

Mehrsprachigkeit von Attributen wird mit AutomationML dadurch erreicht, indem jedes Attribut vor Ort seine Übersetzungen in beliebige Zielsprachen vorhält. So kann eine Zielsoftware zwischen diesen Sprachen umschalten. AutomationML selbst leistet das Umschalten nicht, aber liefert die dazu benötigten Informationen und unterstützt damit die globale Zusammenarbeit in internationalen Teams. Mehrsprachigkeit kann am individuellen Attribut (also an der Attributinstanz) modelliert werden, oder direkt in der Attributtyp-Bibliothek: Hier werden die Sprachen einmalig modelliert und stehen dann implizit für jede Attribut-Instanz zur Verfügung, ohne sie dort erneut für jede Instanz neu speichern zu müssen.

6.2.2 Modellierungsprinzip

Ein mehrsprachiges Attribut wird mit dem AutomationML Editor in folgenden Schritten modelliert:
- Modellieren Sie wie bekannt zuerst ein Attribut wie in Abschnitt 3.5 beschrieben,
- Der konkrete Name dieses Attributes ist die Default-Sprache. Diese wird verwendet, falls die angeforderte Sprache fehlt.
- Fügen Sie diesem Attribut für jede Sprachvariante ein weiteres Kindattribut hinzu, indem Sie den Standard-AML Attributtyp *LocalizedAttribute* instanziieren.

https://doi.org/10.1515/9783110782998-006

– Diese Kindattribute modellieren die Sprachversionen des mehrsprachigen Attributes und haben einen Namen (*en: Name*) und einen Wert (*en: Value*): Hierin wird die Übersetzung codiert.
– Der *Name* des Kindattributes gibt die Sprache an: „de" steht für Deutsch, „fr", „en", „de-CH" und „en-US" sind Beispiele für weitere Sprachen.
– Der Wert (*Value*) des Kindattributes modelliert die Übersetzung.

Übungsaufgabe: Modellieren Sie eine SystemUnitClass *Rohrleitung* mit dem Attribut *Durchmesser*. Modellieren Sie (nur) dieses konkrete Attribut mehrsprachig: englisch = *diameter* und französisch = *diamètre*.

Lösungsweg: siehe Abb. 6-1
– Starten Sie den AutomationML Editor.
– Erzeugen Sie eine Klassenbibliothek mit einer Klasse *Rohrleitung* (hier gewählt: Rolle *Resource*) mit einem Attribut *Durchmesser*.
– Instanziieren Sie drei Sub-Attribute vom Typ *LocalizedAttribute (1)*.
– Vergeben Sie den Namen *de*, *en* und *fr* (2).
– Tragen Sie für die Sprachen Deutsch, Englisch oder Französisch in das Feld *Value* die jeweilige Übersetzung *Durchmesser*, *diameter* oder *diamètre* (3) ein.

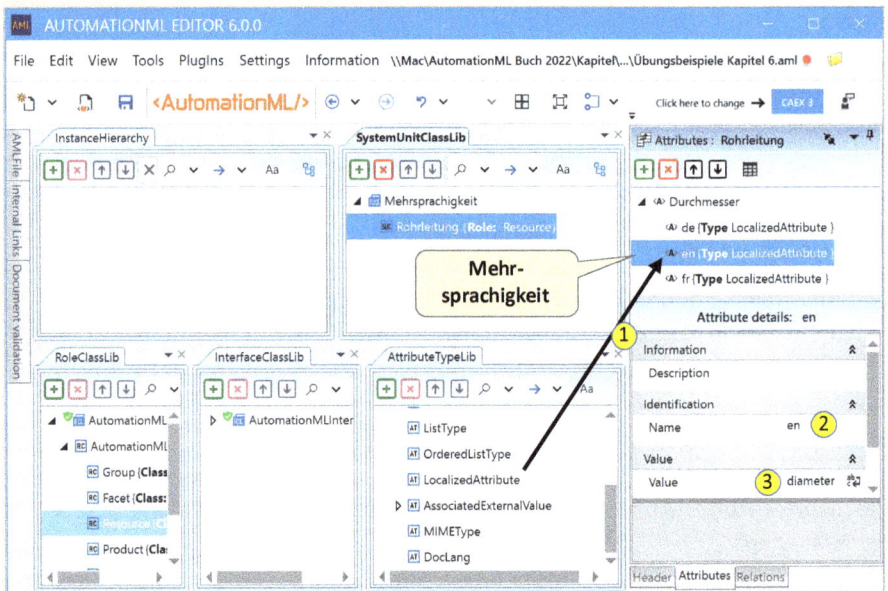

Abb. 6-1: Modellieren einer mehrsprachigen Attribut-Instanz

6.2.3 Modellieren mehrsprachiger Attributtypen

Attributbibliotheken lassen sich in eine separate CAEX Datei auslagern, d.h. Sprachdateien können so außerhalb des Projektmodells gepflegt und in mehreren Projekten wiederverwendet werden. Die Modellierung der Mehrsprachigkeit von Attribut*typen* erfolgt genauso wie in Attribut*instanzen* (siehe Abschnitt 6.2.2). Das Auslagern der Attributtyp-Bibliotheken in separate CAEX-Dateien wird in Abschnitt 5.2 erläutert.

6.2.4 Übungsaufgaben

Übungsaufgaben: Modellieren Sie eine Attributbibliothek mit den Attributtypen *Länge*, *Breite*, *Höhe*, *Gewicht* und *Geschwindigkeit* in den Sprachen *deutsch*, *englisch* und *französisch*.

Musterlösung: siehe Abb. 6-2.

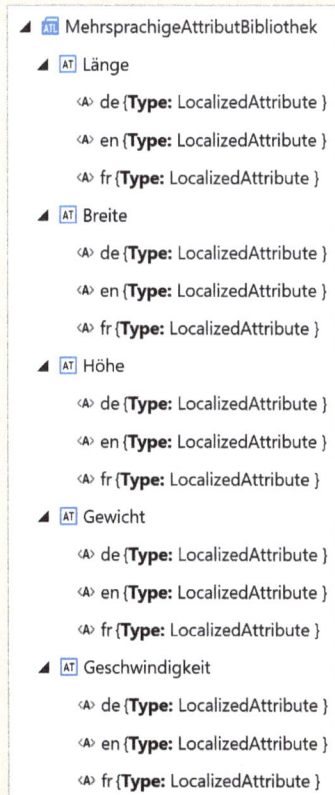

- ◢ ⊞ MehrsprachigeAttributBibliothek
  - ◢ AT Länge
    - ⟨A⟩ de **{Type:** LocalizedAttribute }
    - ⟨A⟩ en **{Type:** LocalizedAttribute }
    - ⟨A⟩ fr **{Type:** LocalizedAttribute }
  - ◢ AT Breite
    - ⟨A⟩ de **{Type:** LocalizedAttribute }
    - ⟨A⟩ en **{Type:** LocalizedAttribute }
    - ⟨A⟩ fr **{Type:** LocalizedAttribute }
  - ◢ AT Höhe
    - ⟨A⟩ de **{Type:** LocalizedAttribute }
    - ⟨A⟩ en **{Type:** LocalizedAttribute }
    - ⟨A⟩ fr **{Type:** LocalizedAttribute }
  - ◢ AT Gewicht
    - ⟨A⟩ de **{Type:** LocalizedAttribute }
    - ⟨A⟩ en **{Type:** LocalizedAttribute }
    - ⟨A⟩ fr **{Type:** LocalizedAttribute }
  - ◢ AT Geschwindigkeit
    - ⟨A⟩ de **{Type:** LocalizedAttribute }
    - ⟨A⟩ en **{Type:** LocalizedAttribute }
    - ⟨A⟩ fr **{Type:** LocalizedAttribute }

Abb. 6-2: Modellieren mehrsprachiger Attributtypen

6.2.5 Zusammenfassung der Modellierungsregeln für mehrsprachige Attribute

Die Modellierungsregeln für mehrsprachige Ausdrücke lauten:

– Ein mehrsprachiges Attribut wird als CAEX-Attribut modelliert. Der Wert dieses Attributs ist der Standardausdruck, der verwendet wird, wenn keine spezifische Sprache angefordert wird oder die angeforderte Sprache nicht modelliert ist.
– Ein Sprachausdruck des Attributs wird als verschachteltes Attribut modelliert, das vom AutomationML-Standardattributtyp *LocalizedAttribute* abgeleitet ist.
– Der Name jedes Kind-Attributs codiert die Sprache des Ausdrucks gemäß RFC5646, z. B. „de" für Deutsch, „fr" für Französisch oder „en" für Englisch (siehe Abschnitt 5.5.4). Der Wert der Sprachattribute beinhaltet den übersetzten Text in der gewünschten Sprache.
– Zusammengesetzte Sprachabkürzungen sind z. B. „en"-*US* für amerikanisches Englisch oder „fr-CA" für kanadisches Französisch.
– Eine Liste der Abkürzungen findet sich unter *https://docs.microsoft.com/en-us/windows/win32/wmformat/language-strings*

6.3 Modellieren von Listen und Arrays

6.3.1 Motivation

Nehmen wir an, Sie wollen modellieren, dass unser Autoradio eine Liste von Radiosendern kennt. Dafür braucht das Objektmodell die Fähigkeit, *Listen* zu modellieren. Oder nehmen wir an, die Außentemperatur eines Temperatursensors soll über die Zeit archiviert werden. Dafür benötigen Sie Arrays, also Listen mit mehreren Einträgen, in diesem Beispiel ein zweidimensionales Array mit den Wertepaaren für Datum/Temperatur. Oder nehmen wir an, ein Roboter soll seine Raumpositionen über die Zeit mit Zeitstempeln speichern; dies erfordert ein mehrdimensionales Array mit dem Zeitstempel und einer Raumposition des Greifers mit den Koordinaten x, y, z sowie den Rotationswinkeln um die Achsen rx, ry und rz.

6.3.2 Modellierungsprinzip für Listen

Eine Liste wird mit dem AutomationML Editor in folgenden Schritten modelliert:

– Eine unsortierte Liste, in der die Reihenfolge der Elemente keine Rolle spielt, wird die Liste durch ein Attribut vom Typ *ListType* abgebildet.
– Eine sortierte Liste, in der die Reihenfolge der Elemente keine Rolle spielt, wird die Liste durch ein Attribut vom Typ *SortedListType* modelliert.
– Das Listenattribut fungiert als Container für die Liste, die Felder *Value*, *DefaultValue* und *Unit* bleiben leer.

- Die Elemente der Liste werden als untergeordnete Attribut modelliert, die Zahl der Einträge ist nicht beschränkt.
- Alle Einträge müssen den gleichen Typ haben.
- Unsortierte Listeneinträge müssen eindeutige Namen innerhalb der Liste haben.
- Sortierte Einträge müssen durch eine führende fortlaufende Nummer identifiziert werden: 1, 2, usw. Führende Nullen sind erlaubt: 0001, 0002, usw.

Übungsaufgabe: Modellieren Sie eine Liste mit den Radiosendern SWR1, SWR2, SWR3 und NDR2 mit ihren Frequenzen 100Mhz, 200Mhz, 300Mhz und 500Mhz.

Musterlösung: Die Liste wird als Attribut *Radiosender* vom Typ *ListType* mit ihren Kindattributen modelliert (Abb. 6-3).

Abb. 6-3: unsortierte Liste für Radiosender, modelliert als Attributtyp

---

6.3.3 Modellierungsprinzip für Arrays

Ein Array kann leicht modelliert werden, indem jeder Eintrag einer Liste selbst strukturiert ist. Dies kann dadurch erfolgen, indem jeder Eintrag einer Liste selbst wiederum vom Typ *ListType* bzw. *OrderedListType* ist, denn dann sind die Einträge konzeptionell dynamisch erweiterbar und als Liste maschineninterpretierbar.

Das Listenattribut *Tabelle* auf Ebene 1 repräsentiert dabei die Tabelle, deren Listeneinträge auf Ebene 2 repräsentieren die Zeilen und die Kind-Elemente auf Ebene 2 modellieren die Spalten der Tabelle. Abb. 6-4 zeigt eine Modellierungsmöglichkeit.

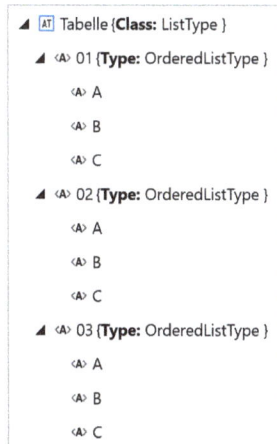

Abb. 6-4: Modellierung einer Tabelle mit den Zeilen 0-3 und den Spalten A-C

Eine weitere Möglichkeit zur Modellierung von Arrays besteht darin, dass die Einträge einer Liste von einem strukturierten Datentyp abgeleitet sind. Abb. 6-5 zeigt dies am Beispiel einer Liste von Temperaturmesswerten. In einer Attributtypbibliothek (links im Bild) wurden dazu zwei Typen vordefiniert: der Listentyp *Temperaturmesswerte* (1) und ein Typ für die Einträge in dieser Liste, der *MesswertType* (2). In der Instanzhierarchie wurde dann ein konkretes Attribut *TM* (3) an einem *InternalElement* modelliert und mehrere Messwerte in die Liste eingefügt (4).

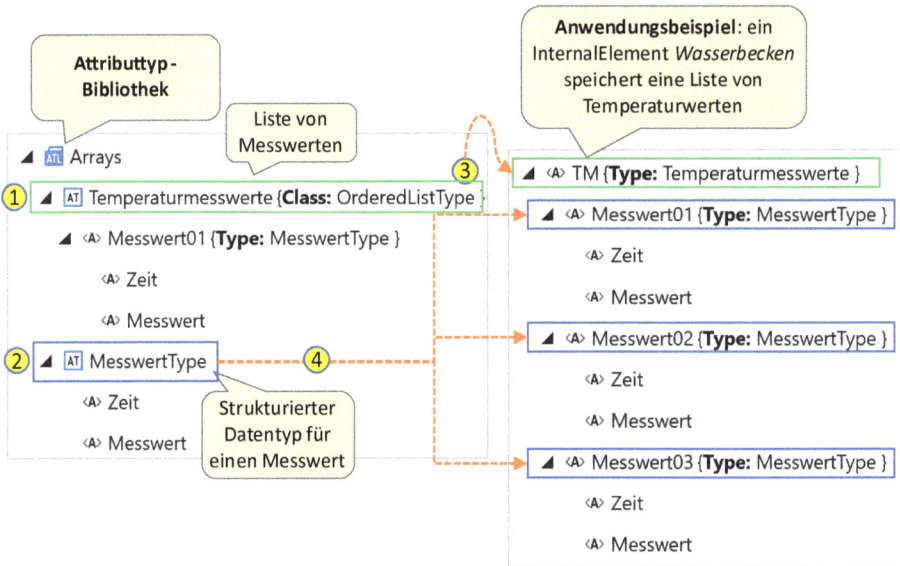

Abb. 6-5: Modellierung eines Arrays durch Listenbildung mit strukturierten Datentypen

6.3.4 Übungsaufgaben: Modellierung von Bahnpunkten

Übungsaufgabe: Die Koordinaten eines Robotergreifers *x,y,z* sollen einmal pro Sekunde in einer Liste gespeichert werden. Modellieren Sie mit dem AutomationML Editor einen Roboter mit einer entsprechenden Liste.

Musterlösung:
- Abb. 6-6 zeigt das zugehörige Modell.
- Im ersten Schritt modellieren Sie zwei neue Attributtypen *Positionsliste* und *ZeitRaumKoordinatentyp*. Die Positionsliste (1) modelliert die Liste selbst, Einträge vom Typ *ZeitRaumKoordinatentyp* (2) modellieren einzelne Bahnpunkte.
- Im zweiten Schritt erzeugen Sie ein InternalElement *Roboter* (Rolle *Resource*), hier nicht dargestellt, und instanziieren dort ein Attribut *Pfad* vom Typ *Postionsliste* (3).
- Erzeugen Sie nun mehrere Elemente in der Liste vom Typ *ZeitRaumKoordinatentyp* (4) für die einzelnen Bahnpositionspunkte.

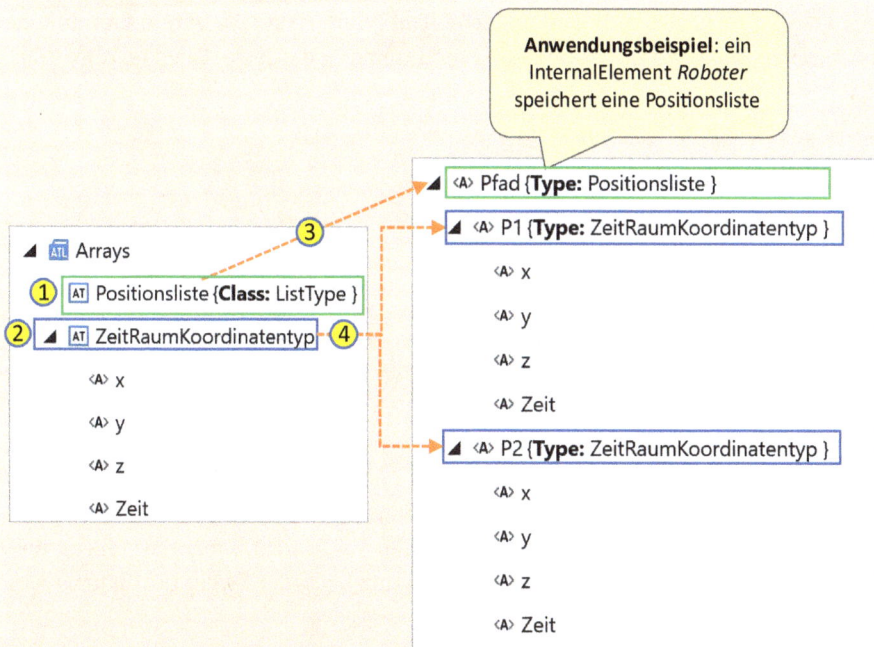

Abb. 6-6: Modellierung von Attributtypen für die Bahnpositionen und ihre Anwendung

6.4 Versionierung von Klassen mit dem AutomationML Editor

6.4.1 Motivation

Eine *SystemUnitClass* ist oft ein digitales Modell eines herstellerspezifischen Produkttyps, beispielsweise eines Autos oder einer Komponente. Bevor dieser Typ als reales Produkt vermarktet (und damit real instanziiert) wird, wird er umfangreich getestet, dokumentiert und ggf. zertifiziert. Am Ende erhält der Typ eine finale Versionsnummer, z.B. Auto 1.0. Eine Version (bzw. Revision) gilt als vereinbart und dokumentiert den vereinbarten Stand, einschließlich aller Eigenschaften und ggf. Fehler. Laufende Änderungen an dieser *SystemUnitClass* wären nach der Versionsfestlegung wegen ihrem abgenommenen, getesteten, dokumentierten und ggf. zertifizierten Zustand eine Verfälschung des Originals. Deshalb ist das Modifizieren einer vereinbarten Version unerwünscht. Werden nun Verbesserungen benötigt und entwickelt, erfolgt dies in einer neuen Version dieser *SystemUnitClass*. Das ist genau wie in der Realität: Ein Auto erhält ein Facelift und wird als neue Modellreihe Auto 2.0 vermarktet. In einer linearen Versionskette ist das aktuelle Produkt immer das letzte Glied (s. Abb. 6-7).

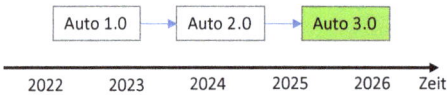

Abb. 6-7: Lineare Versionierung eines Autos

Oft bilden Versionen jedoch keine lineare Kette, sondern eine Baumstruktur, weil aus jeder Version eine neue Version gebildet werden kann. Das kennen Sie von Betriebssystemen, die regelmäßig Updates erfahren, auch wenn das Nachfolgebetriebssystem schon verfügbar ist. Nehmen wir also an, dass nach Jahren für das Auto 1.0 eine kritische Schwachstelle entdeckt wird (Software oder Hardware): Dann wird basierend auf dem Auto 1.0 eine neue Version 1.1 gebildet und ggf. eine Rückrufaktion durchgeführt. Der Fehler wird dann an allen Exemplaren des Autos 1.0 repariert, die aktuelle Version ist dann Auto 1.1. In einer Baumstruktur hat jeder Zweig des Baumes eine eigene neueste Version, siehe Abb. 6-8.

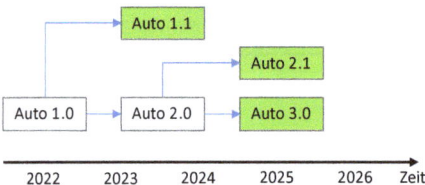

Abb. 6-8: Versionsbaum einer Klasse: Jeder Zweig hat eine eigene neueste Version

6.4.2 Modellierung von Versionsbäumen mit dem AutomationML Editor

Für eine linearen Versionskette modellieren Sie zuerst eine *SystemUnitClassLib* mit einer Klasse Auto 1.0, siehe Abb. 6-9. Dort vergeben Sie die Versionsnummer 1.0.

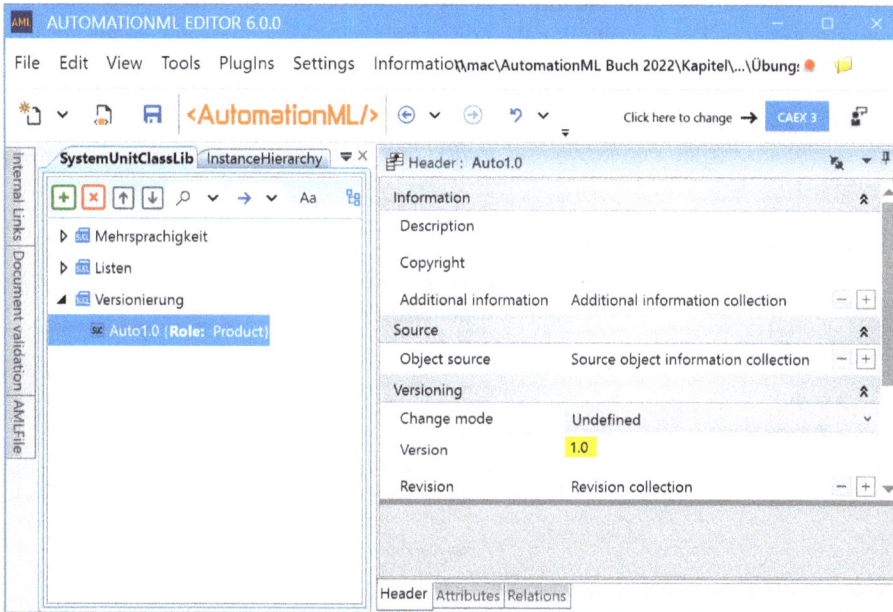

Abb. 6-9: Auto 1.0 mit der Version 1.0

Eine neue Version erzeugen Sie, indem Sie *Auto 1.0* per Drag&Drop auf sein Elternobjekt ziehen, hier die *SystemUnitClassLib*. Im Dialog wählen Sie *Create new version*.

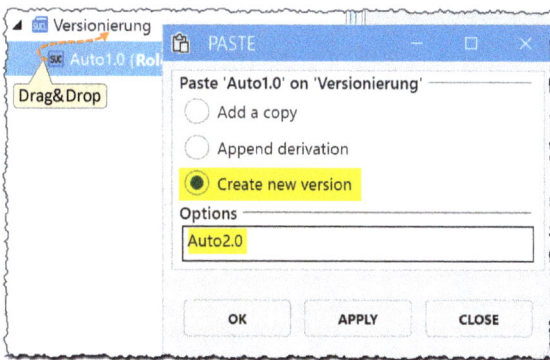

Abb. 6-10: Dialog zum Erzeugen einer neuen Version der Klasse *Auto 1.0*

Der Editor erzeugt eine neue Klasse, die Sie hier *Auto2.0* benennen. Hinweis: Die Versionsnummer ist üblicherweise nicht Teil des Klassennamens, das erfolgt hier nur zur Illustration. In das Feld *Version* tragen Sie die Versionsnummer 2.0 ein. Das Ergebnis zeigt Abb. 6-11: Der AutomationML Editor hat für *Auto1.0* und *Auto2.0* je einen neuen Revisionseintrag vorgenommen, der dokumentiert, wann die Versionierung erfolgt ist, von wem und wo sich die alte bzw. neue Version befindet. *Auto2.0* ist nun die neueste Version. Der AutomationML Editor hebt alte Versionen mit einem grauen Kästchen hervor, die neueste Version wird mit einem grünen Quadrat markiert.

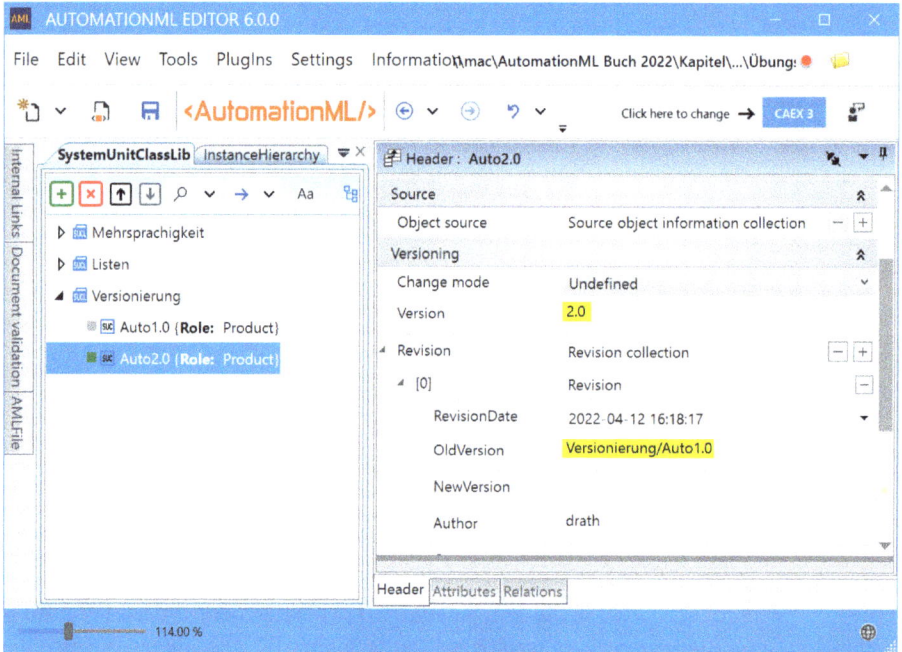

Abb. 6-11: *Auto2.0* mit einem Verweis auf die alte Version 1.0

Wiederholen Sie den vorigen Schritt erneut und erzeugen *Auto 3.0*. Das Ergebnismodell zeigt Abb. 6-12.

Abb. 6-12: AutomationML Klassenstruktur mit einer linearen Versions-Kette

6.4.3 Übungsaufgabe

Übungsaufgabe: Modellieren Sie den Versionsbaum für das Beispiel aus Abb. 6-8.

Lösungsweg:
Aus den Versionen *Auto1.0*, *Auto2.0* und *Auto3.0* werden nacheinander neue Versionen abgeleitet. Das Ergebnismodell zeigt Abb. 6-13.

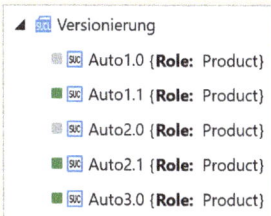

Abb. 6-13: AML Klassenstruktur mit einem Versionsbaum und jeweiligen neuesten Versionen

---

6.5 Das Mirror-Konzept

6.5.1 Motivation

Beim Engineering komplexer Anlagen sind unterschiedliche Berufsgruppen beteiligt, die unterschiedliche Blickwinkel auf ein technisches System einnehmen.

- Gebäudeplaner denken in Strukturen wie Gebäuden, Stockwerken, Räumen und Objekten in diesen Räumen.
- Anlagenintegratoren denken in Strukturen von Ressourcen, Equipment und ihren Verknüpfungen.
- Steuerungsentwickler denken in hierarchischen Steuerungsstrukturen wie SPSn, zugeordnete IO-Bords, Signale, Programme, Tasks, Funktionsbausteine, Funktionspläne usw.
- Prozesstechniker denken in Prozessschritten, Abläufen und Technologien.
- Produkttechniker denken in Produkten und deren Aufbau, etc.

Jede dieser Strukturen ist wichtig, keine der Strukturen ist die Führende, jede Sicht ist für den Planungsprozess bedeutsam. Mit AutomationML lässt sich das leicht abbilden, indem jede Sicht seine eigene *Instanzhierarchie* erhält. Aber dabei tritt ein wichtiger Effekt auf: Ein und dasselbe Objekt, z.B. ein Tank, kann sich sowohl in der einen als auch in der anderen Hierarchie befinden. Einfache Hierarchien genügen dann zur Strukturierung nicht mehr, es sind verschränkte Objektnetze erforderlich. Genau hier kommt das Mirror-Konzept von CAEX nach IEC 62424 zum Einsatz.

6.5.2 Mirror-Objekte und Masterobjekte

Abb. 6-14 erläutert das Mirror-Konzept anhand von zwei Beispielstrukturen. Ein Objekt *Tank1* befindet sich in *Raum2* einer *Ortsstruktur*. *Tank1* ist eine Instanz der Klasse *C_Tank* aus einem *Produktkatalog*. Zugleich soll *Tank1* in der *Ressourcenstruktur* unterhalb von *Equipment* modelliert sein. Jetzt könnte der Systemintegrator in die *Ortsstruktur* schauen: Aber das würde für ihn einen Kontextwechsel bedeuten, der nicht seinem Blickwinkel entspricht. Ein ständiger Kontextwechsel ist eine beachtliche Fehlerquelle. Deshalb soll CAEX den *Tank1* aus der Ortsstruktur in die *Ressourcenstruktur* spiegeln, so dass er sich in beiden Strukturen befindet.

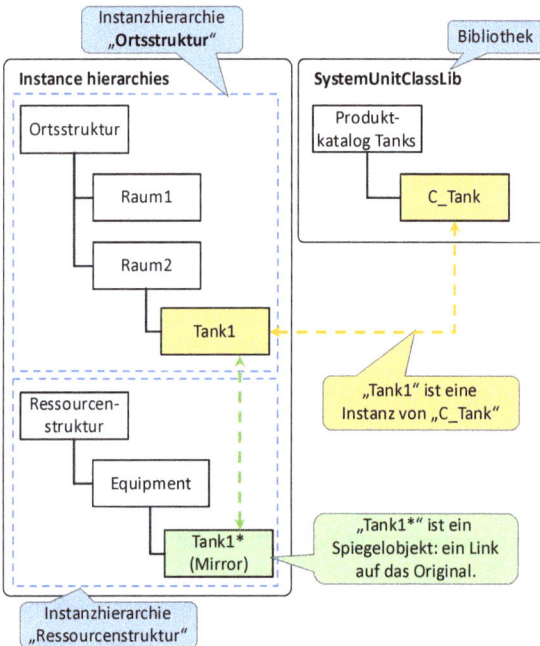

Abb. 6-14: Das Mirror-Konzept am Beispiel von *Tank1*, der sich in zwei Hierarchien befindet

Das Spiegelobjekt *Tank1** ist damit eine zweite Repräsentation von *Tank1*. *Tank1** ist dabei ein *InternalElement*, dessen Klassenreferenz nicht auf *C_Tank* verweist, sondern auf die *ID* des Originals *Tank1*. Das Objekt *Tank1* fungiert also als *master object*, während *Tank1** als *mirror object* bezeichnet wird. Im Ergebnis ist das CAEX-Objekt *Tank1* an zwei Stellen vorhanden. Alle Eigenschaften sind jedoch nur einmal modelliert: am Masterobjekt. Das *mirror object* selbst speichert keine eigenen Eigenschaften und hat keinen eigenen inneren Aufbau, sondern verhält sich wie ein Link bzw. ein Verweis auf das Original.

6.5.3 Übungsaufgabe

Übungsaufgabe: Modellieren Sie die Beispielstruktur nach Abb. 6-14.

Lösungsweg: siehe Abb. 6-15
- Modellieren Sie eine Klasse *C_Tank* (1)
- Erstellen Sie die *Ortsstruktur* und *Ressourcenstruktur* wie in Abb. 6-14 gezeigt.
- Ein *mirror object* wird erzeugt, indem im AML Editor das *master object* via Drag&Drop auf das Ziel-Elternobjekt gezogen wird. Ein Dialog erscheint, hier besteht die Auswahl, ob das Objekt verschoben, kopiert oder als Mirror eingefügt werden soll. Wählen Sie hier *Add a mirror* (3).

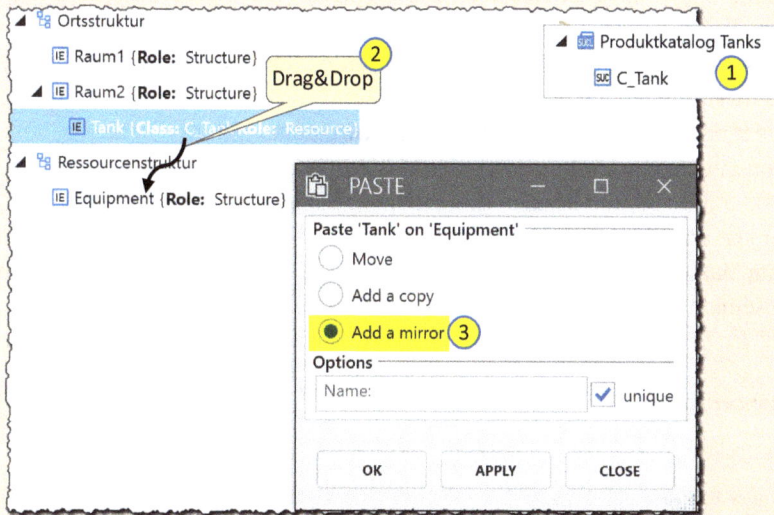

Abb. 6-15: Erzeugen eines Mirror-Objektes mit dem AutomationML-Editor

- Abb. 6-16 zeigt die Ergebnisstruktur: Der AML Editor hat ein *mirror object* erzeugt.

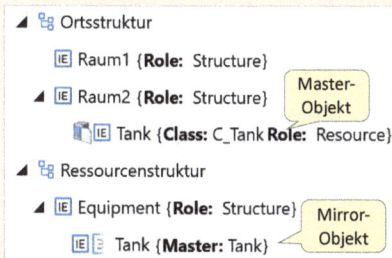

Abb. 6-16: Ergebnisstruktur: Master- und Mirror-Objekt im AutomationML Editor

6.5.4 Visualisieren von Mirror-Inhalten

Der AutomationML Editor kann Inhalte des Masterobjektes am Mirror-Objekt anzeigen, obwohl sie dort in der CAEX Struktur keineswegs gespeichert sind. Das vereinfacht die Orientierung, weil zugehörige Attribute, Sub-Strukturen und Verbindungen von Objekten in allen Sichten visualisiert werden.

– Zuerst erweitern Sie den Tank mit Hilfe eines *InternalElements* um einen Stutzen *S1* (siehe Abb. 6-17), sowie um eine Energieschnittstelle, die vereinfacht mit der Steckdose von *Raum2* verbunden wird.

– Anschließend öffnen Sie das Kontextmenü des Mirror-Objektes und wählen den Menüpunkt *Show mirrored elements*, um die Mirror-Inhalte darzustellen, bzw. *Hide mirrored elements*, um sie wieder auszublenden.

– Im Eigenschaftsfenster des Mirror-Objektes werden die Attribute des Masters angezeigt, sie können hier editiert werden.

– Auch die innere Struktur des Masterobjektes wird angezeigt.

– Links von und zu einer Schnittstelle des Masterobjekts werden ebenfalls am Mirror-Objekt angezeigt und können dort auch modifiziert werden.

– Änderungen am Mirror-Objekt bedeuten allerdings immer, dass die Änderungen direkt am Masterobjekt durchgeführt werden, denn ein Mirror-Objekt ist nur ein Link zu seinem Original und hat keine individuellen Eigenschaften.

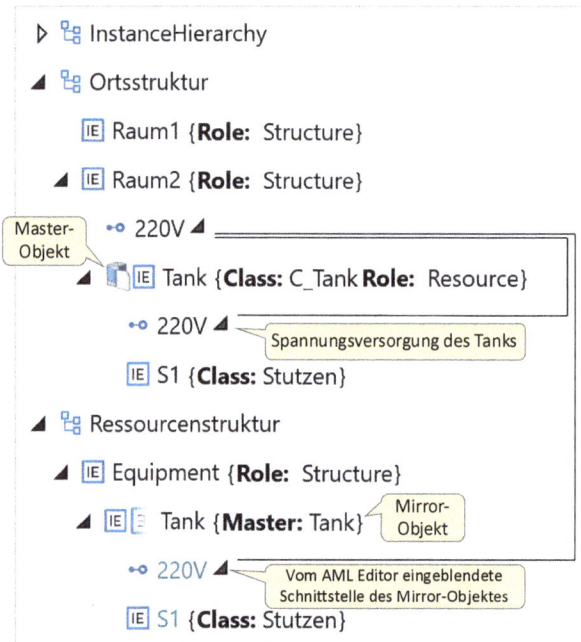

Abb. 6-17: Visualisierung von Sub-Strukturen und Verbindungen eines Mirror-Objektes

6.5.5 Spiegeln von Schnittstellen und Attributen

Das Mirror-Konzept lässt sich in gleicher Weise auf CAEX-Schnittstellen und Attribute anwenden. Abb. 6-18 veranschaulicht dies anhand der Preise der Objekte *Tank* und *Pumpe*. Diese Preise sind in einer anderen Hierarchie am Objekt *Werte* gespiegelt, das auf die entsprechenden Masterattribute verweist. Weiterhin zeigt diese Abbildung, wie Spiegelobjekte in einer alternativen Struktur umstrukturiert werden können. Alle Spiegelobjekte bilden jedoch immer Blätter in einem Objektbaum.

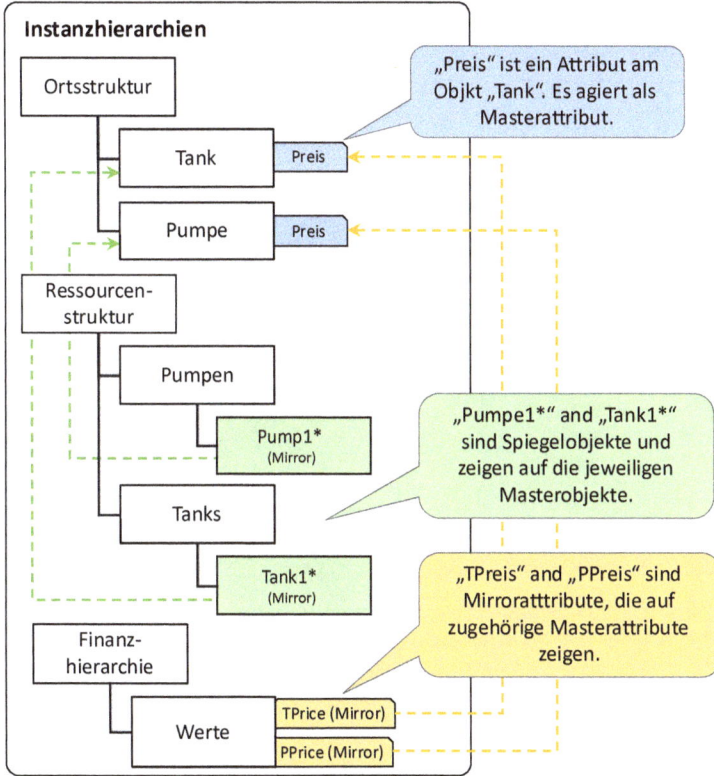

Abb. 6-18: Mirror-Konzept für Attribute

6.5.6 Übungsaufgabe

Übungsaufgabe: Modellieren Sie die Beispielstruktur nach Abb. 6-18 mit dem AML Editor.

Lösungsweg:
- Zuerst erstellen Sie die zwei Instanzhierarchien *Ortsstruktur* und *Finanzstruktur.*
- Modellieren Sie die Strukturen wie in Abb. 6-18 gezeigt.
- Abb. 6-19 zeigt, wie das Erzeugen eines Mirror-Attributes mit dem AutomationML Editor erfolgt: das Masterattribut wird mittels Drag&Drop auf die Zielposition gezogen (1). Ein Dialog erscheint und fragt ab, ob das Objekt dorthin verschoben, kopiert oder als Mirror eingefügt werden soll. Wählen Sie hier *Add a mirror* (2). Hier können Sie das Mirror-Attribut gleich benennen, z.B. *TPrice.*

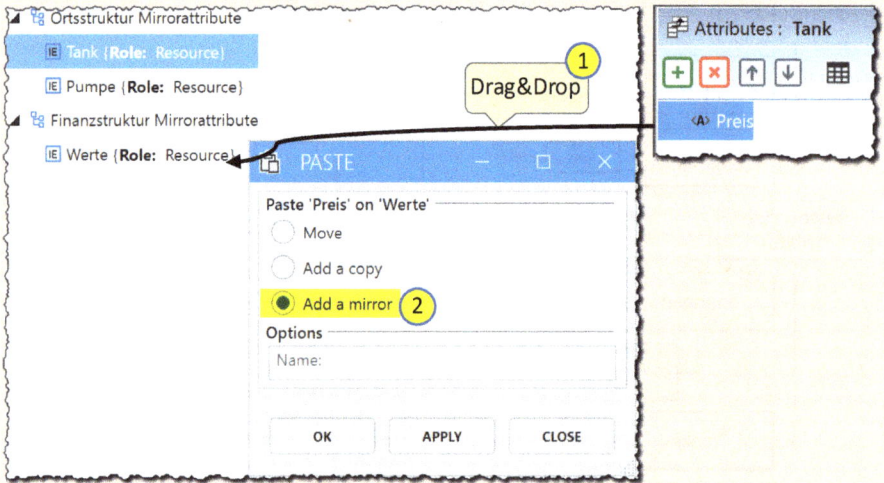

Abb. 6-19: Erzeugen eines Mirror-Objektes mit dem AutomationML-Editor

Abb. 6-20 zeigt die Ergebnisstruktur mit den Mirror-Attributen.

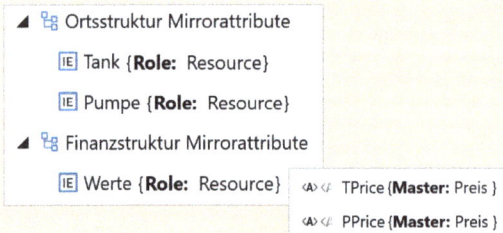

Abb. 6-20: Ergebnisstruktur: Mirror-Attribute im AutomationML Editor

6.5.7 Übung

Übungsaufgabe:
Modellieren Sie mit dem AutomationML Editor ein *Fahrzeug* als *InternalElement*. Dieses steht in einer *Garage*, ist aber zugleich Teil des *Straßenverkehrs* und der *Einfahrt*. Das Fahrzeug besitzt ein Attribut *AnzahlRäder* = 4.

Lösungsweg:
– Erzeugen Sie eine Instanzhierarchie.
– Modellieren Sie die *Garage*, den *Straßenverkehr* und die *Einfahrt* jeweils als *InternalElement* (Rolle *Structure*).
– Modellieren Sie das Fahrzeug unterhalb der *Garage*. Dies ist das Masterobjekt.
– Fügen Sie dem Fahrzeug das Attribut *AnzahlRäder* mit dem Integer-Wert 4 hinzu.
– Spiegeln Sie das Fahrzeug in die Strukturen *Straßenverkehr* und die *Einfahrt*.
– Abb. 6-21 zeigt das Modellierungsergebnis

Abb. 6-21: Beispiel: drei Repräsentationen desselben Objektes in mehreren Strukturen

Probieren Sie nun Folgendes aus:
– Lassen Sie sich einem Mirror-Objekt das Attribut *AnzahlRäder* anzeigen.
– Was passiert mit dem Masterobjekt, wenn ein Mirror-Objekt gelöscht wird?
– Was passiert mit den Mirror-Objekten, wenn das Masterobjekt gelöscht wird?

6.5.8 Modellierungsregeln für Mirror-Objekte

Die wichtigsten Modellierungsregeln für das Mirror-Konzept lauten:
– Wenn mehr als eine Repräsentation eines CAEX-*InternalElements*, CAEX-*ExternalInterface* oder CAEX-*Attributs* benötigt wird, muss jede von ihnen als ein entsprechendes CAEX-*InternalElement*, CAEX-*ExternalInterface* oder CAEX-*Attribut* an der gewünschten Position modelliert werden.

- Eines von ihnen muss als *Masterobjekt* fungieren. Dieses Masterobjekt enthält alle erforderlichen Informationen wie Header, Attribute, Interfaces und interne Elemente und kann eine Referenz zu einer CAEX-Klasse oder einem Typ haben.
- Die Mirror-Objekte (Spiegelobjekte) referenzieren das Masterobjekt, anstelle einer Klassenreferenz wird die ID des Masterobjektes angegeben. Ein Spiegelobjekt fungiert als Zeiger auf das Masterobjekt.
- Ein Spiegelobjekt darf nicht auf eine Klasse oder einen Typ verweisen.
- Ein Masterobjekt darf keinen Rückverweis auf eines seiner Mirror-Objekte haben.
- Spiegelobjekte haben keine eigenen Kinder und speichern keine objektbezogenen Informationen, mit Ausnahme des Verweises auf das Masterobjekt oder den *ChangeMode*.
- Änderungen und Modifikationen an einem Spiegelobjekt dürfen ausschließlich am Masterobjekt modelliert werden. Ein Spiegelobjekt wird als identisch mit dem Masterobjekt angesehen.
- Das Spiegelobjekt kann einen anderen Namen als das Masterobjekt haben und kann eigene Header-Informationen haben.
- Ein gespiegeltes CAEX *InternalElement* oder *ExternalInterface* hat eine eigene eindeutige *ID*. Die individuelle *ID* ermöglicht es, ein Spiegelobjekt vom Master zu unterscheiden.
- Wenn ein Masterobjekt gelöscht wird, müssen alle zugehörigen Spiegelobjekte ebenfalls gelöscht werden, um Inkonsistenzen zu vermeiden. Dies ist jedoch eine Werkzeugfunktionalität, die AutomationML als Format nicht von selbst übernimmt oder sicherstellt.
- Wird ein Spiegelobjekt gelöscht, ist das Masterobjekt davon nicht betroffen.
- Masterobjekte und zugehörige Spiegelobjekte dürfen nicht über Klassengrenzen hinweg positioniert werden.
- Rollenklassen enthalten keine Spiegelobjekte.

6.6 Das AML-Port-Konzept

6.6.1 Motivation

In der Industrie werden komplexe Module oft über Kombi-Stecker und -Buchsen verbunden. Abb. 6-22 zeigt ein Beispiel. Solche Kombi-Stecker bündeln mehrere Schnittstellen, beispielsweise zu einer mechanischen Einheit. Das erleichtert es, z. B. Fördermodule miteinander zu verbinden. Solche Kombi-Stecker werden auch als Ports bezeichnet. Werden solche Ports miteinander verbunden, werden die enthaltenen Schnittstellen durch ihren mechanischen Aufbau ebenfalls verbunden. Auf diese Weise können mit einem Klick beispielsweise Pneumatik, Sicherheitssignale, Netzwerkdaten und die Energieversorgung verbunden werden. Ports sind mechanisch zumeist so gestaltet, dass nur passende Ports angeschlossen werden können. Die Kopplung von Ports impliziert damit automatisch die korrekte Verbindung der inneren Schnittstellen.

Abb. 6-22: Eine komplexe Schnittstelle

6.6.2 Anwendungsbeispiel

Abb. 6-23 zeigt ein Beispiel für das AML-Port-Konzept. Das Objekt *Station* umfasst die Teilobjekte *Modul A* und *Modul B*. Beide Teilobjekte haben einen Port mit mehreren Sub-Schnittstellen. Jeder Port wird durch eine Port-Schnittstelle modelliert, die von der AML-Standard-InterfaceClass *Port* abgeleitet ist und eine Reihe von verschachtelten Sub-Schnittstellen umfasst. Die Standardschnittstelle ist über einen CAEX *InternalLink* verknüpft. Diese Beziehung bedeutet, dass beide Ports miteinander verbunden sind. Die interne Verknüpfung der Sub-Interfaces wird hier nicht im Detail modelliert; nur die Ports sind verbunden. Optional ermöglicht AML das Modellieren und Speichern jeder einzelnen Verbindung zwischen den Sub-Schnittstellen.

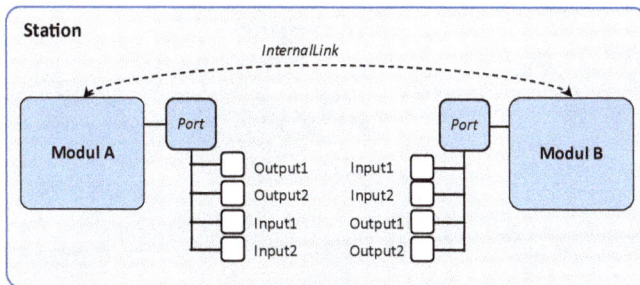

Abb. 6-23: Beispiel zur Illustration des Port-Konzepts

6.6.3 Modellierungsprinzip

Zur Modellierung von Ports wird die Fähigkeit von CAEX 3.0 ausgenutzt, verschachtelte Schnittstellen zu modellieren. Die folgenden Schritte sind für die Modellierung von Ports erforderlich:

- Ein Port wird als *Interface* eines AML Objektes modelliert. Dieses Port-Interface muss direkt oder indirekt von der AML-Standard-Interface-Klasse *Port* abgeleitet sein.
- Die inneren Schnittstellen des Ports werden als Sub-Interfaces modelliert, der Typ der Sub-Interfaces ist wahlfrei.
- Geschachtelte Interfaces können wieder geschachtelt werden, die hierarchische Tiefe ist unbegrenzt.
- Um zwei Ports zu verbinden, werden sie über einen CAEX *InternalLink* zwischen beiden Ports verknüpft. Dieser Link impliziert, dass die Ports verbunden sind einschließlich der inneren Schnittstellen. Dies ergibt sich aus der Annahme, dass ein Port mechanisch so konstruiert ist, dass ein Zusammenfügen zwangsläufig auch die inneren Schnittstellen korrekt verbindet.
- Optional ist es möglich, auch die inneren Verbindungen zwischen den verschachtelten Schnittstellen einzeln zu modellieren.
- Optional kann am Port ein Attribut vom Typ *Direction* modelliert werden; die erlaubten Werte sind *In*, *Out* und *In-Out*. Dies ermöglicht eine automatische Richtungskompatibilitätsprüfung.
- Optional kann das Attribut *Cardinality* gesetzt werden, mit dem die minimale oder maximale Anzahl erlaubter Verbindungen definiert wird.
- Optional kann das Attribut *Category* gesetzt werden, um eine freigewählte Kategorie des Ports anzugeben. Die Syntax ist frei wählbar. Dies ist nützlich für automatische Kompatibilitätsprüfungen.

Abb. 6-24 erläutert die Verwendung der optionalen Attribute *Direction*, *Category* und *Cardinality*.

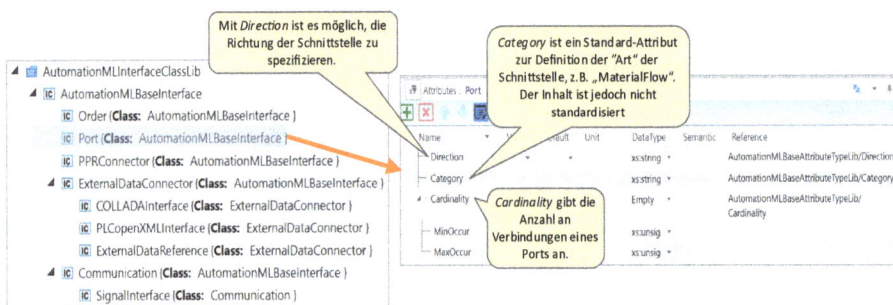

Abb. 6-24: Verwendung der Attribute *Direction*, *Category* und *Cardinality*

6.6.4 Modellierung des Beispielsystems

Abb. 6-25 zeigt das Objektmodell des in Abb. 6-23 beschriebenen Beispielsystems.

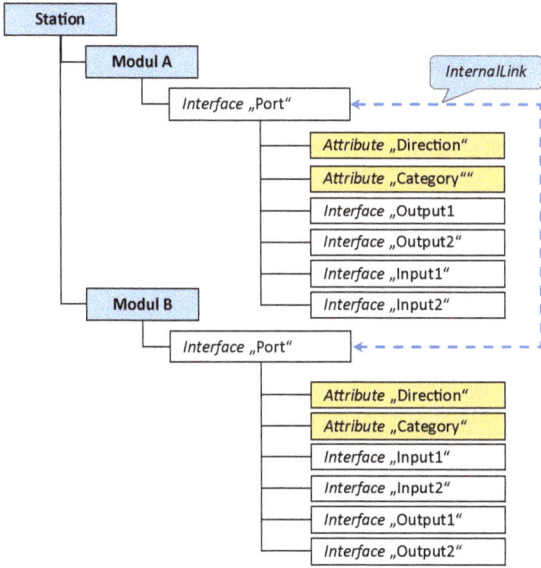

Abb. 6-25: Hierarchische Darstellung des Port-Beispiels

6.6.5 Übungsaufgaben: Modellieren von Ports mit dem AML Editor

Übungsaufgabe: Modellieren Sie das Beispiel aus Abb. 6-23 und Abb. 6-25 mit dem AML Editor.

Lösungsweg: siehe Abb. 6-26

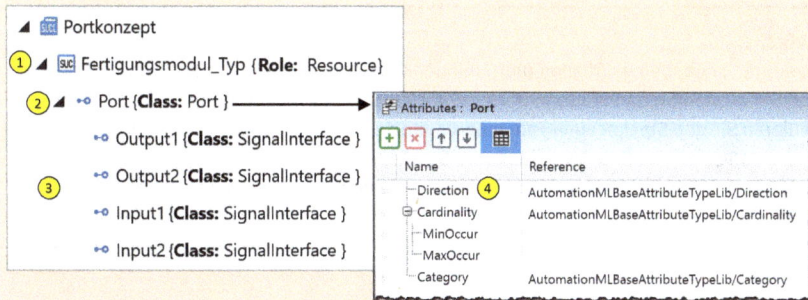

Abb. 6-26: Klassenmodell für ein Fertigungsmodul mit einem Port und vier Sub-Schnittstellen

- Zuerst modellieren Sie eine *SystemUnitClass* für das Fertigungsmodul (1),
- Erzeugen Sie eine Instanz der AML Standardschnittstelle *Port* (2).
- Modellieren Sie nun die vier Sub-Schnittstellen (3), hier im Beispiel als Instanzen der Standard-AML-Schnittstellenklasse *SignalInterface*.
- Beachten Sie die Attribute des Ports: *Direction*, *Cardinality* und *Category*. Die Werte dieser Attribute sind im Klassenmodell leer, sie werden an der Instanz festgelegt.
- Vergeben Sie für jede-Sub-Schnittstelle optional ein Attribut vom Typ *Direction* (4).
- Nachdem die Klasse modelliert ist, erzeugen Sie eine Instanzhierarchie, siehe Abb. 6-27.
- Erzeugen Sie zwei Instanzen der Modul-Klasse. Verbinden Sie die Ports mit einem *InternalLink*.
- Tragen Sie für das Attribut *Direction* für die Ports den Wert *InOut* ein.
- Optional: Tragen Sie für das Attribut *Direction* der Sub-Schnittstellen die Werte *In* oder *Out* ein.

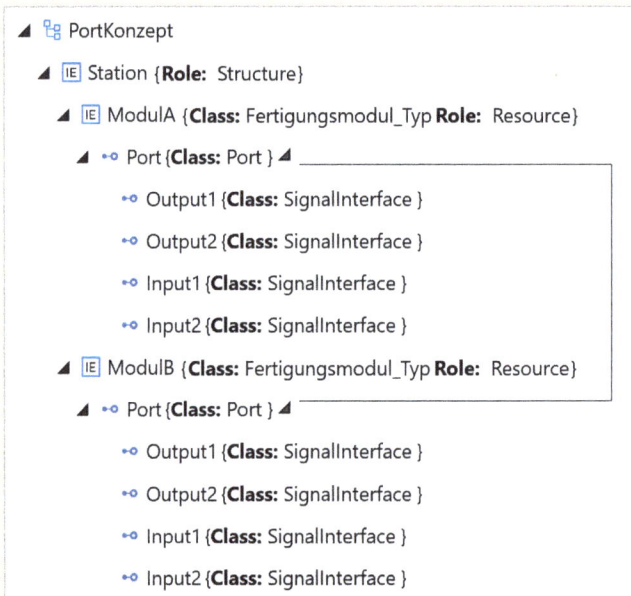

▲ ⛁ PortKonzept

  ▲ ⟦IE⟧ Station {**Role:** Structure}

    ▲ ⟦IE⟧ ModulA {**Class:** Fertigungsmodul_Typ **Role:** Resource}

      ▲ •○ Port {**Class:** Port } ◀

        •○ Output1 {**Class:** SignalInterface }

        •○ Output2 {**Class:** SignalInterface }

        •○ Input1 {**Class:** SignalInterface }

        •○ Input2 {**Class:** SignalInterface }

    ▲ ⟦IE⟧ ModulB {**Class:** Fertigungsmodul_Typ **Role:** Resource}

      ▲ •○ Port {**Class:** Port } ◀

        •○ Output1 {**Class:** SignalInterface }

        •○ Output2 {**Class:** SignalInterface }

        •○ Input1 {**Class:** SignalInterface }

        •○ Input2 {**Class:** SignalInterface }

Abb. 6-27: Klassenmodell für ein Fertigungsmodul mit einem Port und vier Sub-Schnittstellen

? **Übungsaufgabe:**
Eine Fahrzeugtür ist über einen Stecker (Port) mit der Karosserie eines Fahrzeuges verbunden. Über diesen Stecker werden Signale, Informationen und Elektroleitungen verbunden.
a) Modellieren Sie den Stecker einer Fahrzeugtür und dessen Gegenstück an der Karosserie. Überlegen Sie dabei, welche Sub-Anschlüsse die Stecker haben können.
b) Modellieren Sie dabei die Kategorie bzw. Art und die Richtung der jeweiligen Sub-Anschlüsse.
c) Verbinden Sie die beiden Stecker bzw. Ports miteinander.

6.7 Das AML-Facetten-Konzept

6.7.1 Motivation

Die Idee hinter dem Facetten-Konzept ist, dass AML-Objekte zwar hunderte von Attributen oder Schnittstellen haben können, aber für eine bestimmte Aufgabenstellung nur eine Teilmenge von ihnen von Interesse ist. Es wäre sehr praktisch, wenn wir Daten eines Objektes so aufbereiten könnten, dass Softwarealgorithmen (außerhalb von AutomationML) nur die für sie wichtigen Daten sehen könnten.

Beispiel aus dem Alltag: Ein Student hat viele Eigenschaften: z.B. Größe, Gewicht, Steuernummer, Adresse, Haarfarbe, Interessen u.v.m. charakterisiert. Jede davon bildet eine Facette seiner Individualität ab. Geht er zum Arzt, legt er dort seine Krankenkassenkarte vor: Diese speichert einen kleinen Ausschnitt aller seiner Eigenschaften, und zwar diejenigen, die für den Arztbesuch von Interesse sind: Name, Adresse, Versicherungsnummer. Wenn er jedoch zu einem Bewerbungsgespräch geht, wird er dort gänzlich andere Eigenschaften in den Vordergrund stellen. In beiden Fällen ist gewünscht, dass der Empfänger nur die für ihn relevanten Informationen erhält.

Betrachten wir einen industriellen Anwendungsfall: Nehmen wir an, alle Förderbandobjekte eines AML-Anlagenmodells würden den individuellen zur Ansteuerung der SPS vorgesehenen SPS-Funktionsbaustein konkret benennen und darüber hinaus wäre bekannt, welche der verfügbaren Förderbandsignale mit diesem Funktionsbaustein verschaltet werden müssten. Damit könnte ein Algorithmus die Funktionsbausteine des Zielsystem automatisch finden, instanziieren und mit den richtigen Signalen verschalten. Doch wie kann der Algorithmus erkennen, welche dieser Attribute relevant sind? Genau dies ist die Idee des Facetten-Konzepts. Dazu wird ein Facettenobjekt angelegt, das gezielt die relevanten Attribute oder Schnittstellen des übergeordneten AML-Objekts spiegelt. Die Facettenobjekte müssen sorgfältig und in Abstimmung zum Algorithmus modelliert werden: AML selbst bietet dem externen Algorithmus somit die Daten gefiltert an, der Algorithmus muss lediglich den richtigen Filter kennen.

6.7.2 Beispielhierarchie

Abb. 6-28 erläutert das AML-Facetten-Konzept anhand eines Beispielmodells: Das Objekt *Förderband* modelliert die statischen Attribute *HMIFaceplate* und *Funktionsbaustein* sowie die dynamischen Signalschnittstellen *Start* und *Geschwindigkeit*. Der Wert dieser Attribute repräsentiert die Namen der proprietären Templates.
- Damit ein Algorithmus zur automatischen Erzeugung von SPS Code den jeweiligen Funktionsbaustein erkennen und mit dem Startsignal verknüpfen kann, wird ein Facettenobjekt *SPSFacette* modelliert. Es spiegelt das Attribut *Funktionsbaustein* und die Schnittstelle *Start*.

– Damit ein anderer Algorithmus, der Bedienoberflächen verknüpft, die erforderlichen Daten erhält, wird eine weitere Facette *HMIFacette* modelliert, die das Attribut *HMIFaceplate* und die Schnittstelle *Geschwindigkeit* spiegelt.

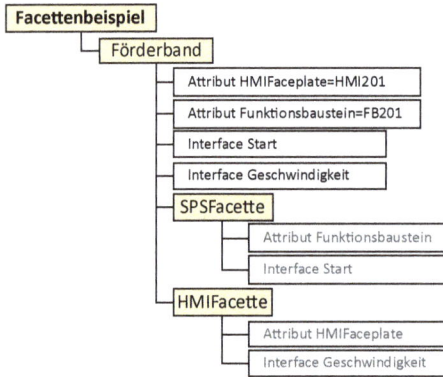

Abb. 6-28: Beispielmodell mit zwei Facettenobjekten

6.7.3 Übungsaufgabe: Modellieren von Facetten mit dem AML Editor

Aufgabe: Modellieren Sie die Hierarchie aus Abb. 6-28 mit dem AutomationML Editor.

Lösungsweg:
– Starten Sie den AML Editor,
– erzeugen eine neue Instanzhierarchie namens *Facettenbeispiel,* und
– modellieren Sie das Förderband (hier gewählt: Rolle *Resource*) als InternalElement mit seinen Attributen und Schnittstellen (hier gewählt: Typ *SignalInterface*).
– Abb. 6-29 zeigt das Zwischenergebnis.

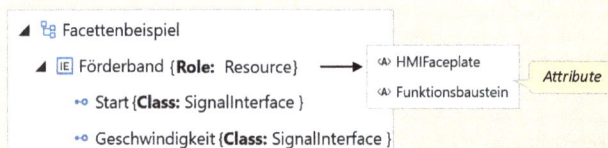

Abb. 6-29: Das Förderband ohne Facetten mit zwei Attributen und zwei Schnittstellen

– Ziehen Sie nun via Drag&Drop (s. Abb. 6-30) die AML Rollenklasse *Facet* auf das Förderband (1).
– Es erscheint ein Dialog: Wählen Sie hier *Create AML object* (2) und tragen Sie einen geeigneten Namen, z.B. *SPSFacette,* ein (3). Klicken Sie auf den OK Button. Das Facettenobjekt erscheint als Kind des Förderbandes.
– Wiederholen Sie diesen Schritt zum Erzeugen der zweiten Facette *HMIFacette*.

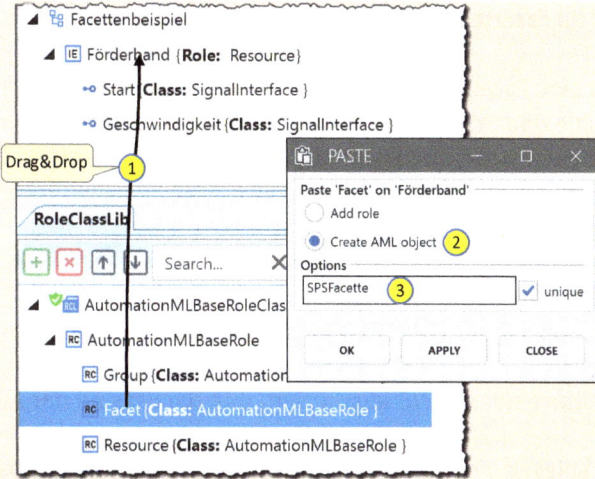

Abb. 6-30: Erzeugen eines Facettenobjektes mit dem AutomationML Editor

– Selektieren Sie das Objekt *SPSFacette* und wählen Sie im Kontextmenü den Punkt *Edit, siehe* Abb. 6-31. Dieser stellt die verfügbaren Attribute und Schnittstellen zur Auswahl. Wählen Sie im erscheinenden Editor die gewünschten Attribute und Schnittstellen.
– Wiederholen Sie den Vorgang für die *HMIFacette*. Abb. 6-32 zeigt das Ergebnismodell.

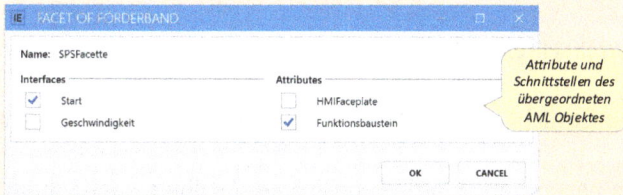

Abb. 6-31: Der Facetteneditor erlaubt das Auswählen gewünschter Attribute und Schnittstellen

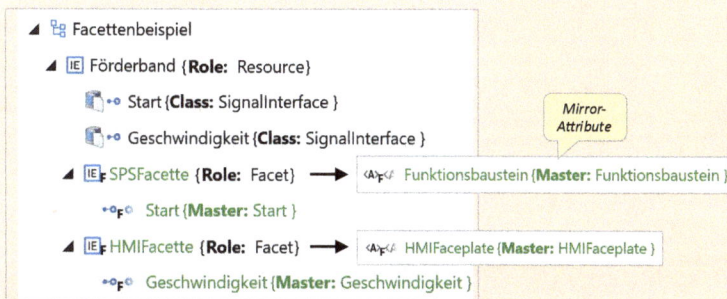

Abb. 6-32: Das Ergebnis - ein AutomationML Modell für beide Facetten

6.7.4 Modellierungsregeln für Facetten

Die Modellierungsregeln für eine Facette sind:

- Identifizieren Sie Attribute und Schnittstellen eines *InternalElements* oder einer *SystemUnitClass*, die für einen Anwendungsfall von besonderem Interesse sind.
- Modellieren Sie die Facette als *InternalElement* mit einer direkten oder indirekten Assoziation zur RoleClass *Facet*.
- Ein AML-Facettenobjekt muss ein untergeordnetes Objekt des entsprechenden *InternalElements* oder der *SystemUnitClass* sein.
- Ein *InternalElement* oder eine *SystemUnitClass* kann eine beliebige Anzahl von Facetten-Objekten haben.
- Facetten werden durch ihre eindeutige *ID* identifiziert. Ihre Namen sind nur Anzeigenamen.
- Jedes Facetten-Attribut spiegelt eine beliebige Anzahl von bestehenden Attributen des übergeordneten Objekts.
- Ein AML-Facettenobjekt darf nur Spiegelattribute oder Spiegelschnittstellen enthalten.
- Facetten können eine beliebige Anzahl von Facettenattributen und Facettenschnittstellen haben.
- Facettenattribute, die nicht Teil des übergeordneten Objekts sind, sind nicht zulässig.
- Jede Facettenschnittstelle muss eine bestehende Schnittstelle des übergeordneten Objekts spiegeln.
- Die Spiegelung von verschachtelten Schnittstellen innerhalb des übergeordneten Objekts ist möglich.
- Facettenschnittstellen, die nicht Teil des übergeordneten Objekts sind, sind nicht zulässig.
- Facetten dürfen keine neuen untergeordneten Objekte, Attribute oder Schnittstellen enthalten.
- Facettenobjekte können nicht verschachtelt werden.
- Facetten dürfen bestehende Attribute oder Schnittstellen nicht verändern.

6.8 Das AutomationML-Gruppen-Konzept

6.8.1 Motivation

Die Idee hinter dem Gruppen-Konzept besteht darin, dass eine Instanzenhierarchie eine Vielzahl verschiedener AutomationML-Objekte enthalten kann, aber für eine bestimmte Aufgabe nur eine Teilmenge von ihnen von Interesse ist. Es wäre sehr praktisch, wenn wir die Objekte so aufbereiten könnten, dass externe Software-Algorithmen (außerhalb von AutomationML) nur die Objekte sehen könnten, die für ihre Aufgabe relevant sind.

Beispiel aus dem Alltag: Stellen Sie sich vor, Sie gehen in ein Kleidungsgeschäft und mit Ihrem Betreten würde diejenige Kleidung hervorgehoben, die Ihrem Geschlecht, Ihrer Kleidungsgröße oder sogar Ihrem Geschmack entsprechen, beispielsweise durch eine gezielte Beleuchtung. Sie würden nur noch Kleidung sehen, die auch tatsächlich in Frage kommt. In realen Ladengeschäften ist das bei einer Vielzahl von gleichzeitig präsenten Kunden schwer umsetzbar. Online-Stores hingegen bieten dies teilweise schon an: Dort wird die Kleidungs- oder Schuhgröße und das Geschlecht in Kundenprofilen gespeichert und nur tatsächlich verfügbare und passende Kleidungsstücke präsentiert. Die damit einhergehende Zeitersparnis ist Teil des Online-Geschäftsmodells.

Betrachten wir einen Anwendungsfall aus der Industrie: Ein Engineering-Algorithmus soll für alle Förderbandobjekte des AutomationML-Objektmodells einer Fertigungsanlage zugehörige Funktionsblöcke instanziieren. Dafür wäre es sehr hilfreich, wenn der Algorithmus im Objektmodell die relevanten Förderbänder in einer für ihn vorkonfektionierten Sicht präsentiert bekäme.

Das AutomationML-Gruppen-Konzept bietet genau dies. Ein *Gruppenobjekt* spiegelt zielgerichtet gewünschte Objekte, der Software-Algorithmus muss nicht die gesamte Objekthierarchie durchsuchen, sondern lediglich die richtige Gruppe kennen.

6.8.2 Beispielhierarchie

Abb. 6-33 erläutert das AML-Gruppen-Konzept anhand eines Beispielmodells. Das Modell besteht aus einer Station mit vier Ressourcen: *FörderbandA*, *FörderbandB*, *SPS* und *Roboter*. Zusätzlich enthält das Model zwei Gruppenobjekte: *Gruppe1* spiegelt nur die Förderbänder, *Gruppe2* nur die SPS.

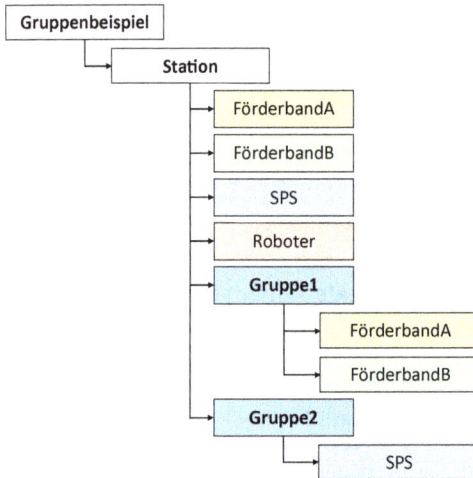

Abb. 6-33: Beispielmodell für das Gruppen-Konzept

6.8.3 Modellierungsprinzip

Die Modellierung von Gruppen ist sehr einfach: Es wird ein *InternalElement* erzeugt, das die Rollenklasse *Group* referenziert. In dieser Gruppe werden nun alle relevanten *InternalElements* gespiegelt (siehe Mirror-Konzept in Abschnitt 6.5). Der AutomationML Editor bietet dafür einen speziellen Dialog, der das Spiegeln vereinfacht. Probieren Sie es gleich mal aus.

6.8.4 Übung: Modellieren von Gruppen mit dem AML Editor

Übungsaufgabe: Modellieren Sie das Objektmodell aus Abb. 6-33 mit dem AutomationML Editor.

Lösungsweg:
– Starten Sie den AML Editor,
– Erzeugen Sie eine neue Instanzhierarchie namens *Gruppenbeispiel*, und modellieren Sie die vier Objekte (hier gewählt: Rolle *Resource*) als *InternalElements*.
– Fügen Sie zwei InternalElements hinzu und referenzieren Sie beide mit der Rolle Group.
– Wählen Sie im Kontextmenü der *Gruppe1* den Menüpunkt *Edit*.
– Abb. 6-34 zeigt das Modell und den erscheinenden Gruppeneditor.
– Jetzt klicken Sie mit der Maus nacheinander alle diejenigen Objekte an, die in der selektierten Gruppe gespiegelt werden sollen: hier *Förderband1* und *Förderband2*.
– Wiederholen Sie dies mit der *Gruppe2* und spiegeln Sie hier die *SPS*.
– Abb. 6-35 zeigt das Ergebnis: ein Objektmodell mit zwei Gruppen.

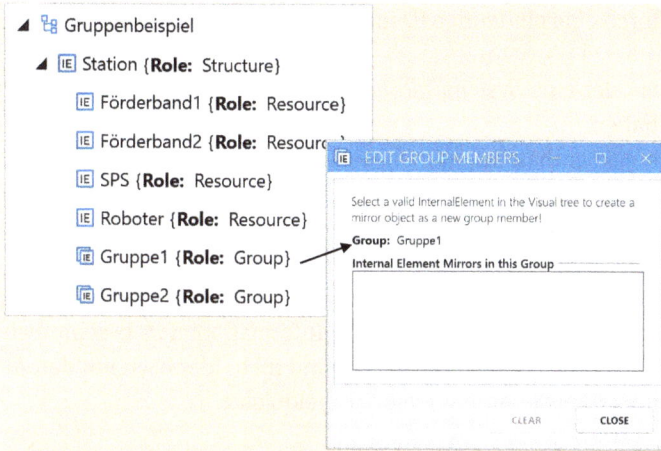

Abb. 6-34: Die Station mit vier Ressourcen und zwei Gruppen

Abb. 6-35: Das Ergebnis: ein Objektmodell mit zwei Gruppen

6.8.5 Modellierungsregeln für Gruppen

Die Modellierungsregeln für eine AML-Gruppe lauten:

- Identifizieren Sie die interessierenden Objekte im bestehenden Objektmodell.
- Modellierung Sie eine AML-Gruppe als CAEX *InternalElement* mit direkter oder indirekter Assoziation zur Rollenklasse *Group*.
- Ein AML-Gruppenobjekt kann an einer beliebigen Position einer *InstanceHierarchy* oder einer *SystemUnitClass* modelliert werden.

– Gruppen werden durch eine eindeutige ID identifiziert. Ihre Namen sind nur Anzeigenamen.
– Ein *InternalElement* oder eine *SystemUnitClass* kann eine beliebige Anzahl von Gruppenobjekten haben.
– Ein AML-Gruppenobjekt enthält nur gespiegelte InternalElements und/oder weitere Group-Objekte.
– Gruppenobjekte können verschachtelt werden, sollen aber nicht zur Beschreibung von Anlagenhierarchien verwendet werden.
– Ein AML-Gruppenobjekt kann zusätzliche Informationen als Attribute oder Schnittstellen speichern, um gruppenspezifische Informationen zu beschreiben. Diese zusätzlichen Attribute oder Schnittstellen sind nicht identisch mit den Attributen oder Schnittstellen der enthaltenen Spiegelobjekte.

6.9 Kombination von Facetten und Gruppen

6.9.1 Motivation

Das Gruppen- und Facetten-Konzept lassen sich kombinieren. Die Idee hinter dieser Kombination besteht darin, dass ein Algorithmus sowohl *Objekte von Interesse* (in einer Gruppe) als auch die zugehörigen *Attribute und Schnittstellen* (in Facetten) benötigt. Stellen wir uns einen Engineering-Algorithmus vor, der die Förderbänder einer Anlage suchen und anschließend für jedes Objekt den jeweiligen Förderband-Ansteuerbaustein instanziieren, parametrisieren und logisch verschalten soll. Damit dies gelingt, muss die gewünschte *Gruppe* über das Attribut *AssociatedFacet* die zugehörige Facette namentlich assoziieren.

6.9.2 Beispielhierarchie

Abb. 6-36 zeigt exemplarisch die Kombination aus dem Gruppen- und dem Facetten-Konzept. Die gezeigte Instanzenhierarchie modelliert eine *Station*, die die AML-Objekte *Förderband1* und *Förderband2* enthält. Beide Förderer besitzen jeweils zwei Attribute *HMIFaceplate* und *Funktionsbaustein*, die die Namen der proprietären Templates angeben, sowie zwei Schnittstellen *Start* und *Geschwindigkeit*. Darüber hinaus filtern zwei Facetten *SPSFacette* und *HMIFacette* jeweils relevante Attribute und Schnittstellen. Die beiden Gruppenobjekte *Gruppe1* und *Gruppe2* filtern die Förderobjekte, haben aber unterschiedliche Facettenzuordnungen.

– Ein Algorithmus zur SPS-Codegenerierung kann damit diejenigen Gruppen mit einer Assoziation zu einer SPS-Facette identifizieren (hier ist das nur *Gruppe1*) und dann die Codegenerierung durch Auswertung der referenzierten *SPSFacette* durchführen.

– Ein weiterer Algorithmus zur Generierung von Mensch-Maschine-Schnittstellen (HMI) findet so die Gruppe2 mit einer Assoziation zu der *HMIFacette* und kann dann die Bedienoberflächen-Generierung durch Auswertung der referenzierten *HMIFacette* durchzuführen.

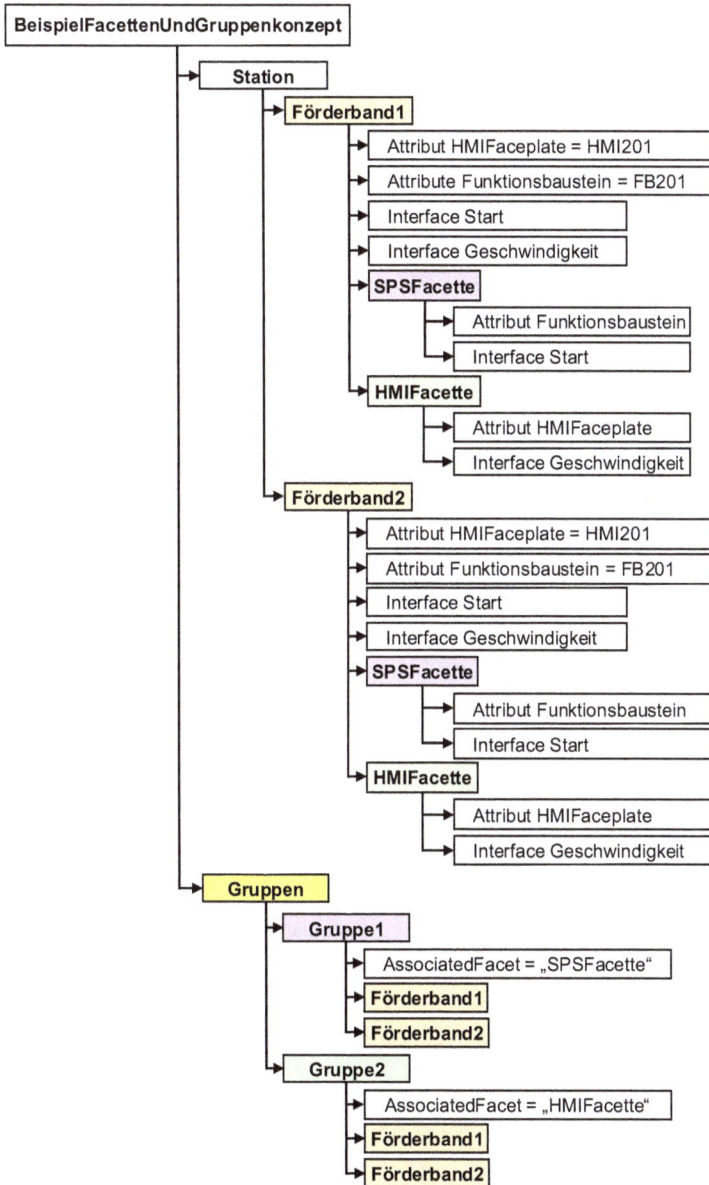

Abb. 6-36: Beispielhierarchie zur Kombination von Facetten und Gruppen

6.9.3 Modellierungsprinzip

Die Modellierung der Gruppen und Facetten erfolgt wie in den Abschnitten 6.7 und 6.8 beschrieben. Die Modellierung der Kombination erfordert nur noch die Modellierung des Attributes *AssociatedFacet*.

– Wurde die Gruppe im AML Editor bereits instanziiert, ist an dieser Gruppe ein Attribut des Attributtyps *AssociatedValue* zu erzeugen.

– Falls verwendet, muss das Attribut *AssociatedFacet* einen Wert haben, der einen gültigen Namen einer bestehenden Facette angibt.

Das Attribut *AssociatedFacet* ist Teil der Rollenklasse *Group*. Wird mit dem AutomationML Editor ein neues Gruppenobjekt erzeugt, zeigt sich der Dialog nach Abb. 6-37. Hier kann der Anwender auswählen, ob das vordefinierte Attribut *AssociatedFacet* (1) in die *RoleRequirements* oder in das *InternalElement* übernommen werden soll. Bei der Kombination des Facetten- und Gruppen-Konzeptes ist die Modellierung dieses Attributes am Gruppenobjekt, also am *InternalElement* (2), erforderlich.

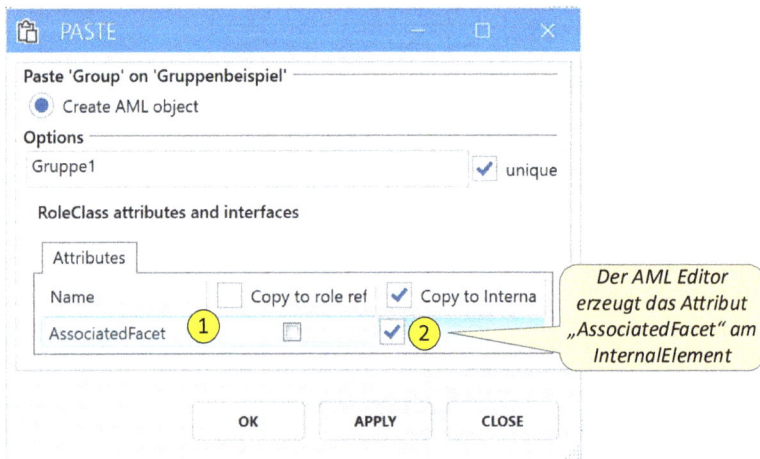

Abb. 6-37: Der AutomationML Editor erzeugt auf Wunsch das Attribut *AssociatedFacet*

6.9.4 Übung

Übungsaufgabe: Modellieren Sie das Objektmodell aus Abb. 6-36 mit dem AML Editor.

Lösungsweg:
– Modellieren Sie zuerst die Station mit ihren beiden Förderbändern und Facetten, wie in Abschnitt 6.7.3 beschrieben.
– Ergänzen Sie dann *Gruppe1* und *Gruppe2* wie in Abschnitt 6.8.4 beschrieben.
– Ergänzen Sie das Attribut vom Typ *AssociatedFacet* für *Gruppe1* und *Gruppe2*.
– Geben sie die Attributwerte ein und referenzieren so die Facetten *SPSFacette* bzw. *HMIFacette*.
– Abb. 6-38 zeigt das Ergebnis.

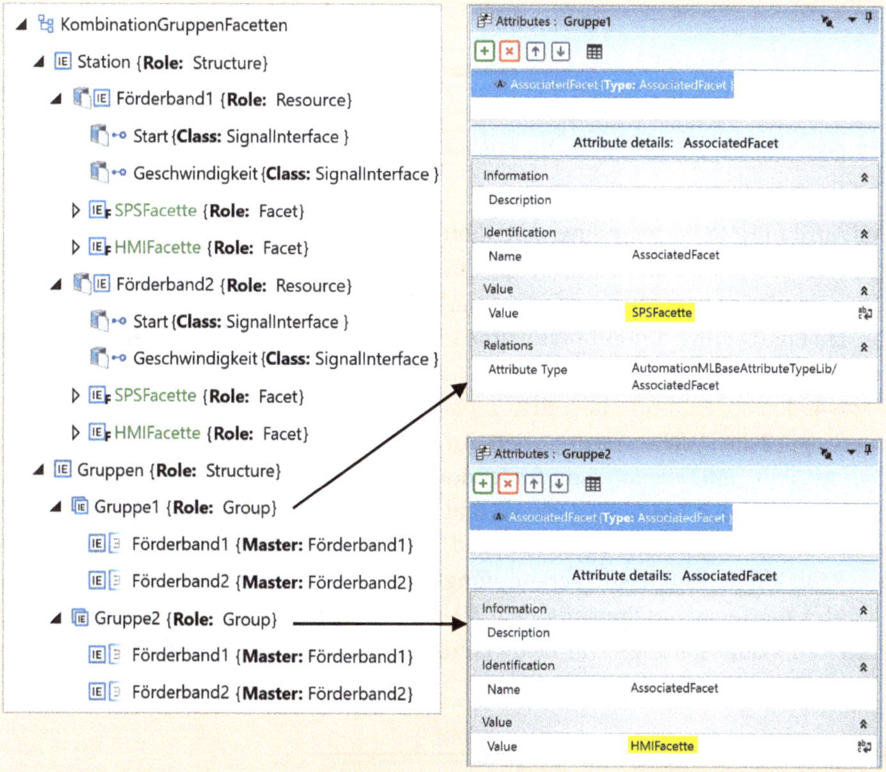

Abb. 6-38: Das Ergebnis: ein Objektmodell, das zwei Facetten und zwei Gruppen kombiniert

6.9.5 Anwendungsbeispiele für die Kombination von Gruppen und Facetten

Das folgende Beispiel beschreibt die fiktive Funktionalität eines Algorithmus, der aus einem HMI-Template eine Benutzeroberfläche generieren soll. Dazu muss der Algorithmus die Förderbandobjekte im Anlagenmodell identifizieren, für jeden Förderer eine Vorlage instanziieren und dann die Signale verschalten. Abb. 6-39 zeigt das HMI-Template (eine vordefinierte Vorlage) für die grafische Visualisierung des Förderbandes, sie ist im Engineering-Werkzeug der Bedienoberflächenprogrammierer verfügbar und wird nicht in AutomationML modelliert, sondern ist nur namentlich bekannt.

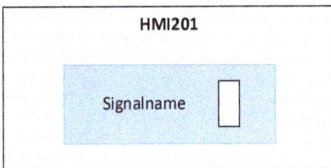

Abb. 6-39: Template „HMI201" eines Visualisierungsobjektes (HMI-Template) für ein Förderband

Das Attribut *HMIFaceplate* eines AML-Förderobjekts kennt den Namen des zugehörigen HMI-Templates, das als Grundlage für die Visualisierung des Förderbandes zusammen mit den gewünschten Prozessvariablen verwendet werden soll.

Ein Engineering-Algorithmus wurde so programmiert, dass er die Facette *HMIFacette* sucht. Er soll alle Förderbänder finden, die in der Benutzeroberfläche visualisiert werden sollen, und findet die *Gruppe2* mit *Förderband1* und *Förderband2*, weil nur *Gruppe2* die *HMIFacette* assoziiert. An dieser Facette sucht der Algorithmus nach dem Attribut *HMITemplate* und findet dort den Namen „HMI201". Der Algorithmus instanziiert dieses Template zweimal und sucht nun nach einer passenden Schnittstelle für die proprietäre Variable *Speed*. Er findet in der Facette das Attribut *Geschwindigkeit* und stellt eine Verknüpfung her.

Abb. 6-40 zeigt das Ergebnis, ein HMI-Anzeige- und Bedienbild, das die individualisierten Visualisierungen für beide Förderbänder mit Zugriff auf die gewünschten Prozess-Signale enthält.

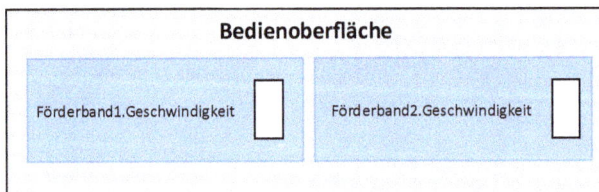

Abb. 6-40: Ergebnis: eine automatisch generierte Bedienoberfläche für zwei Förderbänder

6.10 Modellieren von Prozessen: Das PPR-Konzept

6.10.1 Motivation

Das PPR-Konzept beschreibt die Wechselbeziehungen zwischen Produkten, Ressourcen und Prozessen. Es hat seine Wurzeln in der digitalen Fabrik und der damit verbundenen Notwendigkeit, alle am Produktionsprozess beteiligten Planungsdaten elektronisch zu beschreiben. Hier hat sich in der Praxis eine Dreiteilung in Ressourcen-, Prozess- und Produktdaten bewährt und ist in Softwaretools der Digitalen Fabrik gut etabliert. Ressourcen, Produkte und Prozesse stehen in einer Wechselbeziehung zueinander; ein *Produkt* wird mit *Ressourcen* bearbeitet, die ihrerseits *Prozesse* ausführen. Abb. 6-41 illustriert dies an einem vereinfachten Bohrvorgang. Die drei Sichten bilden ein Dreieck und unterscheiden sich nur im Fokus:

– Produktsicht: Das Werkstück wird mit Hilfe der Bohrmaschine gebohrt.
– Ressourcensicht: Die Bohrmaschine bohrt das Werkstück.
– Prozesssicht: Das Bohren erfolgt mit Hilfe der Bohrmaschine am Werkstück.

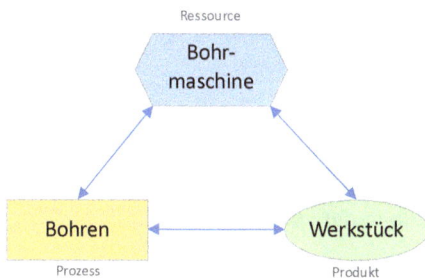

Abb. 6-41: Ein einfaches Beispiel für das PPR-Konzept: das Bohren eines Werkstücks

Jede dieser verschiedenen Blickwinkel hat seine Bedeutung, keine ist führend.

– Die **Produktsicht** stellt das Produkt selbst in den Vordergrund. Das Produkt, beispielsweise eine Fahrzeugkarosse, lässt sich hierarchisch modellieren, um beispielsweise den schrittweisen Aufbau im Produktionsverlauf abbilden zu können. Das Produkt bestimmt, welche Prozesse auf die eingesetzten Materialien und Zwischenprodukte angewendet werden und welche Ressourcen bzw. Maschinen, Anlagen oder Komponenten dafür benötigt werden.
– Die **Ressourcensicht** stellt die zur Produktion erforderlichen Ressourcen in den Vordergrund. *Ressourcen* werden eingesetzt, um Teilprodukte zu transportieren, zu behandeln und zu einem diskreten Endprodukt zu verarbeiten. Typische Ressourcen sind Geräte, Roboter, Maschinen oder Förderbänder. Diese Einteilung ist auf die Verfahrenstechnik übertragbar, mit dem Unterschied, dass es in der Regel keine diskreten Endprodukte oder Stückgüter gibt. Typische Ressourcen in der

Verfahrenstechnik sind Kessel, Pumpen oder Ventile, die z.B. über Rohre oder Schläuche miteinander verbunden sind und Ausgangsstoffe kontinuierlich oder diskontinuierlich in sogenannten Chargen zu Endprodukten verarbeiten. Ressourcen umfassen dabei sowohl Hardware-Komponenten einer Produktionsanlage aber auch die zugehörigen Softwaresysteme wie z.B. eine Prozessvisualisierung. Ressourcen werden durch eine Anlagentopologie repräsentiert, die mit AutomationML als Objekthierarchie abgebildet wird.

–   Die **Prozesssicht** stellt den Produktionsprozess in den Vordergrund. Dieser umfasst Teilprozesse, Prozessschritte und ihre Reihenfolge. In der Produktionstechnik wird das Endprodukt aus verschiedenen Teilprodukten hergestellt, in der Verfahrenstechnik werden z.B. chemische Umsetzungen an Stoffen vorgenommen. Auch die Prozesssicht lässt sich in einer Objekthierarchie darstellen, in der die Prozessschritte und ihre Relationen modelliert sind.

Das PPR-Konzept hat sich als effektives Mittel zur Beherrschung komplexer Planungstätigkeiten erwiesen und wird auch in anderen Projekten und Bereichen verfolgt, z.B. im Bereich der *Manufacturing Execution Systems* (MES) mit ISA95.

6.10.2 Beispielproduktion

Abb. 6-42 illustriert die Anwendung des PPR-Konzeptes an einem Beispiel. Ein Fahrzeug ohne Räder wird von einem Förderband zu einem Drehtisch transportiert, dort gedreht, weitertransportiert, danach werden die Räder von einem Roboter montiert.

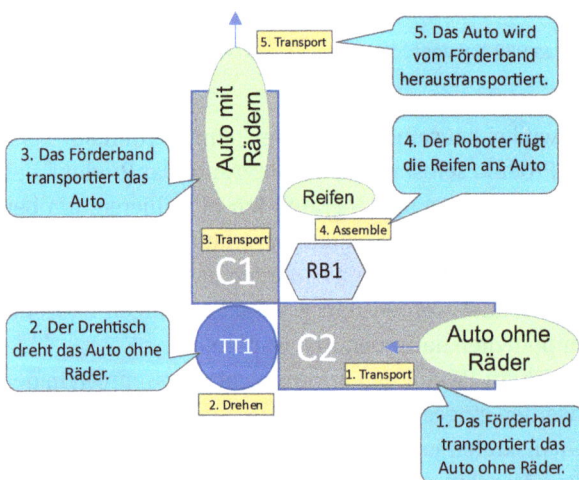

Abb. 6-42: Beispielproduktionsanlage

6.10.3 Modellierungsprinzip

Das Modellierungsprinzip besteht darin, die drei Sichten hierarchisch unabhängig voneinander zu modellieren. Jede Sicht wird in einer eigenen Hierarchie abgebildet und erhält dadurch seine optimale Ausdruckskraft.

– Ressourcen, Prozesse und Produkte werden je als *InternalElements* modelliert.
– In der Ressourcenstruktur des Beispiels benötigen Sie zwei Förderbänder *C1* und *C2*, einen Roboter *RB1* und einen Drehtisch *TT1*.
– In der Prozessstruktur benötigen wir einen Transportprozess, einen Drehprozess, einen Transportprozess und einen weiteren Transportprozess.
– In der Produktstruktur benötigen wir ein Auto mit Rädern, das sich hierarchisch aus einem Auto ohne Räder sowie den Rädern zusammensetzt.

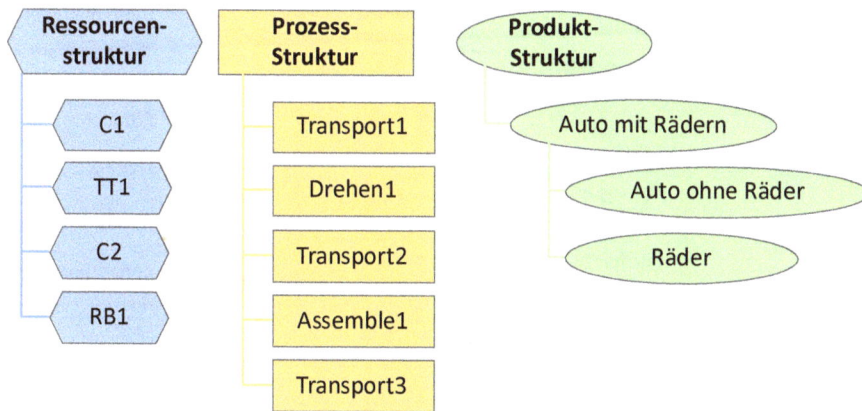

Abb. 6-43: Drei unabhängige Hierarchien beschreiben drei Sichten einer Produktionsanlage

Anschließend werden die Beziehungen zwischen den Ressourcen, Produkten und Prozessen miteinander verknüpft. Dazu bildet man die o.g. Dreiecksbeziehungen und kommt zu einer Darstellung nach Abb. 6-44.

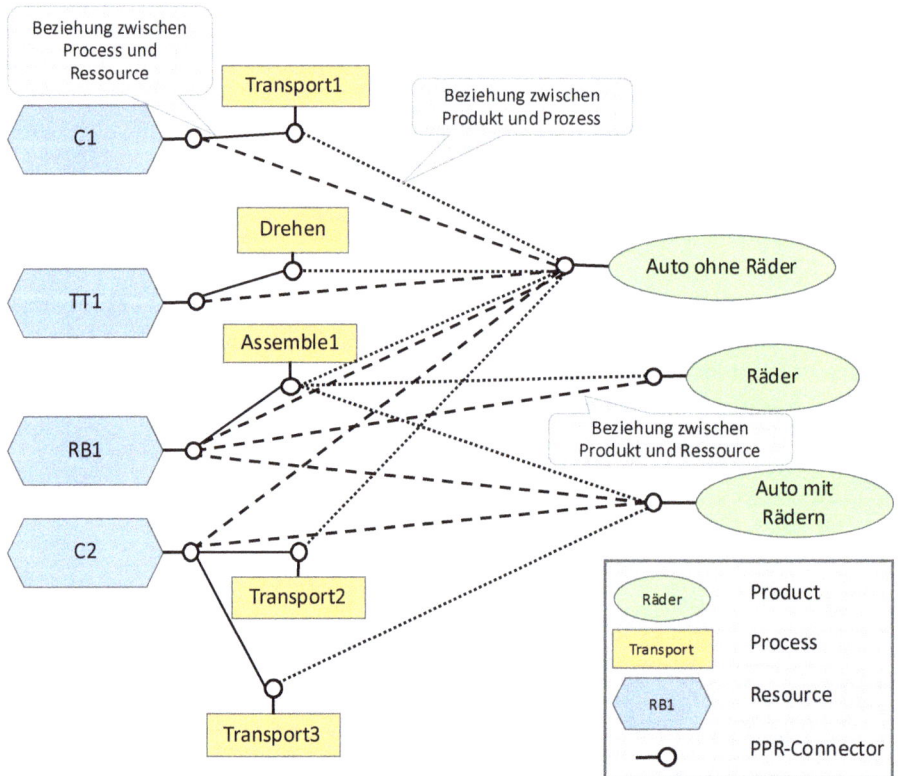

Abb. 6-44: Wechselwirkung zwischen Produkten, Ressourcen und Prozessschritten

6.10.4 Schrittfolge zur Modellierung des PPR-Konzeptes mit AML

Im ersten Schritt (siehe Abb. 6-45) werden die Rümpfe der drei Strukturen erzeugt:

– Die Ressourcenstruktur (1) wird als *InternalElement* mit einer Rollenreferenz auf die AML Standardrolle *ResourceStructure* abgebildet.

– Die Prozessstruktur (2) wird als InternalElement mit einer Rollenreferenz auf die AML Standardrolle *ProcessStructure* abgebildet.

– Die Produktstruktur (3) wird als InternalElement mit einer Rollenreferenz auf die AML Standardrolle *ProductStructure* abgebildet.

▲ ⬚ PPRKonzept

    ▲ IE Station {**Role:** Structure}

        IE ResourceStructure {**Role:** ResourceStructure} ①

        IE ProcessStructure {**Role:** ProcessStructure} ②

        IE ProductStructure {**Role:** ProductStructure} ③

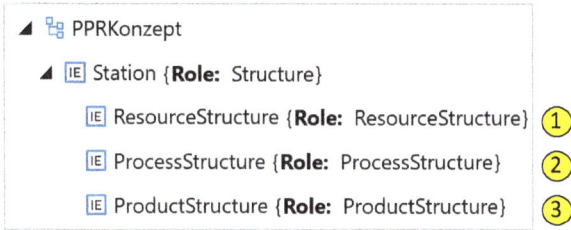

Abb. 6-45: PPR-Konzept Schritt 1: Modellieren der drei Strukturen

Im zweiten Schritt müssen die Elemente der drei Strukturen identifiziert werden. Zur maschinenverständlichen Modellierung gelten folgende Regeln (siehe Abb. 6-46):

- Alle Ressourcen (1) werden als *InternalElement* modelliert und referenzieren die AutomationML Standardrolle *Resource*.
- Alle Prozesse (2) werden als *InternalElement* modelliert und referenzieren die AutomationML Standardrolle *Process*.
- Alle Produkte (3) werden als *InternalElement* modelliert und referenzieren die AutomationML Standardrolle *Product*.

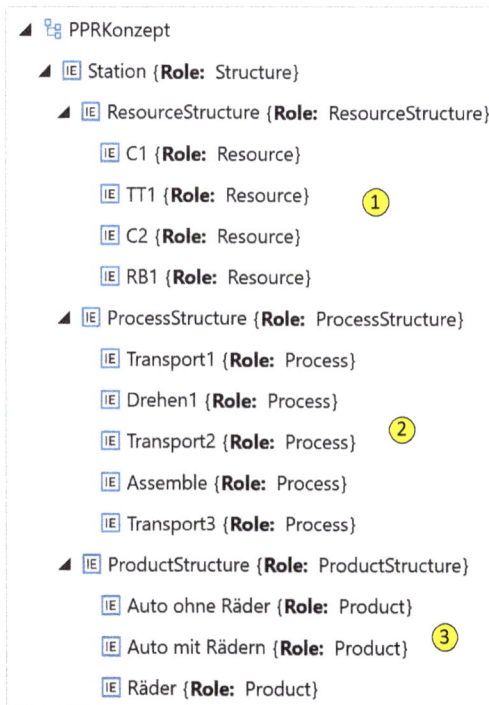

▲ ⬚ PPRKonzept

    ▲ IE Station {**Role:** Structure}

        ▲ IE ResourceStructure {**Role:** ResourceStructure}

            IE C1 {**Role:** Resource}

            IE TT1 {**Role:** Resource} ①

            IE C2 {**Role:** Resource}

            IE RB1 {**Role:** Resource}

        ▲ IE ProcessStructure {**Role:** ProcessStructure}

            IE Transport1 {**Role:** Process}

            IE Drehen1 {**Role:** Process}

            IE Transport2 {**Role:** Process} ②

            IE Assemble {**Role:** Process}

            IE Transport3 {**Role:** Process}

        ▲ IE ProductStructure {**Role:** ProductStructure}

            IE Auto ohne Räder {**Role:** Product}

            IE Auto mit Rädern {**Role:** Product} ③

            IE Räder {**Role:** Product}

Abb. 6-46: PPR-Konzept Schritt 2: Modellieren der Elemente der drei Strukturen

In Schritt 3 erhalten alle Produkte, Ressourcen und Prozesse je ein PPR-Connector, eine Instanz der AML Standardklasse *PPRConnector*, siehe Abb. 6-47. Diese dienen dazu, um Verbindungen zwischen den Elementen herzustellen und so semantisch die Frage zu beantworten, wer mit wem in Beziehung steht. Einige Beispiele: Eine Ressource kann mit den Produkten verknüpft werden, die sie verarbeiten kann; oder eine Ressource kann Prozesse beschreiben, die mit der Ressource durchgeführt werden können. Im Anwendungsbeispiel erhält jedes der Elemente eine solche *PPRConnector*-Schnittstelle. Die Anzahl der Verknüpfungen wird im AML Editor schnell unübersichtlich, modelliert aber die realen Beziehungen.

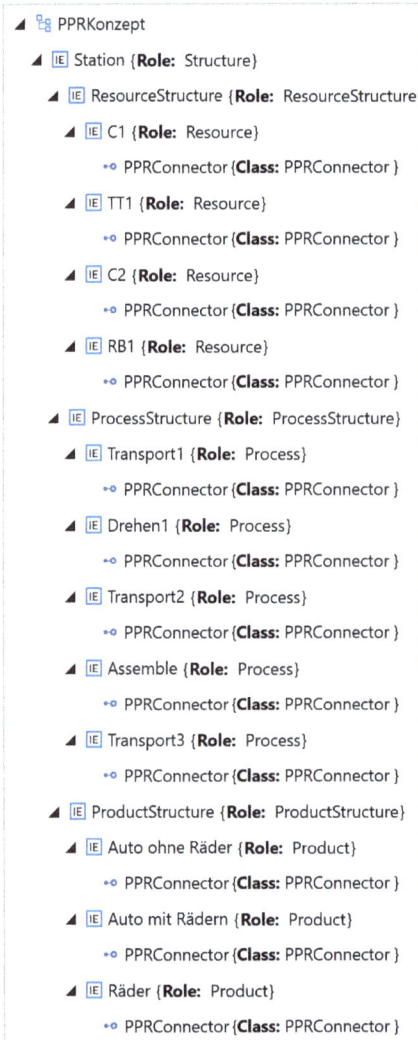

Abb. 6-47: PPR-Konzept Schritt 3: Modellieren der PPR-Konnektoren der drei Strukturen

Im letzten Schritt werden die Beziehungen gemäß Abb. 6-44 modelliert, Abb. 6-48 zeigt diese Beziehungen in Ausschnitten. Die Anzahl der Verknüpfungen wird schnell unübersichtlich; dies kann durch Weglassen redundanter Verknüpfungen reduziert werden. Dennoch, dieser Schritt ist aufwändig und für praktische Anwendungen manuell schwer modellierbar, aber AML ist auch nicht für die manuelle Modellierung gedacht, sondern wird von Software erzeugt und gelesen. Die große Vielzahl von Verbindungen zwischen den Objekten ist kein Mangel von AML, sondern modelliert die Realität.

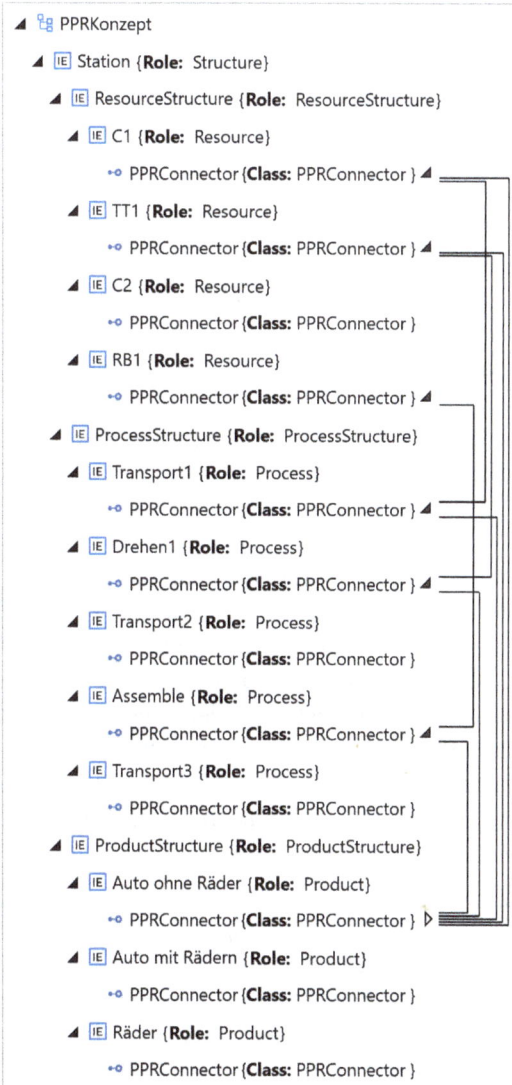

Abb. 6-48: PPR-Konzept Schritt 4: Modellieren der Beziehungen (hier eine Auswahl)

i	**Merke:** Das PPR-Konzept ergibt ein verknüpftes Multi-Hierarchie-Netzwerk, dessen Schwerpunkt die Relationen bildet. Dieses gibt beispielsweise Auskunft darüber: – Welcher Prozess nutzt welche Ressource, um an welchem Produkt zu arbeiten? – Welche Ressource ist in welchem Prozess an welchem Produkt beteiligt? – Welches Produkt wird in welchem Prozess mit welchen Ressourcen bearbeitet? Umgekehrt kann beim Ausfall einer Komponente sofort reagiert werden: – Wenn ein Prozess ausfällt: Welche Ressourcen und welche Produkte sind betroffen? – Wenn eine Ressource ausfällt: Welcher Prozess und welches Produkt sind betroffen? – Wenn ein Produkt ausfällt: Welche Ressource und welcher Prozess sind betroffen?

6.10.5 Anwendungsbereiche des PPR-Konzeptes

Konzeptionell wurde das PPR-Konzept für die Modellierung industrieller Automatisierungssysteme entwickelt. Die Modellierung mit AutomationML zeigt jedoch, dass das Konzept anwendungsneutral und in anderen Domänen genauso anwendbar ist. So sind beispielsweise Rezepte von Kochautomaten mit dem PPR-Konzept exzellent abbildbar. Kochautomaten kennen

- Die Produktstruktur, d.h. alle Zutaten eines Rezeptes inklusive ihrer erforderlichen Mengen.
- Die Ressourcenstruktur, d.h. alles Equipment zur Zubereitung des Rezeptes.
- Die Prozessstruktur, d.h. die Reihenfolge der Schritte, die Prozessparameter (Temperaturen, Zeiten usw.) und die dazu erforderlichen Anweisungen.

Im Ergebnis kann nach dem Start eines Rezeptes der Automat dem Anwender Hinweise geben wie *„Geben Sie 500g Mehl und 500ml Milch in den Rührbehälter und schließen Sie den Deckel. Quittieren Sie mit ok.".* Anschließend verrührt das Gerät die Masse und erhitzt sie leicht, um den nächsten Rezeptschritt vorzugeben. Mit AutomationML ließen sich ganze Rezeptbücher semantisch durchmodellieren, einschließlich Bilder, Filmen und Links – die Grundlage für den standardisierten Austausch von Rezepten zwischen Herstellern verschiedener Geräte. Ebenso ließen sich Prozesse im Krankenhaus, in Firmen, Versicherungen, Behörden, in Politik und Wirtschaft digital mit AutomationML abbilden und umsetzen.

⚡	@Krankenhäuser, Versicherungen, Behörden, Politik, Wirtschaft oder Hersteller von Kochautomaten: Kontaktieren Sie gerne die AutomationML Community oder den Autor.

6.10.6 Übungsaufgaben

Übungsaufgabe: Modellieren Sie die Zubereitung eines Honigbrotes mit dem PPR-Konzept.

Lösungsweg:
– Der aufwändigste Teil einer PPR-Modellierung ist die Analyse: Welche Ressourcen, Prozesse und Produkte werden für die Aufgabenstellung benötigt? Abb. 6-49 zeigt eine handschriftliche Beispielanalyse.

Abb. 6-49: Handschriftliche Analyse des Prozessbeispiels [Quelle: stud. Leistung in der Vorlesung des Autors]

– Im nächsten Schritt müssen die Beziehungen analysiert werden. Abb. 6-50 zeigt das Analyseprinzip: Es ist hilfreich, sich dies grafisch zu visualisieren. Die Beziehungen zwischen Produkten und Ressourcen sind in dieser Abbildung übrigens noch nicht dargestellt.
– Die anschließende Modellierung mit AutomationML ist eine Frage des Fleißes und stellt keine Herausforderung mehr dar.

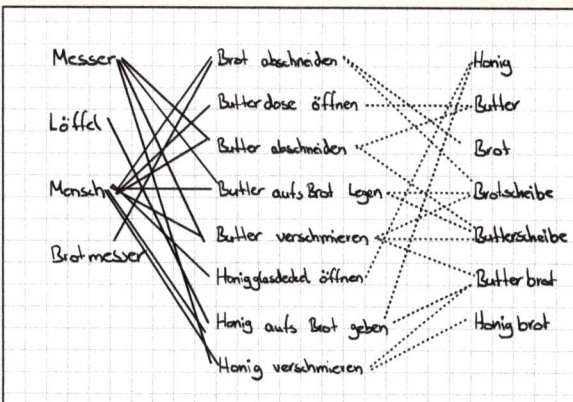

Abb. 6-50: Beziehungen im PPR Beispiel [Quelle: stud. Leistung in der Vorlesung des Autors]

6.11 Was Sie nun können sollten

Wenn Sie sich die Abschnitte 6.1-6.10 erarbeitet haben, sollten Sie mit Hilfe des AutomationML Editors Folgendes können:

- Sie kennen die erweiterten Konzepte von AutomationML und können sie praktisch einsetzen,
- Sie kennen den Wert von mehrsprachigen Attributen und können sie praktisch modellieren,
- Sie können Listen und Arrays modellieren,
- Sie können Klassen versionieren und Versionsbäume erzeugen,
- Sie kennen das Mirror-Konzept und können es praktisch einsetzen,
- Sie kennen das AML Port-Konzept, Facetten-Konzept und Gruppen-Konzept und können es praktisch modellieren,
- Sie können das Facetten- und Gruppen-Konzept gezielt kombinieren,
- Sie kennen das PPR-Konzept und können kleine Prozesse modellieren.

7 Einführung in die AutomationML-Programmierung

7.1 Einführung

Dieses Kapitel widmet sich dem Einstieg in die Programmierung mit AutomationML mit Hilfe der *AutomationML Engine*. Das Programmieren gelingt auch Einsteigern ohne Programmiervorkenntnisse. Hier lernen und üben Sie,

- wie man eine beliebige AutomationML Datei via Software öffnet,
- wie man selbst eine neue AML Datei erstellt,
- wie man eigene Bibliotheken, Klassen, Attribute, Schnittstellen und Instanzen programmiert,
- wie man vorhandene Elemente modifiziert,
- wie man eine AML Datei speichert,
- wie man eine AML Datei auf Fehler überprüft.

Der AutomationML e.V. hat sich früh mit der Frage beschäftigt, auf welche Weise die Anwendung von AutomationML vereinfacht werden kann, insbesondere das Programmieren von AML-Objektmodellen als Grundlage zum Programmieren von Exportern und Importern. Die daraus entstandene *AutomationML Engine* ermöglicht in kurzer Zeit, selbst komplexe AutomationML Strukturen zu programmieren.

Dieses Kapitel behandelt nicht das Programmieren von Geometrien oder Verhaltensmodellen mit COLLADA oder PLCopenXML, sondern fokussiert sich auf die Programmierung von Objektmodellen. Die Vertiefung in die Programmierung von AutomationML ist anschließend nur noch eine Frage der Übung und Erfahrung.

7.2 Die AutomationML Engine

Die AutomationML Engine ist eine Software-Bibliothek, die das Objektmodell von CAEX in sich trägt und auf der Programmiersprache C# basiert. Sie bietet umfangreiche und einfach bedienbare Programmierbefehle (Methoden) zum Erzeugen und Manipulieren von CAEX-Dateien gemäß IEC62424 und IEC62714 an, validiert CAEX-Dateien und wird für eine Vielzahl von AutomationML Software einschließlich des AutomationML Editors verwendet. Voraussetzung zum Programmieren ist eine geeignete Programmierumgebung:

- Windows 7 oder neuer
- Visual Studio,
- .Net 5.0 oder neuer

https://doi.org/10.1515/9783110782998-007

7.3 Eine Trockenübung vorweg

Zur Vorbereitung des Programmierens von AutomationML beginnen wir mit einer kleinen Trockenübung. Machen Sie sich die folgenden manuellen Schritte zum Erstellen eines AML-Objektmodells mit dem AML-Editor bewusst, denn diese werden Sie anschließend schrittweise mit der AML Engine umsetzen.

Übungsaufgabe: Modellieren Sie das Klassenmodell aus Abb. 7-1 mit dem AutomationML Editor.

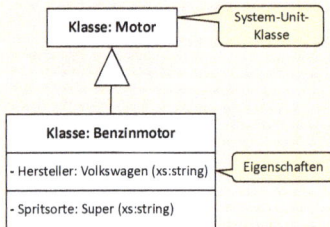

Abb. 7-1: Klassendiagramm der Übungsaufgabe

Lösungsweg: Starten Sie den AML Editor und erzeugen ein leeres Dokument ohne Bibliotheken.
– Erzeugen Sie eine SystemUnit-Klassenbibliothek, z.B. *MeineSUC-Library*.
– Erzeugen Sie eine neue Klasse *Motor*.
– Leiten Sie davon eine Kindklasse *Benzinmotor* ab.
– Erstellen Sie an der Kindklasse die Eigenschaften *Hersteller* und *Spritsorte* mit den angegebenen werden. Das Ergebnis zeigt Abb. 7-2.

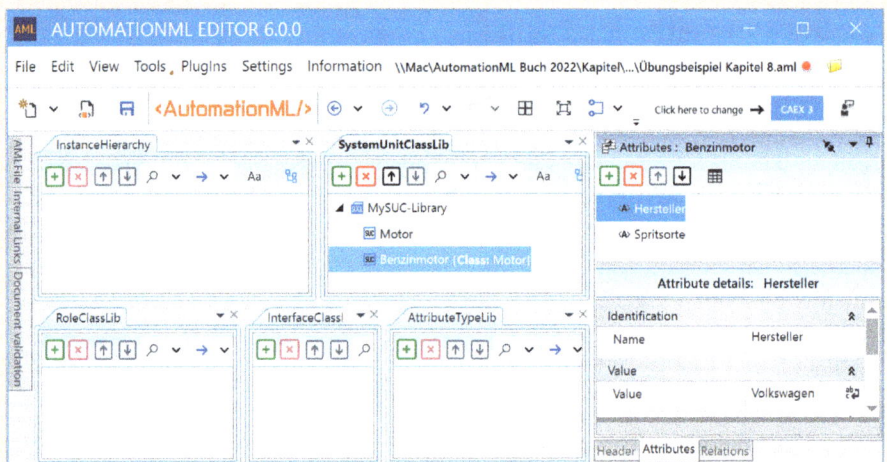

Abb. 7-2: Ergebnis der Trockenübung

7.4 Vorbereiten der Programmierumgebung

7.4.1 Ein leeres C# Projekt

Im vorliegenden Buch wurde Visual Studio 2019 Enterprise verwendet.
- Starten Sie Visual Studio. Erzeugen Sie zunächst ein neues Projekt.
- Es erscheint ein Dialog gemäß Abb. 7-3. Hier soll eine Windows Form-App erzeugt werden: Geben Sie oben im Suchfeld (1) *Forms* ein und wählen dann die Projektvorlage (2). Drücken Sie dann den *Weiter* Button.

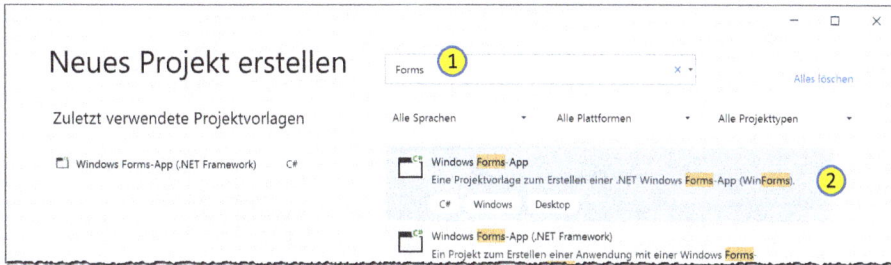

Abb. 7-3: Visual Studio: ein neues Projekt erzeugen

- Konfigurieren Sie das neue Projekt (siehe Abb. 7-4) durch Eingabe eines Projektnamens (1), eines Speicherortes (2) und eines Namens für die Projektmappe (3).
- Wählen Sie anschließend den Knopf *Weiter*.

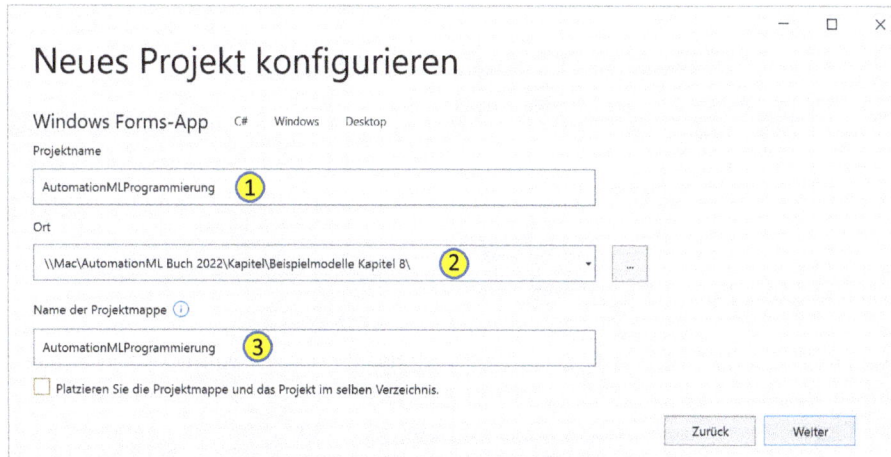

Abb. 7-4: Konfiguration eines neuen Projektes

– Im nächsten Dialog ist das Zielframework anzugeben: Hier wählen Sie das neus-
   te .Net Framework, mindestens .Net 5.0. Drücken Sie dann auf *Erstellen*.
– Jetzt wird ein neues Projekt erstellt. Abb. 7-5 zeigt die Programmierumgebung.
– (1) ist ein Editor für die äußere Gestalt des Programmes: ein leeres Fenster.
– (2) ist die Projektmappe mit ihren Elementen. Hier werden Sie gleich die AutomationML Engine einbinden.
– (3) ist ein Eigenschaftsfenster, das tabellarisch die Eigenschaften des jeweils
   selektierten Elementes anzeigt.
– (4) ist der Start-Knopf: Drücken Sie gleich mal drauf. Visual Studio kompiliert
   das Projekt und startet es. Da Sie bisher nichts programmiert haben, ist das ein
   guter Test, ob bisher alles gut gelaufen ist.
– Im Ergebnis öffnet sich das Programm mit einem leeren Fenster.
– Schließen Sie das gestartete Programm wieder, bevor es weitergeht.

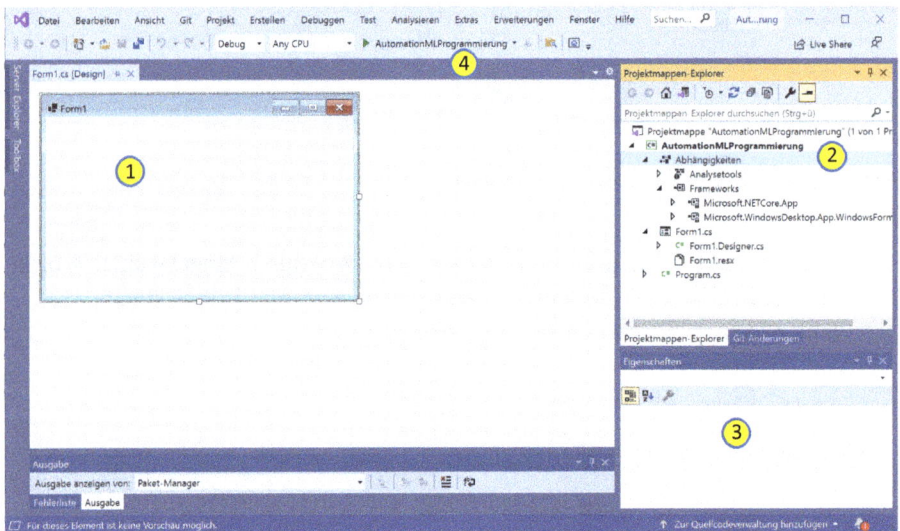

Abb. 7-5: Ein leeres C# Projekt

7.4.2 Einbinden der AutomationML Engine

Das Einbinden der AutomationML Engine erfolgt über einen Online-Dienst namens
NuGet. *NuGet* ermöglicht es, Entwicklern weltweit Programmierbibliotheken für alle
denkbaren Anwendungszwecke zur Verfügung zu stellen. Der AutomationML e.V.
stellt die AutomationML Engine auf diesem Wege zur Verfügung, weil dies ein kom-
fortables Einbinden in eigene Projekte ermöglicht.

Schauen Sie sich zunächst den Projektmappen-Explorer genauer an (Abb. 7-6). Dies ist eine Baumstruktur, die die einzelnen Bestandteile des Projektes ein einer Baumstruktur anzeigt. *Form1.cs* ist der Code für das Fenster, *Program.cs* ist der Code für das gesamte Programm. Hier von Interesse sind die Abhängigkeiten: Genau hier werden Bibliotheken eingebunden.

– Selektieren Sie den Knoten Abhängigkeiten (1),

– wählen Sie im Kontextmenü den Punkt *NuGet-Pakete verwalten* (2).

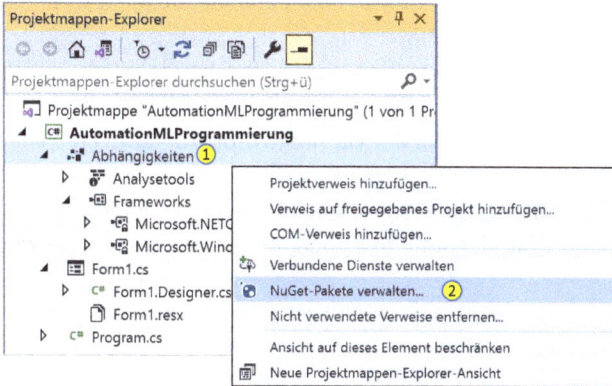

Abb. 7-6: NuGet-Pakete verwalten

– Wählen Sie im NuGet Katalog (Abb. 7-6) die AML.Engine 2.0.5 oder neuer (3).

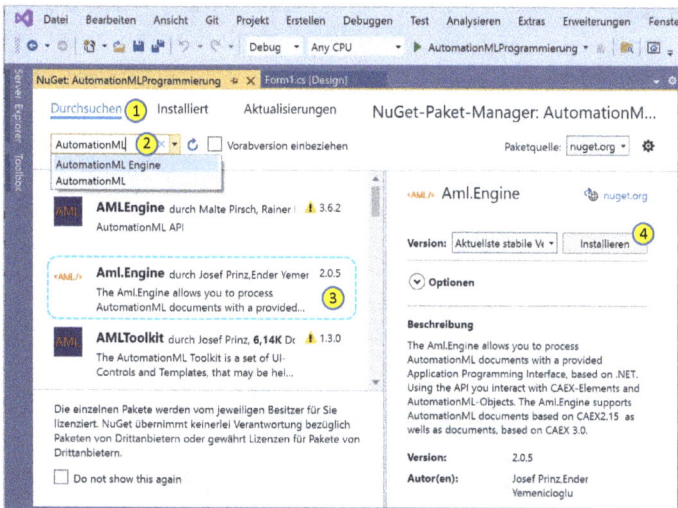

Abb. 7-7: Durchsuchen des NuGet Kataloges

Nachdem Sie den Knopf *Installieren* (4) gedrückt haben, wird die AML Engine heruntergeladen und automatisch in das Projekt integriert. Der Projektmappen-Explorer wird im Ergebnis um ein neues Objekt *Aml.Engine* ergänzt. Starten Sie das Projekt am besten jetzt erneut, um zu prüfen, ob alles funktioniert.

7.4.3 Ein kleines C# Projekt zum Lernen

Um das Programmieren von AutomationML zu erlernen, fügen Sie dem leeren Fenster zunächst fünf Knöpfe hinzu, siehe Abb. 7-8.
– Öffnen Sie dazu die Toolbox links. Pinnen Sie sie am besten an, damit sie immer geöffnet bleibt.
– Wählen Sie den *Button* (1) und ziehen Sie ihn via Drag&Drop auf das leere Fenster (2).
– Im Eigenschaftsfenster können Sie den Text editieren (3): Geben Sie *Neu* ein.
– Wiederholen Sie die Schritte für vier weitere Knöpfe und benennen Sie sie wie abgebildet.
– Das Layout des Fensters ist Ihrer Kreativität überlassen, hier im Beispiel sind die Knöpfe horizontal angeordnet.
– Starten Sie jetzt das Programm, um zu prüfen, ob alles korrekt funktioniert.
– Jetzt sind Sie vorbereitet, die AutomationML Programmierung kann beginnen.

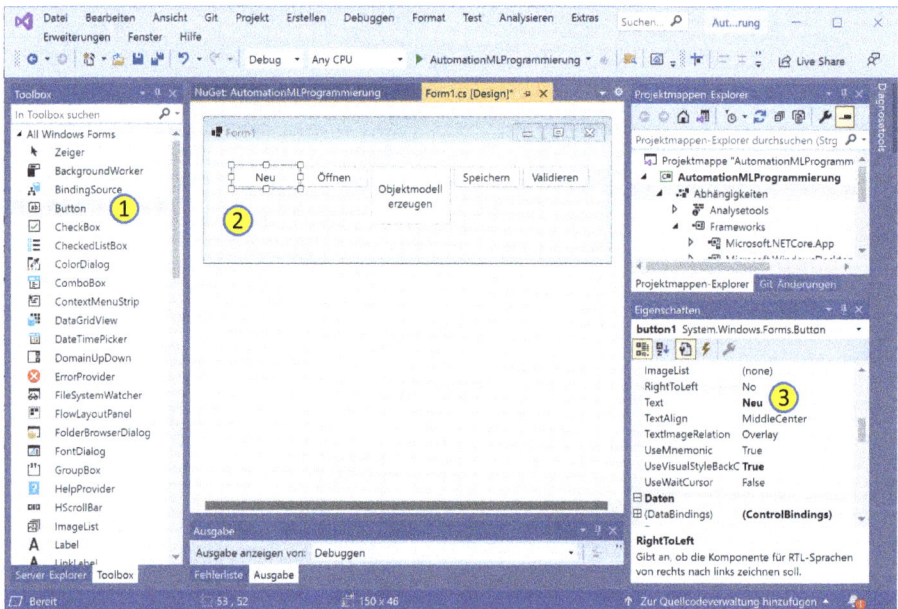

Abb. 7-8: Ein kleines C# Projekt mit fünf Knöpfen

7.5 Programmieren von AutomationML in 10 Schritten

7.5.1 Schritt 1: Erzeugen eines leeren CAEX Dokumentes

Führen Sie einen Doppelklick auf den Button *Neu* aus. Ein C# Codefenster wird geöffnet (siehe Abb. 7-9) und der Cursor springt an die Stelle, an der sich der Code für den soeben selektierten Knopf befindet (3). Der C# Code umfasst die gesamte Klasse *Form1* mit ihren Eigenschaften und Methoden. Jedes Fenster wird durch eine eigene Klasse repräsentiert, in unserem Beispiel benötigen Sie nur *Form1*. Zur Orientierung betrachten Sie zunächst den Code und seine Bestandteile.

- (1) umfasst eine Sammlung von Referenzen auf hilfreiche Klassenbibliotheken. Diese werden Sie gleich ergänzen.
- (2) ist der Code für die Klasse *Form1*.
- (3) ist der Code für den Knopf Neu, die Methode *button1*_click wird erzeugt, wenn der Knopf *neu* erstmalig angeklickt wird. Jeder Knopf hat seine eigene Methode, die werden Sie schrittweise ergänzen.

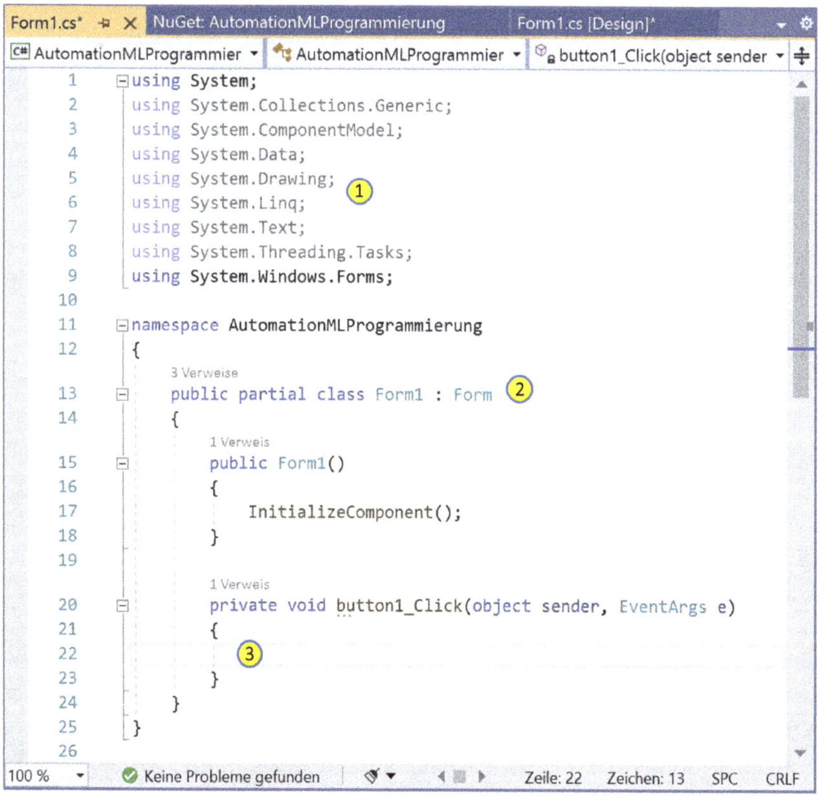

Abb. 7-9: Das Code-Gerüst von Form1

Damit die AutomationML Engine im Code leichter verwendbar ist, ergänzen Sie nun die *Using-Statements* gemäß Abb. 7-10.

```
Form1.cs*  ⊄ ✕  Form1.cs [Design]
C# AutomationMLProgrammierung
   1      using System;
   2      using System.Collections.Generic;
   3      using System.ComponentModel;
   4      using System.Data;
   5      using System.Drawing;
   6      using System.Linq;
   7      using System.Text;
   8      using System.Threading.Tasks;
   9      using System.Windows.Forms;
  10      using Aml.Engine.CAEX;
  11      using Aml.Engine.CAEX.Extensions;
```

Abb. 7-10: Using Statements vereinfachen den Zugriff auf das Klassenmodell von CAEX

ℹ️ **Tipp:** Using statements vereinfachen das Programmieren. Wenn Sie auf die Klassen und Methoden der AutomationML Engine zugreifen möchten, beispielsweise auf die Klasse *CAEXDocument*, müssten Sie ohne ein using-statement im Code stets den vollen Pfad zur Klasse oder Methode angeben: in diesem Fall den Pfad *Aml.Engine.CAEX.CAEXDocument*.

Nun benötigen Sie zwei Klassenvariablen, die in der gesamten Klasse bekannt sein sollen: Das *AML-Dokument* und den *Pfad* zum Speichern (siehe Abb. 7-11).

- *CAEXDocument* ist eine zentrale Klasse der AutomationML Engine. Sie instanzieren diese Klasse unter dem Namen *myDoc* und erzeugen damit eine Variable für die AutomationML-Datei, die Sie hier erzeugen und modifizieren möchten.
- Weiterhin benötigen Sie einen *Pfad* zur Datei, diesen legen Sie global fest. Wenn der Code anderen Personen übergeben werden soll, beispielsweise wenn ein Student seinen Code an seinen Dozenten übergeben möchte, ist es hilfreich, wenn der Pfad nicht auf einen spezifischen Ordner zeigt, der nur auf dem PC des Studenten verfügbar ist. Aus Gründen der Vereinfachung empfiehlt sich ein Ordner, der auf beiden Rechnern vorhanden ist, z.B. „C:\Temp".
- Achten Sie auf die intelligente Vervollständigung des Editors: *IntelliSense* vereinfach das Programmieren, weil es beim Tippen den Code analysiert, die Absicht des Programmierers prognostiziert und ihn automatisch vervollständigt.
- Im Ergebnis sind die Variablen im gesamten Code bekannt und können nun in allen Methoden der Klasse verwendet werden.
- Starten Sie das Projekt, um zu prüfen, ob sich ein Fehler eingeschlichen hat.

```
namespace AutomationMLProgrammierung
{
    3 Verweise
    public partial class Form1 : Form
    {
        CAEXDocument myDoc = null;
        string path = @"C:\Temp\MeinErstesAML.aml";
        1 Verweis
        public Form1()
```

Abb. 7-11: Definition von zwei Klassenvariablen *myDoc* und *path*

7.5.2 Schritt 2: Erzeugen eines neuen leeren CAEX Dokumentes

Das Erzeugen eines neuen leeren CAEX Dokuments gelingt mit einer einzigen Zeile Programmcode, siehe Abb. 7-12.

– Geben Sie den Code in Visual Studio ein.
– Starten Sie das Projekt und klicken Sie auf den Knopf *Neu*.
– Das Programm erzeugt im Speicher ein CAEX-Dokument.
– Schließen Sie das Programm nun wieder.

```
private void button1_Click(object sender, EventArgs e)
{
    myDoc = CAEXDocument.New_CAEXDocument();
}
```

Abb. 7-12: Erzeugen eines neuen leeren CAEX Dokuments

7.5.3 Schritt 3: Speichern eines CAEX Dokumentes

Zum Speichern eines leeren CAEX Dokuments genügt eine weitere Zeile Programmcode, siehe Abb. 7-13. Als Übergabeparameter wird der Pfad übergeben, den Sie global bereits definiert haben. Weiterhin wird der Parameter *prettyPrint* erfragt, der angibt, ob der XML-Code eingerückt angeordnet werden soll, oder ob der Code einfach als langer String serialisiert werden soll. Hier wählen Sie *true*, das benötigt etwas mehr Zeit, die XML-Datei ist in einem Texteditor allerdings leichter lesbar. Für den praktischen Datenaustausch ist das allerdings kaum relevant, weil professionelle XML Editoren den Code bei Bedarf ohnehin selbständig einrücken und Exporter/Importer ohnehin keine Formatierungen benötigen.

- Ergänzen Sie den Code im Visual Studio Projekt gemäß Abb. 7-13.
- Starten Sie das Projekt und klicken Sie auf den Knopf *Neu*. Das ist erforderlich, um im Speicher ein CAEX-Dokument zu erzeugen, ansonsten ist die Variable *myDoc* leer und das Speichern gelingt nicht.
- Klicken Sie dann auf den Knopf *Speichern*. Jetzt wird von der AML Engine automatisch das AML Dokument erzeugt und am festgelegten Ort gespeichert.
- Suchen Sie die Datei und öffnen Sie sie mit dem AML Editor.

```
private void button4_Click(object sender, EventArgs e)
{
    myDoc.SaveToFile(path, true);
}
```

Abb. 7-13: Speichern des CAEX Dokument

7.5.4 Schritt 4: Öffnen eines CAEX Dokumentes

Zum Öffnen eines CAEX Dokuments genügt ebenfalls eine Zeile Programmcode, siehe Abb. 7-14. Als Übergabeparameter wird der Pfad übergeben, den Sie global bereits definiert haben. Im Ergebnis wird die Variable *myDoc* die gesamte Struktur des CAEX Dokumentes beinhalten.

- Ergänzen Sie den Code im Visual Studio Projekt.
- Bedingung: Damit der Code funktioniert, benötigen Sie die CAEX Datei aus Schritt 3.
- Starten Sie das Projekt.
- Drücken Sie auf den Knopf *Öffnen*.
- Jetzt wird das CAEX Dokument aus Schritt 3 im Hintergrund eingelesen und von der AML Engine im Speicher als CAEX Objektstruktur entfaltet.
- Tipp: Wenn hier eine Fehlermeldung auftaucht, fehlt ggf. die CAEX-Datei.

```
private void button2_Click(object sender, EventArgs e)
{
    myDoc = CAEXDocument.LoadFromFile(path);
}
```

Abb. 7-14: Öffnen eines CAEX Dokument

7.5.5 Schritt 5: Erzeugen von Bibliotheken

Jetzt möchten wir Bibliotheken erzeugen, genau wie im AutomationML Editor.

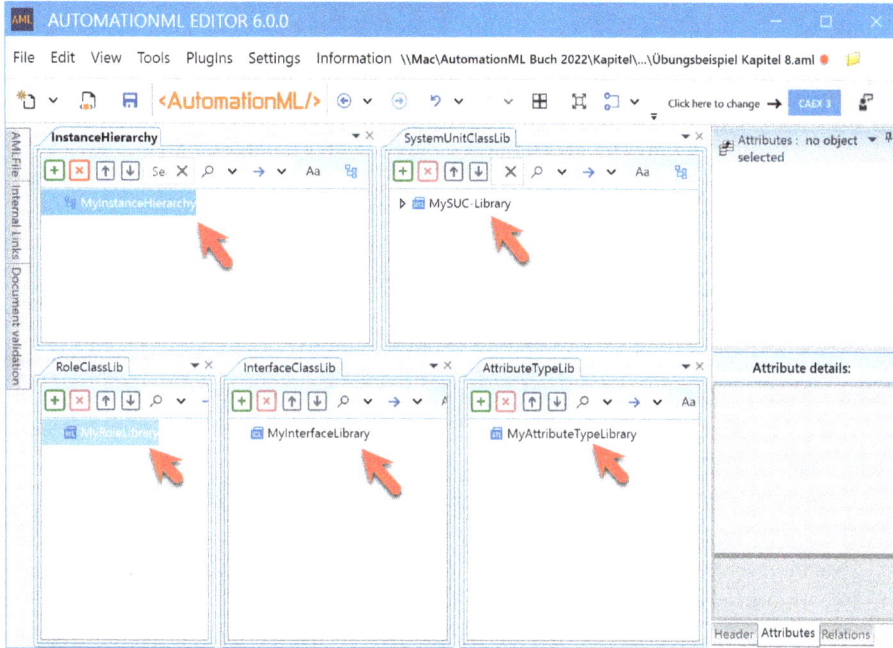

Abb. 7-15: Manuelles Erzeugen von Bibliotheken

In Ihrem C# Code wechseln Sie auf das Fenster mit unseren fünf Knöpfen und doppelklicken Sie auf den Knopf *Objektmodell erstellen*. Sie gelangen unmittelbar zum Coderumpf der Methode *button3_Click*.

– Ergänzen Sie die in Abb. 7-16 dargestellten Programmzeilen. Für das Erzeugen jeder Bibliothek ist genau je eine Programmzeile erforderlich.

– Jede der Bibliotheken ist innerhalb der Variable *myDoc.CAEXFile* zugänglich. Der Befehl zum Erzeugen heißt immer *Append*, der Rückgabewert ist die erzeugte Bibliothek.

– Damit im späteren Verlauf mit diesen Bibliotheken weiterprogrammiert werden kann, empfiehlt sich, die Rückgabewerte stets einer Variablen zuzuweisen. Das Hinzufügen der Bibliotheken funktioniert allerdings auch ohne diese Zuweisung.

– Starten Sie das Programm und drücken nacheinander die Knöpfe *Neu*, *Objektmodell erstellen* und *Speichern*.

– Öffnen Sie die erstellte Datei mit dem AutomationML Editor und überprüfen Sie das Ergebnis.

```
1 Verweis
private void button3_Click(object sender, EventArgs e)
{
    //Erzeugen von Bibliotheken
    var IH = myDoc.CAEXFile.InstanceHierarchy.Append("MyInstanceHierarchy");
    var SUCL = myDoc.CAEXFile.SystemUnitClassLib.Append("MySUC-Library");
    var RCL = myDoc.CAEXFile.RoleClassLib.Append("MyRoleLibrary");
    var ICL = myDoc.CAEXFile.InterfaceClassLib.Append("MyInterfaceLibrary");
    var ATL = myDoc.CAEXFile.AttributeTypeLib.Append("MyAttributeTypeLibrary");
}
```

Abb. 7-16: Erzeugen von fünf Bibliotheken

7.5.6 Schritt 6: Programmieren von Klassen

Jetzt sind die Bibliotheken erstellt und wir können uns dem Programmieren der ersten CAEX-Klassen zuwenden. In Erinnerung an die Trockenübung aus Abb. 7-1 und Abb. 7-2 sollen Sie jetzt eine SystemUnitClass *Motor* sowie eine Ableitung *Benzinmotor* programmieren.

– Ergänzen Sie die Methode *button3_Click* die Programmierzeilen aus Abb. 7-17.
– Die Vererbung zwischen *Benzinmotor* und *Motor* wird programmiert, indem der *Benzinmotor* den *Motor* referenziert – also die Eigenschaft *RefBaseClassPath* des Benzinmotors den Pfad zum *Motor* erhält.
– Die Attribute werden mit der Methode *Append* ergänzt und dann individuell modifiziert, oder alternativ mit der Methode *SetAttributeValue* in einer einzigen Zeile programmiert.

```
//Hinzufügen von Klassen
var Motor = SUCL.SystemUnitClass.Append("Motor");
var BenzinMotor = SUCL.SystemUnitClass.Append("BenzinMotor");
BenzinMotor.RefBaseClassPath = "MySUC-Library/Motor";

//Hinzufügen von Attributen
//Variante 1: via Append mit nachträglicher Modifikation des Value
var Hersteller = BenzinMotor.Attribute.Append("Hersteller");
Hersteller.Value = "Volkswagen";
//Variante 2: via SetAttributeValue, dies erzeugt das Attribut oder,
//falls schon vorhanden, setzt den Wert neu
var Spritsorte = BenzinMotor.SetAttributeValue("Spritsorte", "Super");
```

Abb. 7-17: Programmieren von Klassen und Ableitungen

- Bei der Programmierung stöbern Sie gerne selbständig mit der *IntelliSense*-Funktion von Visual Studio in den Eigenschaften und Methoden der Klassen. Tippen Sie im Editor einfach darauf los, z.B. den Buchstaben „H". Visual Studio bietet Ihnen nun eine Auswahl von Variablen, die mit „H" beginnen, z.B. die Variable „Hersteller", die Sie vorhin definiert haben.
- Setzen Sie nun einen Punkt hinter „Hersteller" - Visual Studio präsentiert Ihnen nun eine Auswahl verfügbarer Substrukturen, siehe Abb. 7-18. Wenn Sie weitere Buchstaben eingeben, wird die Anzeige weiter eingegrenzt, bis Sie den gewünschten Befehl gefunden haben. Dabei werden Ihnen zugleich die erforderlichen Übergabeparameter angezeigt, die anschließend in einer Klammer übergeben werden müssen.

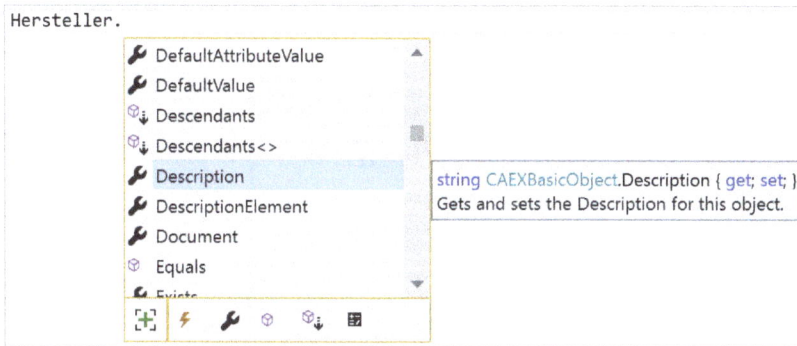

Abb. 7-18: IntelliSense hilft beim Verstehen der Objektstrukturen

7.5.7 Schritt 7: Programmieren einer Klassenstruktur

Klassen modellieren üblicherweise ihre innere Struktur, sie enthalten *InternalElements*, *Attribute* oder *Schnittstellen*. Jetzt sollen einige Details des *Motors* ausmodelliert werden: Er soll ein *Gehäuse* und eine *Welle* erhalten. Weiterhin soll der *Motor* eine Eigenschaft *Gewicht* erhalten, ohne Wert.
- Das Hinzufügen von *InternalElements* erfolgt, indem das Element *InternalElement* des *Motors* über die *Append*-Methode ergänzt wird.
- Fügen Sie dem Programm die in Abb. 7-19 hervorgehobenen Programmzeilen hinzu.
- Beachten Sie, dass Sie die Klasse *Motor* modifizieren: Über die Vererbungsbeziehung zum *Benzinmotor* wird implizit auch dieser verändert.
- Starten Sie das Programm, drücken Sie nacheinander die Knöpfe *Neu*, *Objektmodell* erstellen und *Speichern*.
- Abb. 7-20 zeigt das Ergebnis im AutomationML Editor.

```
//Hinzufügen von Klassen
var Motor = SUCL.SystemUnitClass.Append("Motor");
//ein paar Innereien
Motor.InternalElement.Append("Welle");
Motor.InternalElement.Append("Gehäuse");
Motor.Attribute.Append("Gewicht");

var BenzinMotor = SUCL.SystemUnitClass.Append("BenzinMotor");
BenzinMotor.RefBaseClassPath = "MySUC-Library/Motor";

//Hinzufügen von Attributen
var Hersteller = BenzinMotor.Attribute.Append("Hersteller");
var Spritsorte = BenzinMotor.Attribute.Append("Spritsorte");
Hersteller.Value = "Volkswagen";
Spritsorte.Value = "Super";
```

Abb. 7-19: Programmieren der Innereien der Klasse *Motor*

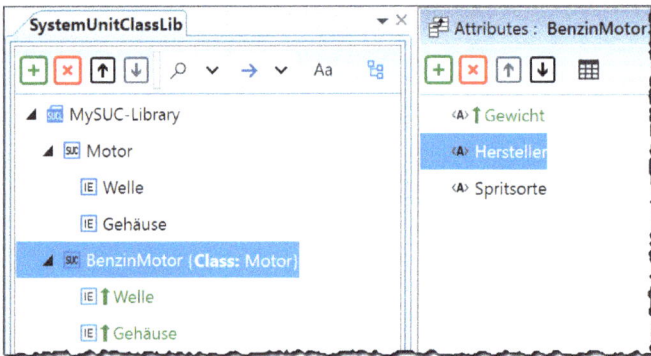

Abb. 7-20: Ergebnis im AML Editor mit eingeblendeter Darstellung des Erbgutes

7.5.8 Schritt 8: Programmieren der Instanzhierarchie

Das Befüllen der Instanzhierarchie erfolgt durch Hinzufügen von *InternalElements*, vorzugsweise als Instanz einer *SystemUnitClass*. Der Code gemäß Abb. 7-21 erzeugt ein InternalElement *Auto* und fügt eine Instanz der Klasse *Motor* hinzu.

```
//Programmieren von InternalElements in der Instanzhierarchie
var AutoIE = IH.InternalElement.Append("Auto");
var MotorIE = Motor.CreateClassInstance();
AutoIE.Insert(MotorIE);
```

Abb. 7-21: Ergebnisstruktur im AutomationML Editor

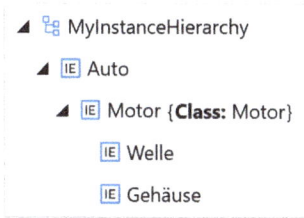

Abb. 7-22: Ergebnisstruktur im AutomationML Editor

7.5.9 Schritt 9: Programmieren der SourceDocumentInformation

Damit eine AutomationML Datei vom Empfänger interpretiert werden kann, ist in der *SourceDocumentInformation* der Adressat der Daten anzugeben. Abb. 7-23 zeigt den dazu erforderlichen Code. Die Inhalte sind dabei der realen Aufgabe anzupassen.

```
//Programmieren der SourceDocumentInformation
SourceDocumentInformationType source = myDoc.CAEXFile.SourceDocumentInformation.First();
source.OriginID = Guid.NewGuid().ToString();
source.OriginName = "QuelleDerDatei";
source.OriginRelease = "1.0";
source.OriginVersion = "1.0";
source.OriginVendor = "Prof. Rainer Drath";
source.OriginVendorURL = "www.r-drath.de";
source.OriginProjectID = "AML_LB_2022";
source.OriginProjectTitle = "AutomationML Lehrbuch 2022";
source.LastWritingDateTime = DateTime.Now;
```

Abb. 7-23: Programmieren der *SourceDocumentInformation*

7.5.10 Schritt 10: Validieren von AutomationML Dokumenten

Beim Programmieren von AutomationML können eine Menge typischer Fehler passieren, die nicht durch das CAEX Schema geprüft werden können, sondern als zusätzliche Regeln im AutomationML Standard vorgeschrieben sind. Beispiele solcher Fehler sind:

- der AutomationML Version Tag „AutomationML-Version 2.1" fehlt,
- die *SourceDocumentInformation* fehlt,
- die Schema-Datei ist nicht verfügbar: *CAEX_ClassModel_3.0.xsd*
- referenzierte CAEX-Dateien fehlen,
- externe referenzierte Dateien (COLLADA, PLCopenXML, PDF, XLS usw.) fehlen,
- Aliase haben gleiche Namen,

- InternalElements und Interface-Instanzen verwenden dieselbe *ID*,
- Geschwisterattribute haben gleiche Namen,
- referenzierte Klassen fehlen
- u.v.m

Die AutomationML Engine verfügt über einen umfangreichen Prüfalgorithmus, der diese und weitere typische Fehler prüft und in einer Fehlerliste sammelt, siehe Abschnitt 2.4. Diese Funktion kommt auch im AutomationML Editor zum Einsatz, dazu drücken Sie einfach den *Validate* Button. Im Reiter *Document Validation* werden dann gefundene Fehler aufgelistet. Um diese Funktion in unserem Beispielprogramm aufzurufen, wechseln Sie in die Design-Ansicht des Fensters *Form1.cs* und führen einen Doppelklick auf den vorbereiteten Knopf *Validieren* aus. Geben Sie dort den Code wie in Abb. 7-24 dargestellt ein, eine Programmierzeile genügt.

```csharp
private void button5_Click(object sender, EventArgs e)
{
    var isvalid = myDoc.Validate(out var err);
}
```

Abb. 7-24: Validieren des AML Dokumentes

Beim Durchsuchen trägt der Algorithmus jeden gefundenen Fehler in eine Rückgabeliste *err* ein. Der Boolesche Rückgabewert *isvalid* ist *true*, wenn keine Fehler gefunden wurden, und *false*, wenn Fehler gefunden wurden. In diesem Fall kann die Liste *err* verwendet werden, um die Fehler aufzulisten. Dies wird in diesem Kapitel nicht behandelt, sondern kann individuell umgesetzt werden.

7.6 Übersicht von Programmierbefehlen

7.6.1 Datentypen

Tab. 7-1 fasst wesentliche Datentypen der AutomationML Engine zusammen. Tab. 7-2 bis Tab. 7-8 geben einen Überblick über wesentliche Methoden der CAEX Klassen. Wird eine Methode verwendet, die ein Objekt erzeugt oder modifiziert, ist der Rückgabewert meist das betreffende Objekt.

- Es empfiehlt sich, den Rückgabewert einer Variablen zuzuweisen, um im späteren Verlauf des C# Codes leichter auf die Objekte zugreifen zu können.
- Hilfreich ist bei der Programmierung, dieser Variable den passenden Datentyp zuzuweisen, beispielsweise mit dem Code:

```
CAEXDocument myDoc = CAEXDocument.New_CAEXDocument();
```

- Alternativ kann die Variable durch das Schlüsselwort *var* deklariert werden, der Compiler ermittelt dann automatisch den passenden Datentyp des Rückgabewertes. Dies vereinfacht die Programmierung, erfordert allerdings beim Programmieren mehr Hintergrundwissen.

```
var myDoc = CAEXDocument.New_CAEXDocument();
```

Tab. 7-1: Wichtige C# Datentypen der AutomationML.Engine im CAEX Klassenmodell

Datentyp	Beschreibung
CAEXDocument	Typ für ein CAEX Dokument gemäß CAEX Schema
InstanceHierarchyType	Typ für ein CAEX Instanzhierarchie
InternalElementType	Datentyp für das CAEX InternalElement
SystemUnitClassLibType	Typ für eine CAEX System-Unit-Klassenbibliothek
SystemUnitClassType	Typ für eine System-Unit-Klasse
RoleClassLibType	Typ für eine CAEX Rollenklassen-Bibliothek
RoleClassType	Typ für eine CAEX Rollenklasse
InterfaceClassLibType	Typ für eine Interfaceklassen-Bibliothek
InterfaceClassType	Typ für eine Interfaceklasse
AttributeTypeLibType	Typ für eine Attributtyp-Bibliothek
AttributeType	Typ für einen AttributeType

7.6.2 Grundbefehle

Tab. 7-2: Basismethoden der AutomationML Engine - Grundbefehle

---

Erzeugen eines CAEX-Dokuments als Klassenrepräsentation

```
CAEXDocument myDoc = CAEXDocument.New_CAEXDocument();
```

Speichern eines CAEX-Dokuments
- *CAEXDocument* als Objekt (hier: *myDoc*) muss vorher verfügbar sein
- Als Übergabeparameter ist ein valider Pfad mit der Endung .aml erforderlich

```
myDoc.SaveToFile("c:\\temp\\test.aml", true);
//oder
myDoc.SaveToFile(@"c:\temp\test.aml", true);
```

Importieren eines CAEX-Dokuments
- Auch hier ist ein valider Pfad mit der Endung .aml erforderlich
- Das eingelesene AML-Dokument wird auf eine Variable des Typs CAEXDocument (hier: *myDoc*) geschrieben.

```
CAEXDocument myDoc = CAEXDocument.LoadFromFile(myPath);
```

Validieren eines CAEX-Dokuments
- *Validate* liefert die Aussage valide/invalide (bool) und gibt bei invaliden Dokumenten die Fehler in einem String-Array aus.
- *CAEXDocument* als Objekt (hier: *myDoc)* muss vorher verfügbar sein

```
var isvalid = myDoc.Validate(out var errorMessages);
```

7.6.3 Bibliotheken erzeugen

Tab. 7-3: Methoden der AutomationML Engine zum Erzeugen von Bibliotheken

---

Hinzufügen einer InstanceHierarchy

```
var IH = myDoc.CAEXFile.InstanceHierarchy.Append("myInstanceHierarchy");
```

Hinzufügen einer SystemUnitClassLibrary

```
var SUCL = myDoc.CAEXFile.SystemUnitClassLib.Append("mySystemUnitClassLibary");
```

Hinzufügen einer RoleClassLibrary

```
var RCL = myDoc.CAEXFile.RoleClassLib.Append("myRoleClassLibary");
```

Hinzufügen einer InterfaceClassLibary

```
var ICL = myDoc.CAEXFile.InterfaceClassLib.Append("myInterfaceClassLibary");
```

Hinzufügen einer AttributeTypeLibrary

```
var ATL = myDoc.CAEXFile.AttributeTypeLib.Append("myAttributeTypeLibary");
```

7.6.4 Attributtypen erzeugen

Tab. 7-4: C# Methoden zum Erzeugen von AttributeTypes

Hinzufügen eines AttributeType

```csharp
var AF = ATL.AttributeType.Append("Farbe");
var AG = ATL.AttributeType.Append("Gewicht");
```

Ändern von Attribut-Instanzen: Dies kann auf verschiedene Weisen erfolgen.
– Eigenschaften können einzeln über C# Properties verändert werden:

```csharp
AG.Name = "Colour";
AG.Value = "black";
AG.DefaultValue = "black";
AG.Unit = „kg";
AG.Description = "dies ist eine Farbe"
AG.AttributeDataType = "xs:string";
```

– Eigenschaften können alternativ über die Extension-Methode *SetAttributeValue* komfortabel
  modifiziert werden. Die IntelliSense-Funktion informiert beim Tippen über die verfügbaren Optionen. *SetAttributeValue* sucht zuerst nach einem vorhandenen Attribut und modifiziert dieses.
  Wird kein Attribut dieses Namens gefunden, wird ein neues Attribut erzeugt.

```csharp
AG.SetAttributeValue("Gewicht", "12");
AG.SetAttributeValue("Gewicht", "12", "kg", "xs:string");
AG.SetAttributeValue("Gewicht", "12", "10","eine Beschreibung", "kg", "xs:string");
```

Hinzufügen von weiteren Kind-AttributeType
```csharp
var AF_RGB = AF.AttributeType.Append("RGB");
```

Referenzieren von vorhandenen AttributeType

```csharp
AT_RGB.RefAttributeType = AF.CAEXPath();
```

Hinzufügen von Attributen eines AttributeType

```csharp
var AT_RGB_Red = AT_RGB.Attribute.Append("Red");
var AT_RGB_Green = AT_RGB.Attribute.Append("Green");
var AT_RGB_Blue = AT_RGB.Attribute.Append("Blue");
```

Erstellen einer Attribut-Instanz (das Attribut ist danach noch keinem Objekt hinzugefügt)

```csharp
var AT_RGB_I = AT_RGB.CreateClassInstance();
```

Hinzufügen einer Attribut-Instanz zu einem vorhandenen Element

```csharp
var IE_Test1 = IH.InternalElement.Append("Test1");
var IE_Test1_A = IE_Test1.Attribute.Insert(AT_RGB_I);
//oder
var IE_Test1_A = IE_Test1.Attribute.Insert(AT_RGB.CreateClassInstance());
```

Hinzufügen eines Attributs mit anschließender Referenz auf den AttributeType

```
var IE_Test2 = IH.InternalElement.Append("Test2");
var IE_Test2_A = IE_Test2.Attribute.Append("RGB");
IE_Test2_A.RefAttributeType = AT_RGB.CAEXPath();
```

– Eine Instanz eines *AttributeTypes* kann mehrfach hinzugefügt werden, da keine ID beim Instanziieren vergeben wird.

7.6.5 InterfaceClass erzeugen

Tab. 7-5: C# Methoden zum Erzeugen einer InterfaceClass

Hinzufügen einer InterfaceClass

```
var IC_Nozzle = ICL.InterfaceClass.Append("Nozzle");
```

Hinzufügen von weiteren Kind-InterfaceClass

```
var IC_SpecialNozzle = IC_Nozzle.InterfaceClass.Append("SpecialNozzle");
```

Referenzieren einer vorhandenen InterfaceClass

```
IC_SpecialNozzle.RefBaseClassPath = IC_Nozzle.CAEXPath();
IC_SpecialNozzle.CopyAttributesFrom(IC_Nozzle, true);
```

Hinzufügen von Instanzen eines AttributeType und von Attributen ohne AttributeType

```
var IC_SpecialNozzle_A_RGB1 = IC_SpecialNozzle.Attribute.Insert(AT_RGB_I);
var IC_SpecialNozzle_A_RGB2 = IC_SpecialNozzle.Attribute.Append("Red");
```

Erstellen einer InterfaceClass-Instanz

```
var IC_SpecialNozzle_I = IC_SpecialNozzle.CreateClassInstance();
```

Hinzufügen einer InterfaceClass-Instanz zu einem Objekt

```
var IE_Test3 = IH.InternalElement.Append("Test3");
IE_Test3.ExternalInterface.Insert(IC_SpecialNozzle_I);
```

Hinweis: Eine Instanz einer *InterfaceClass* darf NICHT mehrfach hinzugefügt werden, da eine eindeutige ID beim Instanziieren vergeben wird! Jede Instanz, die davon gebildet werden soll, muss erneut mit *CreateClassInstance*() erstellt werden!

7.6.6 RoleClass erzeugen und verwenden

Tab. 7-6: C# Methoden zum Erzeugen und Verwenden einer RoleClass

---

Hinzufügen einer RoleClass

```csharp
var RC_Roboter = RCL.RoleClass.Append("Roboter");
```

Hinzufügen von weiteren Kind-RoleClass

```csharp
var RC_Greifer = RC_Roboter.RoleClass.Append("Greifer");
var RC_Servorgreifer = RC_Greifer.RoleClass.Append("Servogreifer");
var RC_Sauggreifer = RC_Greifer.RoleClass.Append("Sauggreifer");
```

Referenzieren von vorhandenen RoleClass

```csharp
RC_Servorgreifer.RefBaseClassPath = RC_Greifer.CAEXPath();
RC_Sauggreifer.RefBaseClassPath = RC_Greifer.CAEXPath();
```

Instanziieren von Attributen eines AttributeType und Hinzufügen zu einer RoleClass.

```csharp
var AT_RGB_I1 = AT_RGB.CreateClassInstance();
var RC_Sauggreifer_A_RGB = RC_Sauggreifer.Attribute.Insert(AT_RGB_I1);
```

Hinzufügen eines ExternalInterface zu einer RoleClass

```csharp
var IC_SpecialNozzle_I1 = IC_SpecialNozzle.CreateClassInstance();
var RC_Sauggreifer_EI_SpecialNozzle =
RC_Sauggreifer.ExternalInterface.Insert(IC_SpecialNozzle_I1);
```

Erstellen eines SupportedRoleClass-Objektes und RoleRequirement-Objekt

```csharp
var RC_Sauggreifer_SRC = RC_Sauggreifer.CreateSupportedRoleClass();
var RC_Sauggreifer_RR = RC_Sauggreifer.CreateClassInstance();
```

Hinzufügen einer SupportedRoleClass und RoleRequirement zu einem Objekt:

```csharp
var SUC_Test1 = SUCL.SystemUnitClass.Append("Test1");
SUC_Test1.Insert(RC_Sauggreifer_SRC);
var IC_Test4 = IH.InternalElement.Append("Test4");
IC_Test4.Insert(RC_Sauggreifer_RR);
```

7.6.7 SystemUnitClass erzeugen und verwenden

Tab. 7-7: C# Methoden zum Erzeugen und Verwenden einer SystemUnitClass

Hinzufügen einer SystemUnitClass

```
var SUC_Delta = SUCL.SystemUnitClass.Append("DeltaRoboter");
```

Hinzufügen von weiteren Kind-SystemUnitClass

```
var SUC_IRB360 = SUC_Delta.SystemUnitClass.Append("IRB360");
var SUC_FlexGripper = SUC_IRB360.SystemUnitClass.Append("FlexGripper");
```

Referenzieren von SystemUnitClass

```
SUC_IRB360.RefBaseClassPath = SUC_Delta.CAEXPath();
```

Hinzufügen von Attributen eines AttributeType

```
var AT_RGB_I2 = AT_RGB.CreateClassInstance();
var SUC_FlexGripper_A_RGB = SUC_FlexGripper.Attribute.Insert(AT_RGB_I);
```

Hinzufügen eines ExternalInterface

```
var IC_SpecialNozzle_I2 = IC_SpecialNozzle.CreateClassInstance();
var SUC_FlexGripper_EI_SpecialNozzle =
SUC_FlexGripper.ExternalInterface.Insert(IC_SpecialNozzle_I);
```

Zuweisen einer RoleClass zur SystemUnitClass

```
var SUC_FlexGripper_RC_Servogreifer =
SUC_FlexGripper.SupportedRoleClass.Insert(RC_Sauggreifer_SRC);
```

Erstellen einer Instanz einer SystemUnitClass

```
var SUC_FlexGripper_I = SUC_FlexGripper.CreateClassInstance();
var SUC_FlexGripper_I1 = SUC_FlexGripper.CreateClassInstance();
```

Hinzufügen einer Instanz einer SystemUnitClass zu einer SystemUnitClass

```
var IE_SUC_FlexGripper = SUC_Delta.InternalElement.Insert(SUC_FlexGripper_I1);
```

Hinzufügen einer Instanz einer SystemUnitClass zu einem InternalElement

```
var IC_Test5 = IH.InternalElement.Append("Test5");
IC_Test5.Insert(SUC_FlexGripper_I);
```

7.6.8 InternalElement erzeugen und verwenden

Tab. 7-8: C# Methoden zum Erzeugen und Verwenden eines CAEX InternalElement

---

Hinzufügen eines InternalElement

```
var IE_FlexGripper = IH.InternalElement.Insert(SUC_FlexGripper_I);
IE_FlexGripper.Name = "FlexGripperXYZ";
var IE_IRB14000 = IH.InternalElement.Append("IRB14000");
```

Hinzufügen eines weiteren Kind-InternalElement

```
var IE_Gripper = IE_IRB14000.InternalElement.Append("Gripper");
```

Hinzufügen von Attributen eines AttributeType

```
IE_Gripper.SetAttributeValue("Red", "245");
//oder
IE_Gripper_A_RGB.Value = "245";
//mit Einheit und Datentyp, das bei einer Überschreibung notwendig ist
IE_Gripper.SetAttributeValue("Red", "245", "", "xs:string");
```

Hinzufügen eines ExternalInterface

```
var IC_SpecialNozzle_I3 = IC_SpecialNozzle.CreateClassInstance();
var IC_SpecialNozzle_I4 = IC_SpecialNozzle.CreateClassInstance();
var IE_Gripper_EI_SpecialNozzle =
IE_Gripper.ExternalInterface.Insert(IC_SpecialNozzle_I3);
var IE_IRB14000_EI_SpecialNozzle =
IE_IRB14000.ExternalInterface.Insert(IC_SpecialNozzle_I4);
```

Hinzufügen eines InternalLink zwischen zwei ExternalInterface

```
var IE_IRB14000_InternalLink = IE_IRB14000.InternalLink.Append("NozzleLink");
IE_IRB14000_InternalLink.RefPartnerSideA = IE_Gripper_EI_SpecialNozzle.ID;
IE_IRB14000_InternalLink.RefPartnerSideB = IE_IRB14000_EI_SpecialNozzle.ID;
```

Zuweisen einer RoleClass zur SystemUnitClass

```
var IC_Gripper_RC_Servogreifer = IE_Gripper.Insert(RC_Sauggreifer_RR);
```

Hinzufügen eines Mirror-Objektes

```
var IE_FlexGripper_Mirror_I = IE_FlexGripper.CreateMirror();
var IE_FlexGripper_Mirror = IE_IRB14000.Insert(IE_FlexGripper_Mirror_I);
```

7.7 Übungsaufgabe

Übungsaufgabe:
- Modellieren die die Klassen nach Abb. 7-25 Klassen mit dem AML Editor.
- Programmieren Sie diese Klassen mit der AML Engine.
- Erzeugen Sie eine neue Instanzhierarchie und erzeugen Sie darin für jede Klasse eine Instanz.
- Vergleichen Sie Ihr händisch erzeugtes Modell mit dem programmierten Modell.

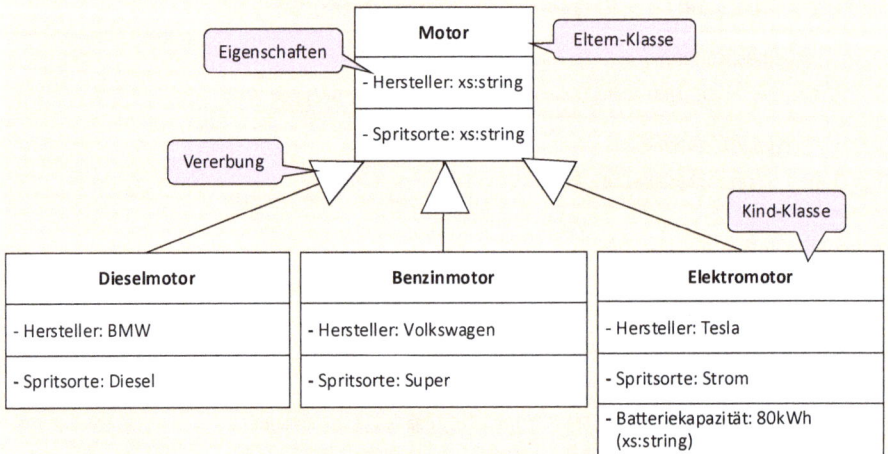

Abb. 7-25: UML Klassendiagramm für eine Motorenfamilie

Die Musterlösungen stehen unter [Booklink@] zum Download zur Verfügung.

7.8 Was Sie nun können sollten

Wenn Sie die Abschnitte 7.1-7.7 sorgfältig erarbeitet haben, sollten Sie Folgendes können:
- Sie kennen die AML Engine und können sie in ein C# Projekt in Microsoft Visual Studio einbinden.
- Sie können einfache AML Strukturen wie Bibliotheken, Klassen, Attribute und Instanzen programmieren.
- Sie können AML Dokumente mit der AML Engine validieren.

8 AutomationML im Praxiseinsatz

8.1 Zwischenfazit: Was Sie bis jetzt können sollten

Nachdem Sie die Kapitel 1-7 schrittweise erarbeitet haben, sollten Sie nun folgendes wissen, können und praktisch geübt haben:

– Sie können die *Motivation zu AutomationML* erklären.
– Sie können den *Unterschied* zwischen *AML* und *klassischen Dateiformaten* sowie den Unterschied zwischen einem Modell und einem Metamodell erklären.
– Sie können die *AutomationML Architektur*, seine *Subformate* und ihre Anwendung erläutern.
– Sie kennen den *AutomationML Editor*.
– Sie kennen die *CAEX Sprachelemente* und können mit dem AutomationML Editor *Objektmodelle* erzeugen, einschließlich Klassen, Attribut, Schnittstellen, Links, Instanzhierarchien, Vererbung und Versionierung.
– Sie können die *Semantik* von Klassen, Instanzen und Attributen modellieren,
– Sie kennen die *AutomationML Standardbibliotheken* und können sie mit dem AutomationML Editor gezielt herunterladen.
– Sie können *externe Dokumente innerhalb des AML Standards* wie Geometrien, Verhaltensbeschreibungen und externe CAEX Dateien referenzieren.
– Sie können *externe Dokumente außerhalb des AML Standards* wie BMP-, PDF-, XML-, oder EXCEL-Dokumente referenzieren, einschließlich der Dokumentsprache, dem Dokumenttyp, und Sie können einem Objekt ein Bild zuordnen.
– Sie kennen die *erweiterten AML Konzepte* wie Mehrsprachigkeit, Listen, Arrays, das Mirror-Konzept, das Port-Konzept, das Facetten-Konzept, das Gruppenkonzept, das PPR-Konzept und können sie mit dem AutomationML Editor modellieren und praktisch anwenden.
– Sie können einfache AutomationML Strukturen mit der AutomationML Engine *programmieren*.

Im Ergebnis können Sie konkrete Problemstellungen objektorientiert analysieren und in AutomationML Modellen abbilden. Damit haben Sie das Rüstzeug, sich selbständig weiter in AutomationML zu vertiefen und die praktische Nutzung von AutomationML selbst zu betreiben. Die folgenden Abschnitte widmen sich der praktischen Anwendung von AutomationML und erläutern:

– die Herausforderungen iterativen Engineerings,
– die Besonderheiten von AutomationML speziell für iteratives Engineering,
– neue Optionen für den dateibasierten Datenaustausch,
– Empfehlungen zur kommerziellen und wirtschaftlichen Nutzung von AML und
– industrielle Anwendungsbeispiele.

https://doi.org/10.1515/9783110782998-008

8.2 Iterativer Datenaustausch mit AutomationML

8.2.1 Iterationsunterstützung: versteckt, wichtig und schwierig

Das Engineering von Automatisierungssystemen ist typischerweise ein iterativer Prozess, d.h. er erfolgt in mehreren Schleifen. Datenaustausch zwischen Engineering-Tools erfolgt daher nicht nur einmal, sondern mehrfach bis oft. Wo ist das ein Problem? Die industrielle Praxis lehrt uns: Das Hauptproblem im Datenaustausch ist das *Änderungsmanagement*, d.h. die kontinuierliche Synchronisierung von Änderungen entlang der Werkzeugketten. Ziel ist, dass alle Werkzeuge einen konsistenten Datenstand besitzen und auf gleiche Annahmen und Denkmodellen aufbauen. Dies erfordert die Unterstützung von Iterationsschleifen auf *zwei Ebenen*. Ebene 1 beschreibt den konkreten Austausch der Engineering-Daten mit einem Datenformat und Ebene 2 beschreibt den iterativen Zyklus der Entwicklung eines solchen Datenformats selbst.

! **Merke:** Ein Datenaustauschformat für industrielle Informationsmodelle muss umfassende Iterationsunterstützung bieten. Dies ist ein Schlüsselkonzept von AutomationML.

8.2.2 Iterationsschleife Ebene 1: Austausch von technischen Daten

Iterativer Datenaustausch erfordert ein zyklisches Vorgehen. Bei jedem Datenaustausch müssen dabei die in Abb. 8-1 dargestellten Schritte durchlaufen werden.

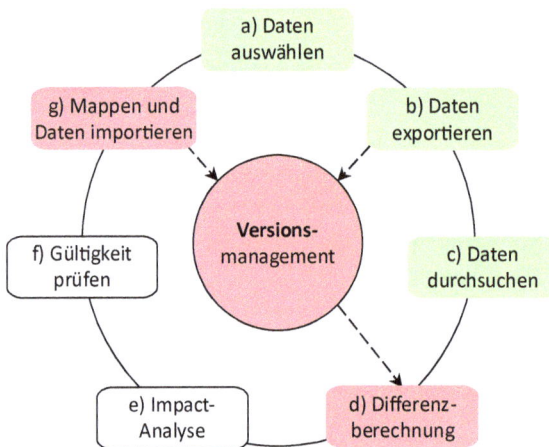

Abb. 8-1: Iterativer Datenaustausch in der Technik

– In Schritt a) müssen Ingenieure definieren, welche Engineering-Daten für den Empfänger von Interesse sind.

– In Schritt b) müssen die Daten exportiert und dem Empfänger zugänglich gemacht werden.

– In Schritt c) müssen die Daten vom Empfänger geöffnet und exploriert, d.h. durchsucht werden. Dies erfolgt z.B. durch Menschen oder durch Software.

– In Schritt d) müssen die Änderungen im Vergleich zum letzten Stand sowie im Vergleich zum Ist-Stand des Empfängers berechnet und visualisiert werden.

– In Schritt e) müssen die potenziellen Auswirkungen der Änderungen ermittelt und bewertet werden. Dies ist ein z.T. aufwändiger Prozess, weil selbst kleine Änderungen weitreichende Folgen haben können und ggf. der Rücksprache bedürfen. Hier ist Erfahrungswissen erforderlich.

– In Schritt f) muss die Gültigkeit der Daten vor dem Import sichergestellt werden, um Konflikte mit den Anforderungen des Zielwerkzeugs zu vermeiden.

– In Schritt g) erfolgt das erstmalige oder ergänzende Mapping der Daten auf die Zieldatenbank und der finale Import der Daten.

Iterativer Datenaustausch erfordert zwischen dem Export aus dem Quellwerkzeug und dem tatsächlichen Import der Daten in das Zielwerkzeug erheblichen Aufwand. Dieser Aufwand wird noch vergrößert, wenn sich die Denkwelten des Quell- und Zielwerkzeuges stark unterscheiden. So sind beispielsweise Änderungen auf einem R&I Fließbild, das die Struktur einer prozesstechnischen Anlage mit ihren Tanks, Pumpen und Rohrleitungen visualisiert, nicht ohne Weiteres in den Funktionsplänen der Automatisierungstechnik abbildbar, weil die Informationen stark transformiert werden. Die Auswirkung kleiner Ergänzungen auf dem R&I-Fließbild können den Steuerungscode erheblich verändern und der Zusammenhang ist nicht unmittelbar erkennbar. Der Umgang mit Änderungen erfordert daher die Interpretation erfahrener Ingenieure.

Um die Besonderheiten von AutomationML für den iterativen Datenaustausch zu verdeutlichen, rufen Sie sich Kapitel 1.2 in Erinnerung, das die etablierten Optionen des Datenaustausches erklärt. Ein einfacher dateibasierter Datenaustausch unter Verwendung von selbstentwickelten XML Schemata oder EXCEL Sheets bietet zwar leistungsfähige und schnelle Mittel zur Lösung der Schritte a), b) und teilweise c). Sie bieten jedoch keine d) Differenzberechnung, kein g) Mapping/Import, und bieten keine Unterstützung für die Elemente f) und e), denn diese beiden Aufgaben erfordern die semantische Interpretierbarkeit der Daten und Wissen über die Beziehungen zwischen eingehenden und bereits vorhandenen Daten. Die fehlenden Funktionen könnte man aufwändig programmieren, aber sie funktionieren dann nur für die bestimmten Dateien. Für andere XML Schemata oder EXCEL Sheets funktionieren sie nicht mehr, weil ihre Struktur, ihre Syntax und Semantik beliebig anders sein kann.

8.2.3 Funktionen einer iterationsfähigen Datenaustausch-Infrastruktur

Für einen effizienten iterativen und softwaregestützten Datenaustausch sind daher grundsätzlich und unabhängig von AML folgende Funktionen erforderlich:

– In a) sollte ein Datenexporter eine geführte Auswahl der für den Datenaustausch relevanten Daten bereitstellen. Die Auswahl sollte wiederverwendbar gespeichert werden, um diesen Schritt im nächsten Zyklus zu vereinfachen.

– In b) sollte ein Datenexporter eine neue Version der Daten mit Zugang zu einem Versionsverfolgungssystem (Repository) bereitstellen, unter Bewahrung eindeutiger Identifier der einzelnen exportierten Datenobjekte.

– In c) benötigt die Datenaustauschsoftware Kenntnisse über die Struktur und Syntax der Daten, um diese in geeigneter Weise zu visualisieren.

– In d) benötigt die Software einen Zugang zu dem o.g. Repository zur Berechnung der Änderungen im Vergleich zur Vorversion, sowie Wissen über die Syntax (nicht die Semantik) der Daten.

– Für g) benötigt eine Datenaustauschlösung umfassende Mapping-, Versions- und Identifikationsinformationen für jedes Datenelement in der Austauschdatei und historische Versionen der ausgetauschten Daten.

– Für g) benötigt die Software Kenntnisse über die Bedeutung (Semantik) der empfangenen Daten sowie der Daten im Zielsystem, sowie Zugang zum Zielsystem.

– Für die Elemente e) und f) benötigt sie zusätzliche Kenntnisse darüber, wie diese Daten im Zielwerkzeug verwendet werden.

Die Entwicklung eines softwarebasierten iterativen Datenaustauschprozesses in einer heterogenen Werkzeuglandschaft mit zwei oder mehr Teilnehmern erfordert daher mehr als nur ein Dateiformat, sondern eine Fülle an Software-Funktionen speziell für iterativen Datenaustausch. Besonders aufwändig ist die Softwareunterstützung für die Themen Änderungsberechnung, Impact-Analyse, Qualitätsprüfung und Mapping.

---

i **Ein Vergleich aus dem Alltag:** Beim globalen Warenaustausch sind Containerschiffe ein wichtiges Transportmittel. Für das Be- und Entladen der Schiffe gibt es große Container-Häfen auf der ganzen Welt. Der weitaus größte technische Aufwand des Warenverkehrs dabei liegt nicht im Schiff, sondern in der Infrastruktur rundherum: die Häfen, Straßen, Kräne, Logistik, Organisation, Kundenabwicklung, Bearbeitungsplanung, An- und Ablieferung der Container, Versorgung, Security usw. Aus diesem Grund wurden Container in ihren Maßen standardisiert, damit die Schiffe alle Containerhäfen der Welt anlaufen können. Die Kräne und die aufwändige Infrastruktur können auf Basis standardisierter Container für Waren und Schiffe aller Art wiederverwendet werden. Es ist egal, welche Inhalte in den Containern transportiert werden. Inhalt und Form sind strikt getrennt. Genauso ist es beim Datenaustausch im Engineering. AutomationML ermöglicht die wirtschaftliche Entwicklung einer aufwändigen Datenaustausch-Infrastruktur, die den komplexen iterativen Datenaustausch für beliebige AML Dateien und Inhalte leisten kann.

Weder XML, EXCEL noch AutomationML bieten solche Softwarefunktionen, es sind letztlich nur Dateien. Aber weil AutomationML syntaktisch standardisiert ist, verspricht AutomationML im Gegensatz zu EXCEL oder XML-Formaten die Möglichkeit zur Wiederverwendung solcher Softwarelösungen. Denn eine Software, die AutomationML Daten Lesen, Visualisieren, Änderungen berechnen, Mappen und prüfen kann, kann dies mit jeder beliebigen AutomationML Datei. Der Wert von AutomationML besteht darin, dass es beliebige Inhalte aufnehmen kann, die Methoden der Datenverarbeitung bleiben aber dieselben. Syntax und Semantik sind getrennt.

Merke: Iterativer Datenaustausch erfordert neben einem Datenaustauschformat zusätzlich eine iterationsfähigen Datenaustausch-Infrastruktur, deren Entwicklung aufwändig und umfangreich ist. Mit AML lassen sich solche Funktionen über verschiedene Domänen hinweg wiederverwenden. ℹ️

8.2.4 Iterationsschleife Stufe 2: Der Entwicklungszylus eines Datenformates

Neben dem iterativen Austausch von Engineering-Daten ist der Entstehungsprozess des Datenformats selbst iterativ, das Datenformat und die zugrundeliegenden Bibliotheken sind also ebenfalls Gegenstand iterativer Änderungen. Abb. 8-2 stellt den Lebenszyklus eines Datenformates und seiner Versionen dar.

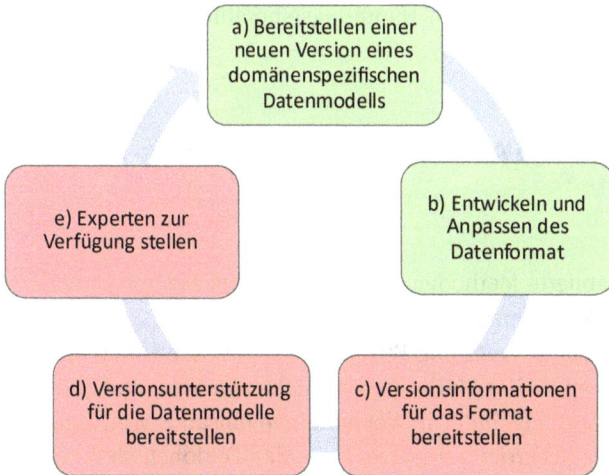

Abb. 8-2: Iterative Entwicklung eines Datenformats und des Datenmodells

- In Schritt a) müssen unabhängig vom Datenformat industriespezifische Domänenmodelle identifiziert und dokumentiert werden, das sind harmonisierte Datenmodelle für ein Anwendungsgebiet (Domäne). Beispiele für Domänen sind „elektrische Schnittstellen", „Automatisierungskomponenten" oder „Modulare Automation". Solche Domänenmodelle werden vorzugsweise in Papierform beispielsweise in Richtlinien, IEC oder DIN-Normen veröffentlicht und enthalten das Domänenwissen von Experten.

- In b) muss ein Datenformat entwickelt oder angepasst werden, dass das gesammelte Domänenwissen in einem maschinenlesbaren Datenmodell abbildet und für einen elektronischen Verarbeitungsprozess aufbereitet.
- In c) benötigt das Datenformat Versionsinformationen über seine eigenen Sprachelemente und das Format selbst.
- In d) stellt das Datenformat Versionsinformationen über jedes Element im Datenmodell bereit, um die die Evolution des Datenmodells abzubilden.
- e) umfasst die Bereitstellung und Unterstützung einer Community sowie Experten für das Datenformat und die Datenmodelle, die das Format und die Bibliotheken pflegen und Wissen bzw. Unterstützung für Anwender entwickeln und bereitstellen.

AutomationML hat diese Phasen erfolgreich durchlaufen, es besitzt eine standardisierte Syntax, eine erweiterbare Architektur, flexible Modellierung von Domänenmodellen, eine umfassende Unterstützung von Versions- und Metainformationen „über die Daten", ist weltweit als IEC Standard normiert, erlaubt die Modellierung der Semantik von Objekten und Attributen und bietet umfangreiche Anleitungen, Dokumente, Referenzimplementierungen, Handlungsempfehlungen und Softwareunterstützung aus dem AutomationML e.V.

8.3 Neue Optionen für den Austausch von Engineering-Daten

8.3.1 Übersicht

In Kapitel 1 haben Sie etablierte Methoden des Datenaustausches in der Industrie mit ihren Vor- und Nachteilen kennengelernt.

- Die Option 1 *Einigung auf gemeinsame Werkzeuge*, in der alle Unterlieferanten auf ein (oder mehrere) spezielles Werkzeug verpflichtet werden, und die Option 3 *Eine gemeinsame Werkzeug-Suite*, in der eine gemeinsame Werkzeug-Suite verwendet wird, sind *toolzentrierte* Ansätze. In beiden Optionen steht die Einigung auf Werkzeuge im Vordergrund, die Engineering-Daten bleiben in den Werkzeugen verborgen. Die freie Auswahl von Werkzeugen ist nicht mehr möglich, die Integration neuer Werkzeuge schwierig und die Effizienz der Projektbearbeitung in einer Multi-Kundenumgebung problematisch.
- Option 2 *Paarweiser Austausch von Dateien über Exporter und Importer* führt eine *datenzentrierte* Vorgehensweise ein, in der freie Auswahl des gewünschten

Best-In-Class Werkzeuges ermöglicht, führt aber mittelfristig zu schwer beherrschbarer Komplexität und Versionsvielfalt der Software-Schnittstellen.

Aufbauend auf Option 2 mit Verwendung von AML lassen sich die Nachteile jedoch auflösen und es eröffnen sich neue Optionen für den iterativen Austausch von Engineering-Daten. Die im Folgenden beschriebenen Optionen sind noch nicht etabliert, sondern geben einen Ausblick auf die Zukunft des Engineerings.

8.3.2 Option 4: Datenaustausch über harmonisierte Datenmodelle

Bei dieser Option (siehe Abb. 8-3) behalten alle Teilnehmer einer Werkzeugkette (z.B. mehrere Engineering-Lieferanten und der Systemintegrator) ihre individuellen Best-in-Class-Engineering-Tools mit individuellen proprietären Datenbanken. Darüber hinaus vereinbaren und entwickeln die Teilnehmer ein gemeinsames homogenes Datenmodell für die identifizierten teilenswürdigen Engineering-Artefakte.

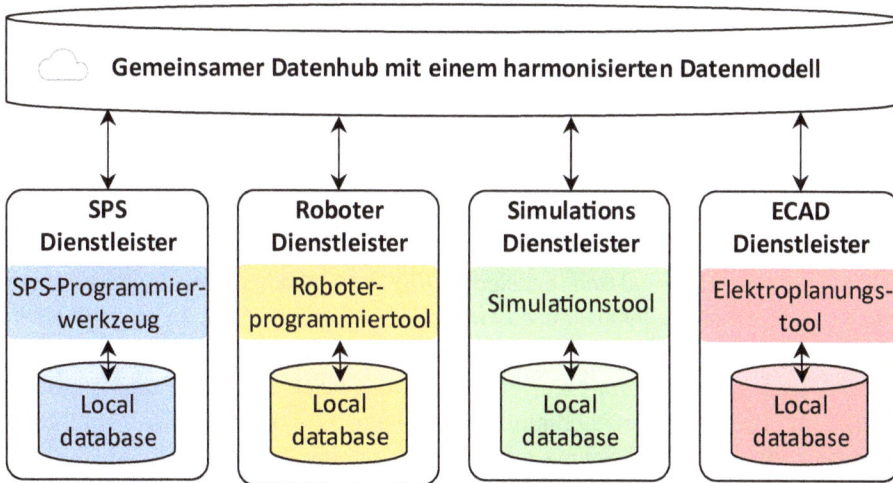

Abb. 8-3: Semi-zentralistischer Ansatz mit harmonisiertem Datenmodell

Eine gemeinsame Datendrehscheibe (der Datenhub z.B. in einer Cloud) implementiert das vereinbarte gemeinsame Datenmodell in einer Datenbank einschließlich erforderlicher Datenbankfunktionen. Der Austausch wird über einen Service-Bus oder Dateiaustausch mit AutomationML realisiert. Die erforderlichen Funktionen für iterativen Datenaustausch sind über alle Werkzeuge hinweg wiederverwendbar, weil sie konzeptionell gleich funktionieren und sich nur in den Dateninhalten unterscheiden. Der Hub organisierte den Daten-Ein- und Ausgang, ermöglicht die Subscription von Daten durch die Werkzeuge und behandelt Inkonsistenzen.

Was wird damit erreicht? Jeder Teilnehmer kann sein Best-In-Class Werkzeug verwenden und somit auf bewährte Lösungen aus Vorprojekten zurückgreifen. Der Austausch der Daten erfolgt über ein flexibles Datenformat, die Funktionen für iterativen Datenaustausch werden zentral entwickelt und können wiederverwendet werden. Diese Option eignet sich insbesondere für mittlere und große Firmen mit stabilen Partnern und kann nachhaltig wachsen, indem schrittweise mehr Werkzeuge und mehr Engineering-Artefakte integriert werden. Die Werkzeuge selbst können sich unabhängig vom Datenhub weiterentwickeln, neue teilenswürdige Engineering-Artefakte müssen über die Datenmodellverwaltung in das harmonisierte Datenmodell eingespeist werden.

Diese Option empfiehlt sich für zentralisierte Dateninfrastrukturen und erfordert vorbereitend einen erheblichen Harmonisierungsaufwand zur Erstellung und Pflege eines gemeinsamen Datenmodells. Mit steigender Anzahl der in einen Austauschprozess zu integrierenden Partner erfordert die Komplexität der semantischen Harmonisierung, der Versionierung und des Modells selbst eine entsprechende Verwaltung (en: Governance). Ein leistungsfähiges Versionsmanagement für die Datenmodellversionen ist erforderlich und die Innovationsgeschwindigkeit der einzelnen Softwarehersteller ist an die Geschwindigkeit der semantischen Harmonisierung gebunden.

8.3.3 Option 5: Datenaustausch ohne harmonisierte Datenmodell

Diese Option ist spannend und realisiert etwas bisher Undenkbares: Im Unterschied zu Option 4 soll der Datenaustausch zwischen Werkzeugen ohne Zwischenübersetzung in ein vorab harmonisiertes Datenmodell erfolgen, um den zuvor erwähnten aufwändigen Harmonisierungsaufwand bei der Entwicklung und Pflege eines gemeinsamen Datenmodells zu eliminieren. Mit anderen Worten: Hier soll ein Datenaustausch zwischen Werkzeugen realisiert werden, die sich gegenseitig nicht kennen müssen und sich trotz unterschiedlicher Semantiken dennoch gegenseitig austauschen können. Diese Methodik des Datenaustausches bezeichnen wir als *pragmatische Interoperabilität*, das Konzept wird ausführlich im [DRA21b] Kapitel 23 beschrieben und in [BiDr18]. Abb. 8-4 illustriert das Konzept.

In dieser Option behalten die Teilnehmer (z. B. Ingenieurdienstleister und Systemintegrator) ihre individuell bevorzugten Best-in-Class-Engineering-Tools mit individuellen, proprietären Datenbanken.

Zuerst exportieren die Werkzeuge ihre teilenswürdigen Daten in ein maschinenlesbares Datenmodell, z.B. nach AutomationML. Die Daten werden dabei syntaktisch nach AutomationML transformiert, aber die Semantik der Quellwerkzeuge bleibt erhalten, einschließlich der werkzeugspezifischen Typbibliotheken. Im Ergebnis liegen die Engineering-Artefakte in der proprietären Semantik für jedes Werkzeug in syntaktisch standardisierter Form vor. Diese Daten werden in einen Datenhub übertragen.

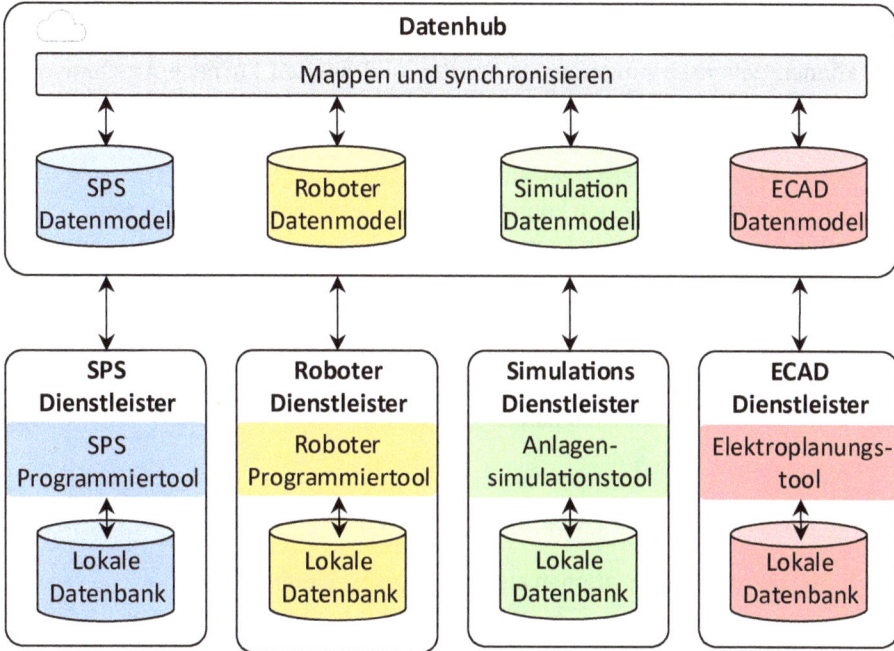

Abb. 8-4: Semi-zentralistischer heterogener Ansatz

Nach Vorliegen der teilnehmenden Typmodelle in AutomationML erfolgt nun ein manuelles Mapping, das schrittweise erarbeitet und modelliert werden muss und im Laufe der Zeit reifen kann, während die Werkzeugdatenmodelle und Softwareschnittstellen unverändert bleiben. Beim Mapping wird in den exportierten Typbibliotheken für jedes Datenelement die Transformation zu den interessierten anderen Werkzeugen ergänzt. Dadurch können die Importer der betreffenden Werkzeuge das Datenmodell des fremden Quell-Werkzeuges direkt importieren, weil die Transformationsregeln für das jeweilige Zielwerkzeug direkt im Modell enthalten sind: Die Transformationsregeln der Typen werden auf die individuellen Instanzen angewendet. Ein Importer interpretiert die Daten also nicht mehr, sondern muss lediglich die Transformationsregeln ausführen und kann die Fremddaten direkt in die Zieldatenbank importieren. Die Intelligenz sitzt im Modell, nicht mehr im Importer.

Der Datenhub bietet konzeptgemäß Funktionen für Authentifizierung, Up- und Downloads, Subscriptions, Versionsmanagement, Synchronisation und Konsistenzprüfung. Diese Methodik ist ein vielversprechender Ansatz für verteilte Dateninfrastrukturen mit vielen Teilnehmern und eine Vorschau auf die Zukunft digitaler Wertschöpfungsprozesse. Die Vorteile dieser Methodik sind:

- Es wird kein harmonisiertes Zwischen-Datenmodell benötigt, der Harmonisierungs- und Pflegeaufwand für ein neutrales Zwischenmodell entfällt.
- Die Exporter- und Importer-Programmierung wird erheblich vereinfacht, weil alles Wissen zur Transformation in das Datenmodell ausgelagert wird. Importer können generisch programmiert werden und müssen für neue Artefakte oder neue Szenarien nicht verändert werden.
- Alle Transformationsregeln sind im Modell explizit ausmodelliert, die dafür erforderliche Sprache ist frei wählbar.
- Die Transformationsregeln können einfacher oder komplexer Natur sein.
- Durch die Transformation kann ein Quellwerkzeug die Daten so betrachten, wie es das vom Quellwerkzeug und vom Bearbeiter gewohnt ist, während am Zielwerkzeug die Daten in der Form dargestellt werden können, wie sie es im Zielwerkzeug gewohnt sind. Die Transformationsregeln wirken wie eine Brille, durch die man die Daten des Fremdwerkzeuges in der eigenen gewohnten Form betrachten und verarbeiten kann.

8.4 Wie nutzt man AutomationML wirtschaftlich?

8.4.1 Von Daten zu Informationen als Grundlage für Wertschöpfung

Das wirtschaftliche Wertpotential von AutomationML liegt im Speichern und Transportieren von Informationen in einem objektorientierten Informationsmodell. Bei der Entwicklung und Anwendung von AutomationML ist deshalb die in Abschnitt 1.1.4 eingeführte Unterscheidung zwischen Daten und Informationen bedeutsam. Zur Wiederholung:

- *Daten* in ihrer Grundform sind unbehandelte, unanalysierte, unorganisierte, und unverbundene Objekte. Sie werden durch eine Syntax codiert. Die Semantik fehlt jedoch.
- Um aus Daten *Informationen* abzuleiten, müssen sie in einem Sinnzusammenhang interpretiert werden. Das bedeutet, dass den Daten ein semantischer Zweck zugewiesen wird. Informationen sind demzufolge interpretierte Daten, deren Bedeutung und Kontext bekannt sind.
- In einem *Datenmodell* werden Daten und ihre Beziehung strukturiert modelliert.
- Das *Informationsmodell* erweitert zusätzlich das Datenmodell um Kontextinformationen, die es erlauben, Daten konsistent zu interpretieren und zu nutzen.

Im Ergebnis sind die Informationsmodelle von AutomationML durchsuchbar, speicherbar, vergleichbar, versionierbar, archivierbar. Weil AutomationML jedoch sowohl Daten, Informationen, Datenmodelle und Informationsmodelle speichern kann, soll nun die wirtschaftliche Nutzung entlang des Weges von Daten- zu Informationsmodellen aufgezeigt werden. Im folgenden Abschnitt werden vier unterschiedliche Ebenen der Datenmodellierung und deren Bezug zu AML erläutert.

8.4.2 Das vier-Ebenen-Modell

AML lässt sich mit Anwendern und Softwareentwicklern auf vier Abstraktionsebenen diskutieren: Auf der XML-Ebene, Objektebene, semantische Domänenmodell-Ebene oder auf der Projektdatenebene. Diese Ebenen sind in Abb. 8-5 dargestellt.

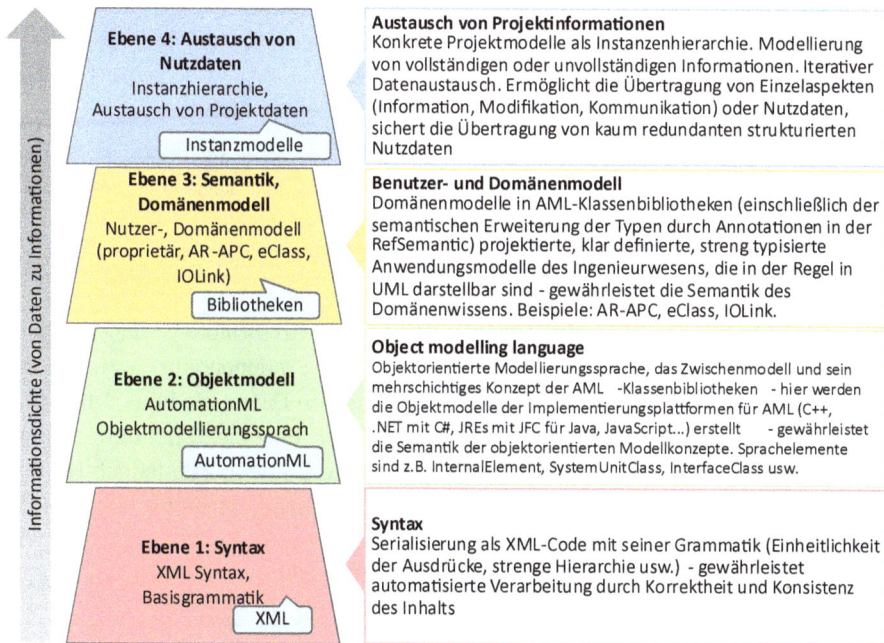

Informationsdichte (von Daten zu Informationen)

Ebene 4: Austausch von Nutzdaten
Instanzhierarchie, Austausch von Projektdaten
Instanzmodelle

Austausch von Projektinformationen
Konkrete Projektmodelle als Instanzenhierarchie. Modellierung von vollständigen oder unvollständigen Informationen. Iterativer Datenaustausch. Ermöglicht die Übertragung von Einzelaspekten (Information, Modifikation, Kommunikation) oder Nutzdaten, sichert die Übertragung von kaum redundanten strukturierten Nutzdaten

Ebene 3: Semantik, Domänenmodell
Nutzer-, Domänenmodell (proprietär, AR-APC, eClass, IOLink)
Bibliotheken

Benutzer- und Domänenmodell
Domänenmodelle in AML-Klassenbibliotheken (einschließlich der semantischen Erweiterung der Typen durch Annotationen in der RefSemantic) projektierte, klar definierte, streng typisierte Anwendungsmodelle des Ingenieurwesens, die in der Regel in UML darstellbar sind - gewährleistet die Semantik des Domänenwissens. Beispiele: AR-APC, eClass, IOLink.

Ebene 2: Objektmodell
AutomationML Objektmodellierungssprach
AutomationML

Object modelling language
Objektorientierte Modellierungssprache, das Zwischenmodell und sein mehrschichtiges Konzept der AML -Klassenbibliotheken - hier werden die Objektmodelle der Implementierungsplattformen für AML (C++, .NET mit C#, JREs mit JFC für Java, JavaScript...) erstellt - gewährleistet die Semantik der objektorientierten Modellkonzepte. Sprachelemente sind z.B. InternalElement, SystemUnitClass, InterfaceClass usw.

Ebene 1: Syntax
XML Syntax, Basisgrammatik
XML

Syntax
Serialisierung als XML-Code mit seiner Grammatik (Einheitlichkeit der Ausdrücke, strenge Hierarchie usw.) - gewährleistet automatisierte Verarbeitung durch Korrektheit und Konsistenz des Inhalts

Abb. 8-5: Das Vier-Ebenen-Modell, Abstraktionen des AutomationML-Datenaustauschs

Jede Ebene baut auf der darunter liegenden auf und wird vollständig durch die Konzepte der darunter liegenden Ebene dargestellt. Sobald die Darstellung einer Ebene verstanden ist, ist es nicht mehr notwendig, auf die Darstellung in einer darunter liegenden Ebene zu verweisen. Es ist möglich, höherwertige Konzepte zu erörtern, ohne dass beispielsweise XML-Tags erwähnt werden müssen. Ebene für Ebene nimmt die Informationsdichte zu. Ob dabei Daten oder Informationen modelliert werden, ob AML ein Datenmodell oder ein Informationsmodell darstellt, wird in den folgenden Abschnitten mit Detailinformationen zu den vier Ebenen geklärt.

Ebene 1 - Syntax: In dieser Ebene geht es um die XML-Syntax: Die Daten werden gemäß den XML-Regeln strukturiert. Dies ist die Basistechnologie; ganz gleich, ob es darum geht, technische Daten in einem dauerhaften Speicher zu speichern oder sie an einen Empfänger innerhalb eines Computernetzes zu senden, die Informationen müssen in eine Datenfolge kodiert werden. Die Ebene 1 von AML wird durch XML gebildet: XML sorgt für die konsistente Kodierung der Modelldaten in eine sequenzielle Form - die Serialisierung. Ein wichtiger Vorteil von XML ist, dass es auch Strukturdaten abbildet. Hierarchien werden durch die Verschachtelung von Tags aufgebaut. Zusätzlich bietet XML einen gut akzeptierten Pool von plattformunabhängigen Basisdatentypen als grundlegende Sprachkonzepte. Alle genannten Features helfen, die vollständige und konsistente Verarbeitung eines AML-Dokuments auf einer grundlegenden Ebene automatisch sicherzustellen und auszuwerten. Das ist besonders wichtig, wenn ein Dokument gespeichert oder übertragen werden soll.

> ❗ **Merke: Ebene 1** bietet die reine XML-Syntax: Dies ist die Serialisierungsebene, eine Folge von ASCII-Zeichen, die der XML-Grammatik entsprechen. Hier gibt es Daten, aber keine Informationen. Sie sorgt für die automatisierte Verarbeitung der Daten und gewährleistet die allgemeine Korrektheit und Konsistenz in Übereinstimmung mit XML, deckt aber keine Semantik ab.

Ebene 2 - Objektmodellsprache: Basierend auf dem Strukturmodell von XML dient diese Ebene als objektorientiertes Modell, das für den Systementwurf optimiert ist. Es bietet Ordnungsprinzipien für die Strukturierung von Daten, sie bilden die Sprachelemente von CAEX. Ebene 2 ist das Fundament, das die objektorientierte Modellierung ermöglicht, die in diesem Buch behandelt wird. Ebene 2 ist jedoch für den technischen Informationsaustausch noch nicht ausreichend, da sie nur die Sprache für die Objektmodellierung definiert. Es ist ein Metamodell, das die Definition von Modellen ermöglicht. Es bietet aber keine Domänenmodelle.

> ℹ️ **Merke: Ebene 2** bildet die reine Objektmodellierungssprache auf Basis von Ebene 1. CAEX, das Objektmodellierungsformat von AutomationML, ist das Datenformat für die Modellierung von Objekthierarchien. Es definiert die grundlegenden Elemente der Objektsprache wie Klassen, Attribute, Instanzen, Schnittstellen und Links. Die eigentlichen Objekte, Klassen und Attribut des Datenmodells, haben jedoch keine Semantik, sie sind immer noch Daten, nicht Informationen.

Ebene 3 - Semantik, Domänenmodelle: In Ebene 3 werden die Modellierungskonzepte aus Ebene 2 verwendet, um industriespezifische Bibliotheken (Domänenmodelle) in AutomationML zu modellieren. Ein Domänenmodell ist ein semantisches Datenmodell, das wichtige Elemente einer Domäne auf Typ-Ebene in einer oder mehreren Bibliotheken beschreibt. Ein Domänenmodell ist der nächste Schritt der Umwandlung von Daten in Informationen. Alle Elemente eines Domänenmodells werden hier semantisch definiert. Spezifische Konzepte von Engineering-Modellen werden in AutomationML-Projekten als verallgemeinerte Modelle von Systemteilen oder als Objektinstanzen in Bibliotheken organisiert. Dies ermöglicht einen automatisierten und zuverlässigen Austausch der in einem Projekt verwendeten Engineering-Modelle. Domänenmodelle sind die Voraussetzung für Zeit- und Kosteneinsparungen durch nahtlosen Austausch von Engineering-Informationen. Während Ebene 2 die anwendungsspezifische Datenmodellierung auf syntaktischer Ebene ermöglicht, ermöglicht Ebene 3 die Ergänzung der Semantik für anwendungsspezifische Objekte wie Instanzen, Klassen und Attribute. Domänenmodelle existieren unabhängig von AML, können auf einem Blatt Papier skizziert werden und mit AML elektronisch modelliert werden.

Merke: Ebene 3 ergänzt die Semantik, die in Domänenmodelle eingebettet ist, die mit den Sprachelementen von Ebene 2 erstellt wurden. Domänenmodelle können proprietärer Natur in Form von Firmenstandards sein, oder sie können öffentliche Standards sein. Sie stellen vorwiegend Typinformationen dar, können aber auch Instanzinformationen in Form von Musterlösungen beinhalten.

Ebene 4 - Austausch von Nutzdaten: In dieser obersten Ebene 4 findet die Modellierung und der Austausch konkreter Projekt-Nutzdaten statt, d.h. Instanzmodelle, die strukturiert, redundanzarm und für die Übertragung optimiert sind. Zusätzlich erlauben AutomationML-Instanzmodelle eine spätere Anpassung der Instanzen an die Realität, die sie repräsentieren sollen. Dies funktioniert, weil die Bibliotheken und Domänenmodelle aus Ebene 3 vereinbart und alle Objektinstanzen daraus abgeleitet sind. Dadurch sind die Klassen harmonisiert, semantisch bekannt und für alle teilnehmenden Werkzeuge weiter verarbeitbar. Änderungsbedarf erfordert ein Update des Domänenmodells in Ebene 3.

Merke: Auf **Ebene 4** werden konkrete Projektdaten ausgetauscht. AML digitalisiert den durchgängigen, automatischen und iterativen Datenaustausch für konkrete Anwendungsszenarien auf Basis von Domänenbibliotheken. AML bildet die Syntax, die Bibliotheken liefern die Semantik.

8.4.3 Empfehlungen für den praktischen Einsatz von AutomationML

Für den praktischen Einsatz von AML empfiehlt sich folgende Vorgehensweise.
- **Schritt 1: Identifizieren von Datenaustauschbedarf**: Identifizieren Sie Datenaustauschvorgänge, in denen aktuell Daten via Papier, Faxe, Diagramme oder Tabellen übertragen werden, die Zeit benötigen, von Menschen interpretiert werden müssen, Fehler verursachen, Fehlerbehebungsaufwände bedeuten, Prüfungen und Reviews oder stupides Abtippen erfordern. Für eine Werteanalyse schätzen Sie den Aufwand ab, den Sie jährlich damit verbringen.

- **Schritt 2: Umgebung festlegen:** Beschreiben Sie konkrete Anwendungsfälle, definieren Sie Sender und Empfänger von Informationen, benennen Sie teilnehmende Softwarewerkzeuge.
- **Schritt 3: Identifizieren Sie teilenswürdige Informationen:** Identifizieren Sie Daten, die für den Empfänger von Interesse sind. Erarbeiten Sie diese gemeinsam mit dem Empfänger, gehen Sie dabei sparsam mit Informationen um. Nur was tatsächlich von relevantem Interesse ist, sollte geteilt werden. Die Modelle lassen sich nachträglich leicht erweitern.
- **Schritt 4: Entwickeln Sie ein Domänenmodell für Ihre Anwendung:** Finden Sie Typen in Ihrer Domäne und notieren sie diese in geeigneter Form, z.B. via UML, in Tabellen oder anderen geeigneten Darstellungen. Dies ist Handarbeit und erfordert die Zusammenarbeit der Sender und Empfänger der Daten. Gehen Sie schrittweise vor, das Domänenmodell muss nicht vollständig sein und kann nachträglich verbessert werden.
- **Schritt 5: Recherche bereits existierender Domänenmodelle:** Wenn bekannt ist, was für Daten und Typen Sie austauschen möchten, suchen Sie nach bereits existierenden Bibliotheken und verwenden diese möglichst wieder. Wenn nicht verfügbar, nutzen Sie die Sprachelemente von AutomationML (Ebene 2) zum Erstellen von Bibliotheken mit Ihren eigenen Typmodellen. Entwickeln Sie schrittweise, erproben Sie die Bibliotheken manuell anhand von Testfällen. Auf diese Weise entsteht schrittweise eine umfassende Bibliothek für Ihr Anwendungsgebiet: ein Domänenmodell. Damit befinden Sie sich in Ebene 3.
- **Schritt 6: Programmieren von Software-Exportern für Quellwerkzeuge:** Programmieren Sie zuerst Exporter für die von Ihnen identifizierten Quellwerkzeuge unter strikter Verwendung des Domänenmodells. Dieser Schritt wird erfahrungsgemäß der geringste Aufwand sein, denn die Programmierung mit AutomationML unter Nutzung fertiger AML-Bibliotheken geht schnell.
- **Schritt 7: Programmieren Sie Importer für das Zielwerkzeug.** Das ist der aufwändigste Schritt, weil beim Import die wesentlichen Funktionen für iterativen Datenaustausch programmiert werden müssen: Öffnen der Dateien, Visualisierung der Daten, Berechnen von Änderungen, Entscheidungssupport für den Anwender, Qualitäts- und Vollständigkeitsanalyse, Impact-Analyse, Mapping und Import. Insbesondere der Umgang mit unbekannten Klassen sollte gut implementiert werden. Durch strikte Verwendung der Klassen des Domänenmodells wird dieser Vorgang maßgeblich vereinfacht. Im Rahmen der Weiterentwicklung des Domänenmodells wird der Umgang mit neuen (unbekannten) oder geänderten Klassen jedoch von großem Nutzen sein.
- **Schritt 8: Testen.** Testen Sie die entwickelten Funktionen anhand selbst definierter Testszenarien.
- **Schritt 9: Pilotierung:** Starten Sie einen Piloten zur Etablierung der neuen Datenaustauschlösung. Lassen Sie sich nicht entmutigen: Fehler lassen sich beheben.

— **Schritt 10: Einführung:** Führen Sie den Datenaustausch regulär in den Geschäftsverkehr ein. Fordern Sie die Verwendung des Domänenmodells von Ihren Partnern, z.B. Mitarbeitern, Kunden und Lieferanten, idealerweise explizit in Ausschreibungen und Verträgen.

8.5   AutomationML – Anwendungen in der Industrie

Namhafte Firmen wie Siemens, ABB, Equinor, Mitsubishi, Balluff, BMW, VW und Mercedes-Benz und andere haben bereits eine Reihe von AML Domänenmodellen entwickelt und stellen diese der AutomationML Community zur Verfügung. Tab. 8-1 gibt einen Überblick: Diese industriellen Anwendungen werden im Buch *AutomationML – The Industrial Cookbook* [Drath21b] im Detail vorgestellt, einschließlich downloadbarer AutomationML Bibliotheken und Verwendungsbeschreibungen.

Tab. 8-1: AutomationML Domänenmodelle und industrielle Anwendungsgebiete

Treiber	AutomationML Anwendungsfall	Industriesektor und Anwendungsbeschreibung
NAMUR	Datenaustausch zwischen CAE und PCS	**Prozessindustrie**/Informationsmodellierung und Austausch von PCE-Anforderungen zwischen Prozess- und Automatisierungstechnik
NAMUR	Datenaustausch zwischen CAE-Systemen	**Prozessindustrie**/Informationsmodellierung und Austausch von technischen Daten zwischen CAE-Systemen
ABB	MTP – Modular Type Package	**Prozessindustrie**/Informationsmodelle für modulare Prozessanlagen
Equinor	SCD – System Control Diagram	**Öl- und Gasindustrie**/Informationsmodellierung und Austausch von SCD-Diagrammen gemäß IEC PAS 63131
Siemens	AR APC – Datenaustausch zwischen ECAD und PLC	**Fabrikautomatisierung**/Austausch von Automatisierungsprojektkonfigurationen zwischen ECAD und PLC
Mitsubishi	AR DRIVE MCAD – Modellierung von Antriebskonfigurationen	**Fabrikautomatisierung**/Austausch von Antriebskonfigurationen über Engineering-Tools hinweg
inpro	Material Handling	**Fabrikautomatisierung**/Datenaustausch zwischen Werkzeugen für den Materialtransport
inpro	AutomationML Komponente	**Allgemeine Automatisierungsindustrie**/umfassendes Informationsmodell für allgemeine Automatisierungskomponenten
Balluff	Modellierung von elektrischen Schnittstellen	**Allgemeine Automatisierungsindustrie**/Modellierung und Austausch von elektrischen Schnittstellen wie M5 oder M8, Kabeln, Geräten und Topologien

Balluff	Component Checker	**Allgemeine Automatisierungsindustrie**/automatische Datenqualitätsprüfungen
Ifak e.V.	Modellierung von Kommunikationsnetzen	**Allgemeine Automatisierungsindustrie**/Austausch von komplexen Kommunikationsnetzen
IOSB	Modellierung von OPC-UA	**Allgemeine Automatisierungsindustrie**/Modellierung von OPC-UA
BMW	AML Toolchain und Industrialisierung	**Semantische Integration**/allgemeine Empfehlungen für die Einführung von AutomationML in der Industrie
Daimler	AML Verwaltung	**Semantische Integration**/Empfehlungen zur Erreichung von Interoperabilität zwischen Tools durch Harmonisierung von Datenmodellen
Siemens	eCl@ss Integration	**Semantische Integration**/Interoperabilität zwischen Tools mittels eCl@ss
ABB	Umgang mit semantischer Vielfalt	**Semantische Integration**/Interoperabilität zwischen Werkzeugen, ohne dass eine Harmonisierung der Datenmodelle erforderlich ist.
Siemens	Erweiterte Rollenklassen-Bibliothek	**Semantische Integration**/Anwendung und Entwicklung von RoleClasses
Austrian Council	Modelling der IEC 62264 und ISA-95	**Integration von Unternehmensleitsystemen**/Datenaustausch auf der Grundlage von IEC 62264

8.6 Abgrenzung: Was AutomationML nicht leistet

Beim praktischen Einsatz von AutomationML darf nie vergessen werden: Ein AutomationML-Dokument liegt in seiner persistenten Form als Datei(en) vor. AutomationML bietet daher einige Funktionen ausdrücklich nicht an, was in seiner Natur als Dateiformat begründet ist:

– **Abgrenzung 1: AutomationML ist der Überbringer von Informationen, nicht die Quelle, AutomationML kodiert lediglich die Informationen**: Mit CAEX nutzt AutomationML ein Meta-Modell, das in einem XML-Dateiformat gespeichert wird. Obwohl verschiedene Abstraktionsschichten des Modells für die objektrelationale Abbildung auf Datenbanken, als Grundlage für API-Spezifikationen oder die Projektion von Informationen auf Übertragungsprotokolle verwendet werden, spezifiziert es lediglich die Kodierung von Informationsmodellen in das Datenmodell und die Datentypen in XML. AutomationML bietet daher keine Mittel zur automatisierten Konsistenzsicherung, zum Änderungsmanagement oder zur Abhängigkeitsauflösung, obwohl sie deren Kodierung ermöglicht. Es liegt in der Verantwortung der Werkzeughersteller und Prozessingenieure, Werkzeuge zu spezifizieren und zu realisieren, die solche Software-Funktionen übernehmen.

–   **Abgrenzung 2: Nur einfache Konsistenzprüfungen:** Über grundlegende Konsistenzregeln hinaus kann AML z.B. nicht prüfen, ob Bestandteile oder die Kombination von Bestandteilen in einem Dokument sinnvoll sind. Die Verwendung von AML ist kein Ersatz für die Prüfung, ob Komponentenversionen sinnvoll verwendet werden, ob Daten doppelt vorkommen, nicht übereinstimmen oder aus welchen Gründen auch immer veraltet sind. Die Konsistenz der Daten liegt in der Verantwortung des jeweiligen Werkzeugs; AML kann nur die Daten modellieren, die von Werkzeugen kommen. Fehler in AML-Daten treten daher ausschließlich im Quellwerkzeug oder bei der Transformation nach AML auf.

–   **Abgrenzung 3: Keine Definition eines Engineering-Prozesses:** AutomationML definiert keinen Entwicklungsprozess. Das zentrale Ziel ist es, wesentliche Lücken in bestehenden Werkzeugketten mit ihren bestehenden Abläufen zu schließen. Es gibt weder eine Vorgabe, bestimmte Werkzeuge in einer bestimmten Art und Weise zu verwenden, noch eine Definition, welche Schritte mit welchen Voraussetzungen durchgeführt werden müssen, um bestimmte Engineering-Ergebnisse zu erzielen. AutomationML soll dazu dienen, etablierte Prozesse technisch besser zu unterstützen oder neue Prozesse zu ermöglichen.

–   **Abgrenzung 4: AutomationML ist kein Weltmodell des Engineerings:** AutomationML stellt keine allumfassende Ontologie oder Bibliothek für alle Engineering-Disziplinen zur Verfügung. Zu vielfältig sind die bestehenden firmeneigenen nationalen oder internationalen Standards, zu unterschiedlich ist z.B. die Semantik von Geräteeigenschaften. AutomationML kann bestehende und zukünftige Standards abbilden. Diese Standards zu definieren, zu kennen, zu interpretieren und auszutauschen liegt jedoch in der Verantwortung der am Datenaustausch beteiligten Werkzeuge und Projektpartner. Werkzeughersteller können AutomationML nutzen, um gemeinsame Daten mit anderen Werkzeugen auszutauschen, teilweise zu verfeinern und dann wieder konsistent zusammenzuführen. Die dafür notwendigen Funktionen sind jedoch werkzeugbezogen und nicht mit AutomationML zu verwechseln.

–   **Abgrenzung 5: AutomationML ist keine Datenbank:** AML ist nicht als Datenbank gedacht. Die Vorstellung, dass mehrere Werkzeuge Daten in einer AML-Datei lesen und schreiben können, ist naheliegend, aber irreführend. AML ist letztlich eine ASCII-Zeichenkette; es bietet keine Datenbank*funktionalität*, wie z.B. Benutzerverwaltung, Berechtigungsverwaltung oder das Sperren von Daten. Stattdessen ist AML ein Transportmedium. Es kann Engineering-Daten, die zuvor von einem Software-Werkzeug generiert wurden, auf „as-is"-Basis enthalten. Sie prüft nicht die Gültigkeit oder Vollständigkeit der Daten. Es ist ausdrücklich erlaubt, dass AutomationML fehlerhafte und unvollständige Daten modellieren kann, da im Engineering häufig unvollständige oder fehlerhafte Zwischenzustände iterativ ausgetauscht werden müssen. Engineering-Daten sind im Engineeringprozess bis zur Fertigstellung immer unvollständig oder fehlerhaft, denn erst nach der endgültigen Fertigstellung können sie vollständig und korrekt sein.

Literaturverzeichnis

Weiterführende AutomationML Literatur

[BiDr18]   P. Bihani, R. Drath: Semantic Interoperability in a Heterogeneous World via AutomationML-based Mappings. In: Proceedings of the 5th AutomationML User Conference, 2018.

[BookLink@] www.automationml.org/amlbook

[Dra10]   R. Drath (Ed.): Datenaustausch in der Anlagenplanung mit AutomationML: Integration von CAEX, PLCopen XML und COLLADA. Ed. 1, Berlin Heidelberg: Springer-Verlag (VDI-Buch), 2010.

[Dra21a]   R. Drath: AutomationML – A Practical Guide. De Gruyter Oldenbourg, ISBN Print 978-3-11-074622-8, DOI https://doi.org/10.1515/9783110746235, Berlin 2021.

[Dra21b]   R. Drath (Ed.): AutomationML – The Industrial Cookbook. De Gruyter Oldenbourg, ISBN 978-3-11-074592-4, Berlin, 2021.

Web Referenzen

[AML.org@]   www.automationml.org

[GH22@]   https://github.com/AutomationML

[W3C20@]   http://www.w3.org/TR/xmlschema-2/#built-in-datatypes

[XML DT@]   http://www.edition-w3.de/TR/2001/REC-xmlschema-2-20010502/

Relevante Standards

[IEC 62424:Ed2]   IEC 62424 Ed. 2: Representation of process control engineering – Requests in P&I diagrams and data exchange between P&ID tools and PCE-CAE tools. International Electrotechnical Commission, IEC, 2016.

[IEC 62714:Ed1]   IEC 62714 Ed. 1: Engineering data exchange format for use in industrial automation systems engineering (AutomationML). International Electrotechnical Commission, IEC, 2012.

[IEC 62714-1:Ed1] IEC 62714-1 Ed. 1: Engineering data exchange format for use in industrial automation systems engineering (AutomationML) - Part 1: Architecture and general requirements, Edition 1. International Electrotechnical Commission, IEC, 2012.

[IEC 62714-2:Ed1] IEC 62714-2 Ed. 1: Engineering data exchange format for use in industrial automation systems engineering (AutomationML) – Part 2: Role class libraries. International Electrotechnical Commission, IEC, 2015.

[IEC 62714-3:Ed1] IEC 62714-3 Ed. 1: Engineering data exchange format for use in industrial automation systems engineering (AutomationML) - Part 3: Geometry and kinematics, Edition 1, International Electrotechnical Commission, IEC, 2017.

[IEC 62714-4:Ed1] IEC 62714-4 Ed. 1: Engineering data exchange format for use in industrial automation systems engineering (AutomationML) - Part 4: Logic. International Electrotechnical Commission, IEC, 2020.

https://doi.org/10.1515/9783110782998-009

[IEC 62714:Ed2]	IEC 62714 Ed. 2: *Engineering data exchange format for use in industrial automation systems engineering (AutomationML)*. International Electrotechnical Commission, IEC, 2018.
[IEC 62714-1:Ed2]	IEC 62714 Ed. 2: *Engineering data exchange format for use in industrial automation systems engineering (AutomationML) - Part 1: Architecture and general requirements, Edition 2*. International Electrotechnical Commission, IEC, 2018.
[ISO 10303-21]	ISO 10303-21. *Industrial automation systems and integration - Product data representation and exchange - Part 21: Implementation methods: Clear text encoding of the exchange structure*, 1996.
[ISO 15926]	ISO 15926. *Industrial automation systems and integration - Integration of lifecycle data for process plants including oil and gas production facilities*, 2007.
[NE 100]	NE 100. *Use of Lists of Properties in Process Control Engineering Workflows*, 2010.
[VDI/VDE 3697-1]	VDI/VDE 3697-1. *Recommendation for the technical implementation of data exchange between engineering systems for PCE and PCS - Data exchange between PCS objects in accordance with NE 150 using AutomationML*, 2018.
[COL08]	COLLADA – Digital Asset Schema Release 1.5.0, 2008.

AutomationML Whitepaper

[WP Part1@]	www.automationml.org/amlbook: *Whitepaper AutomationML Part 1 – Architecture and general requirements*, version 1.0, Juli 2018.
[WP Part2@]	www.automationml.org/amlbook: *Whitepaper AutomationML Part 2 – Role class libraries*, version 2.0, Oktober 2014.
[WP Part2@]	www.automationml.org/amlbook: *Whitepaper AutomationML Part 3 – Geometry and Kinematics,* version 2.0, Jan. 2017.
[WP Part4@]	www.automationml.org/amlbook: *Whitepaper AutomationML Part 4 – AutomationML Logic*, version 1.5.0, Jan. 2017.
[WP Part5@]	www.automationml.org/amlbook: *Whitepaper AutomationML Part 5 – AutomationML Communication*, version 1.0, Sep. 2014.
[WP Part6@]	www.automationml.org/amlbook: *Whitepaper AutomationML Part 6 – AutomationML Component*, version 1.0.0, Oct. 2020.
[WP eCl@ss@]	www.automationml.org/amlbook: *Whitepaper AutomationML and eCl@ss integration*, version 1.0.1, Dec. 2017.
[WP OPC@]	www.automationml.org/amlbook: Whitepaper AutomationML OPC Unified Architecture Information Model for AutomationML, Version 1.0.0, März 2016

AutomationML Application Recommendations

[AR APC@]	www.automationml.org/amlbook: *Application Recommendation Automation Project Configuration*, ID: AR APC, V 1.2.0., April 2020.
[AR DRIVE MCAD@]	www.automationml.org/amlbook: *Application Recommendation Drive Configurations (M_CAD aspects)*, ID: AR DRIVE MCAD, V1.0.0, April 2020.
[AR MH@]	www.automationml.org/amlbook: *Application Recommendation Modelling of Material Handling in AutomationML*, Version 1.0.0, March 2020.

[AR MES ERP@]   www.automationml.org/amlbook: *Application Recommendation Provisioning for MES and ERP – Support for IEC 62264 and B2MML*. ID: AR-MES-ERP, Version 1.1.0, Nov. 2018.

[AR AAS@]   www.automationml.org/amlbook: Application Recommendation Asset Administration Shell Representation. ID: AR AAS, Version 1.1.0, Nov. 2019.

AutomationML Best practice recommendations

[BPR RegExp@]   www.automationml.org/amlbook: *Best Practice Recommendation Constraints with regular expressions in AutomationML*. ID: BPR CstrRegExp, V 1.0.0, Oct. 2014.

[BPR EDRef@]   www.automationml.org/amlbook: *Best Practice Recommendation ExternalDataReference*. ID: BPR EDRef, V1.0.0., July 2016.

[BPR MLA@]   www.automationml.org/amlbook: *Best Practice Recommendations Modelling of List Attributes in AutomationML*. ID: BPR MLA, V 1.0.0, January 2016.

[BPR ME@]   www.automationml.org/amlbook: *Best Practice Recommendation Multilingual Expressions in AutomationML*. ID: BPR MLingExp, V 1.0.0., March 2017.

[BPR RefVersion@]   www.automationml.org/amlbook: *Best Practice Recommendation Naming of related Documents and their versions*. ID: BPR RefVersion, V 1.0.0, December 2016.

[BPR DatVar@]   www.automationml.org/amlbook: *Best Practice Recommendations DataVariable*. ID: BPR DatVar, V 1.0.0, May 2017.

[BPR Container@]   www.automationml.org/amlbook: *Best Practice Recommendation AutomationML Container*. ID: BPR Container, V 1.0.0. Oct. 2017.

[BPR RefDes@]   www.automationml.org/amlbook: *Best Practice Recommendation Reference Designation*. ID: BPR RefDes, V 1.0.0, Sept. 2017.

[BPR Units@]   www.automationml.org/amlbook: *Best Practice Recommendation Units in AutomationML*. ID: BPR Units, V 1.0.0, August 2018.

[BPR EI@]   www.automationml.org/amlbook: *Best Practice Recommendations Modelling of electric Interfaces (Draft, Request for Comments)*. Nov. 2019.

Stichwortverzeichnis

www.ingramcontent.com/pod-product-compliance
Lightning Source LLC
Chambersburg PA
CBHW061347210326
41598CB00035B/5902